● 電気・電子工学ライブラリ ●
UKE-A2

電気磁気学の基礎

湯本雅恵

数理工学社

編者のことば

電気磁気学を基礎とする電気電子工学は，環境・エネルギーや通信情報分野など社会のインフラを構築し社会システムの高機能化を進める重要な基盤技術の一つである．また，日々伝えられる再生可能エネルギーや新素材の開発，新しいインターネット通信方式の考案など，今まで電気電子技術が適用できなかった応用分野を開拓し境界領域を拡大し続けて，社会システムの再構築を促進し一般の多くの人々の利用を飛躍的に拡大させている．

このようにダイナミックに発展を遂げている電気電子技術の基礎的内容を整理して体系化し，科学技術の分野で一般社会に貢献をしたいと思っている多くの大学・高専の学生諸君や若い研究者・技術者に伝えることも科学技術を継続的に発展させるためには必要であると思う．

本ライブラリは，日々進化し高度化する電気電子技術の基礎となる重要な学術を整理して体系化し，それぞれの分野をより深くさらに学ぶための基本となる内容を精査して取り上げた教科書を集大成したものである．

本ライブラリ編集の基本方針は，以下のとおりである．
1) 今後の電気電子工学教育のニーズに合った使い易く分かり易い教科書．
2) 最新の知見の流れを取り入れ，創造性教育などにも配慮した電気電子工学基礎領域全般に亘る斬新な書目群．
3) 内容的には大学・高専の学生と若い研究者・技術者を読者として想定．
4) 例題を出来るだけ多用し読者の理解を助け，実践的な応用力の涵養を促進．

本ライブラリの書目群は，I 基礎・共通，II 物性・新素材，III 信号処理・通信，IV エネルギー・制御，から構成されている．

書目群Iの基礎・共通は9書目である．電気・電子通信系技術の基礎と共通書目を取り上げた．

書目群IIの物性・新素材は7書目である．この書目群は，誘電体・半導体・磁性体のそれぞれの電気磁気的性質の基礎から説きおこし半導体物性や半導体デバイスを中心に書目を配置している．

書目群IIIの信号処理・通信は5書目である．この書目群では信号処理の基本から信号伝送，信号通信ネットワーク，応用分野が拡大する電磁波，および

編者のことば　　　　　　　　　　　　　　　iii

電気電子工学の医療技術への応用などを取り上げた．

　書目群IVのエネルギー，制御は10書目である．電気エネルギーの発生，輸送・伝送，伝達・変換，処理や利用技術とこのシステムの制御などである．

　「電気文明の時代」の20世紀に引き続き，今世紀も環境・エネルギーと情報通信分野など社会インフラシステムの再構築と先端技術の開発を支える分野で，社会に貢献し活躍を望む若い方々の座右の書群になることを希望したい．

　　2011年9月

　　　　　　　　　　　　　　　　　　　編者　松瀨貢規
　　　　　　　　　　　　　　　　　　　　　　湯本雅恵
　　　　　　　　　　　　　　　　　　　　　　西方正司
　　　　　　　　　　　　　　　　　　　　　　井家上哲史

「電気・電子工学ライブラリ」書目一覧

書目群 I（基礎・共通）
1. 電気電子基礎数学
2. 電気磁気学の基礎
3. 電気回路
4. 基礎電気電子計測
5. 応用電気電子計測
6. アナログ電子回路の基礎
7. ディジタル電子回路
8. ディジタル工学
9. コンピュータ工学

書目群 II（物性・新素材）
1. 電気電子材料
2. 半導体物性
3. 半導体デバイス
4. 集積回路工学
5. 光・電子工学
6. 高電界物性
7. 電気電子化学

書目群 III（信号処理・通信）
1. 信号処理の基礎
2. 情報通信工学
3. 情報ネットワーク
4. 電磁波工学
5. 生体電子工学

書目群 IV（エネルギー・制御）
1. 環境とエネルギー
2. 電力発生工学
3. 電力システム工学の基礎
4. 超電導・応用
5. 基礎制御工学
6. システム解析
7. 電気機器学
8. パワーエレクトロニクス
9. アクチュエータ工学
10. ロボット工学

はじめに

　電気現象の本質は，電荷の存在とその移動によって引き起こされる．これらの現象を体系的にまとめたものが電気磁気学である．したがって，電気系分野における基礎を支える重要な学問体系になっている．

　本テキストでは，章・節・項の構成とした．学ぶ内容を大分類ごとに章として整理してまとめ，節は1回ごとの授業の進捗を想定した組立てに構成してある．基本的には節ごとに例題を多く用意して，その解説を加えることによって問題を解くための取組み方を習得できるように工夫した．さらに章末には問題を用意してある．章末の問題に対する解答にも，重要な点に対しては簡単な解説を加えるようにしてある．あわせて巻末には付録として，電気磁気学で主に扱う座標の取り扱いの一覧を加えるとともに，テキストの全体を通し，ベクトルの扱いを丁寧に表記するようにしてある．また，物理現象を表現する上で単位が重要な意味を持つ．そこで，本文の中に単位を丁寧に記述するとともに，単位の記号と読み方の一覧を加えた．さらに電気回路で用いる記号がJISによって改訂されており，旧記号と対比した一覧も加えてある．

　このような配慮をしており，電気磁気学で扱う現象を基礎にしている広範な応用分野を学ぶ上で，十分に対応できる基礎力を身につけられるものと信じている．

　ところで，本テキストで取り上げる項目は通年で開講する内容である．しかし，半期に区切って開講していることが多いものと思われる．その場合には，テキストに従って進める方法もあるが，本質的に同一の現象を反復して学習するように第1, 2, 4, 5章を前半に，第3, 6, 7, 8章を後半に取り上げるのが理解を深めるために有効な方法であるとの経験があり，進捗方法の工夫を提案したい．

　本書出版にあたり，数理工学社の編集諸氏に対し感謝の意を表す．

　　2012年6月　　　　　　　　　　　　　　　　　　　　　湯本　雅恵

目　　　次

第 1 章

空間における静電界　　　1

1.1　電荷に働く力 2
1.2　静　電　界 6
1.3　電　位 10
1.4　電位の傾き 14
1.5　ガウスの法則 17
第 1 章のまとめ 24
第 1 章の問題 25

第 2 章

導体のある場の静電界　　　27

2.1　導体の性質と電界 28
2.2　導体が存在する場の電位分布 30
2.3　静電容量とキャパシタに蓄えられるエネルギー 37
第 2 章のまとめ 46
第 2 章の問題 47

第3章

誘電体と静電界　　49

- 3.1 誘電体と分極 50
- 3.2 誘電体の存在する場の静電界 54
- 3.3 電界の場に蓄えられるエネルギーと力 64
- 3.4 静電界の解析法 69
- 第3章のまとめ 77
- 第3章の問題 78

第4章

定 常 電 流　　81

- 4.1 電流とオームの法則 82
- 4.2 起電力と電流 86
- 4.3 定常電流場と静電界の場 89
- 第4章のまとめ 91
- 第4章の問題 92

第5章

電流と静磁界　　93

- 5.1 磁界において働く力 94
- 5.2 ビオ-サバールの法則 98
- 5.3 アンペールの法則 101
- 5.4 磁界の場のポテンシャル 108
- 第5章のまとめ 111
- 第5章の問題 112

第6章

磁性体と静磁界 — 115

- 6.1 磁化と磁性体 116
- 6.2 磁性体の存在する場における静磁界 119
- 6.3 ヒステリシス特性と永久磁石 124
- 第6章のまとめ 128
- 第6章の問題 129

第7章

電磁誘導とインダクタンス — 133

- 7.1 電磁誘導と誘導起電力 134
- 7.2 インダクタンス 139
- 7.3 インダクタンスに蓄えられるエネルギー 145
- 7.4 磁界の場に蓄えられるエネルギーと力 150
- 第7章のまとめ 154
- 第7章の問題 155

第8章

マクスウェルの方程式 — 159

- 8.1 変 位 電 流 160
- 8.2 マクスウェルの方程式と電磁波 164
- 8.3 電磁波の伝搬と電力の伝搬 171
- 第8章のまとめ 178
- 第8章の問題 179

付　録　　　　　　　　　　　　　　　　　　　　　　　　**181**

A.1 座　標　系 181

A.2 物理記号と単位およびその読み方 182

A.3 電気用図記号について 184

問 題 解 答　　　　　　　　　　　　　　　　　　　　　**185**

索　　引　　　　　　　　　　　　　　　　　　　　　　**196**

第1章

空間における静電界

　第1章では，電荷が空間に存在することにより引き起こされる現象と，それに関わる物理量を理解する．具体的には，電荷間に発生する力を説明するために「電界」という場の概念を導入するとともに，電界の性質を勉強する．なお，時間と場所に対して変動の無い電界を「静電界」と呼ぶ．さらに，電界で定義される位置のエネルギー（ポテンシャル）の概念を学ぶ．第1章全体を通して，電界の複数の算出方法を学ぶ．

　なお，電気磁気学を修得する上で，方向を有するベクトル量を扱う必要が生じる．そこで，座標とベクトルとの関係をあわせて学ぶ．本章は5つの節で構成されている．

1.1 電荷に働く力

1.1.1 電　荷

　ギリシャでは，紀元前 600 年頃には毛皮でこすった琥珀が他の軽い物体を引き付ける現象が知られていたようである．このような力を静電気力と呼び，その力の源となる実体を電荷と呼ぶ．その後，20 世紀に入りミリカン（R.A.Millikan）の実験により電荷の電気素量が求められ，電荷量はその整数倍であることが明らかになった．なお，電荷の単位は SI 単位系において [C] が用いられ，電気素量は 1.60×10^{-19} C である．

　電荷には正と負の 2 種類があり，同極性の電荷間には反発力が，異極性の電荷間には引力が働く性質が明らかになっている．なお，電線の中で電流の担い手となっているのは負の電荷を有する電子である．

　物質は分子や原子で構成されている．原子は，正電荷を持つ陽子と電荷を持たない中性子とで構成される原子核，その周りを回る負の電荷を持つ電子で形作られている．したがって，物質は原子のスケールで見れば正と負の電荷の集合体であるが，全体としては等量の正と負の電荷で構成されるため，電気的には中性を保っている．なお，原子核の陽子の数が原子番号になる．

1.1.2 座標とベクトル

　上記のように電荷間には力が働く．力は方向を有するベクトル量なので，力の大きさだけではなく，その方向も式で表現できれば，実用的に有効である．そこで，本項では工学分野で広く用いられる座標とベクトルの表記方法を学ぶ．

　3 次元の空間の任意の点は 3 変数で表現できるが，3 変数が互いに直交する直交座標系の中で，電気磁気学で多く用いられるのは**直角座標系**（cartesian coordinates；変数は x, y, z），**円柱（円筒）座標系**（cylindrical coordinates；変数は r, θ, z），**球（極）座標系**（spherical coordinates；変数は r, θ, φ）である．解析する対象の形状に応じて座標を使い分けると変数が減り計算が容易に行える．このことを例題を通して納得しよう．なお，ここでは基本的な内容をまとめ，詳細はテキストの最後の付録に整理してまとめてある．

(1) 距離ベクトル

　前述のように，力は大きさだけではなく方向が定義される．そこで，方向を表

現するために**距離ベクトル**を定義する．つまり，空間の任意の点 P を指示した場合，点 P は単に空間上の位置を示すのではなく，原点からの距離と方向とをあわせて表現する．ここで，直角座標系を用い空間の任意の点を $P(x,y,z)$ とした場合，点 P と原点との距離 r は $r = \sqrt{x^2+y^2+z^2}$ [m] と表現できるが，原点から点 P の方向の情報も含めて表記する距離ベクトルを (1.1) 式で定義する．

$$\bm{r} = x\bm{a}_x + y\bm{a}_y + z\bm{a}_z \,[\mathrm{m}] \tag{1.1}$$

$\bm{a}_x, \bm{a}_y, \bm{a}_z$ は**単位ベクトル**（unit vector）と呼び，大きさが 1 でそれぞれ x, y, z 軸方向を示す．円柱座標系の場合 $\bm{a}_r, \bm{a}_\theta, \bm{a}_z$，球座標系の場合 $\bm{a}_r, \bm{a}_\theta, \bm{a}_\varphi$ が用いられる．工学の分野では，単位ベクトルを用いた表記法が広く用いられる．なお，単位ベクトルの表記方法は多様であるが，本テキストでは $\bm{a}$ を用いることとする．ここで，円柱座標系と球座標系では開き角 θ [rad] あるいは φ [rad] に対応する円周の接線方向が単位ベクトルとなる．その際，角は長さの単位を有していないことに気をつけなければならない．

(2) **線素ベクトル**

距離は 2 点間の最短経路を意味するが，2 点間を移動する経路は多様に想定できる．そこで，移動方向を表現する**線素ベクトル**を次のように定義する．

$$\left.\begin{array}{ll} 直角座標系の場合 & d\bm{s} = dx\bm{a}_x + dy\bm{a}_y + dz\bm{a}_z \,[\mathrm{m}] \\ 円柱座標系の場合 & d\bm{s} = dr\bm{a}_r + rd\theta\bm{a}_\theta + dz\bm{a}_z \,[\mathrm{m}] \\ 球座標系の場合 & d\bm{s} = dr\bm{a}_r + rd\theta\bm{a}_\theta + r\sin\theta d\varphi\bm{a}_\varphi \,[\mathrm{m}] \end{array}\right\} \tag{1.2}$$

弧度法の定義によれば，開き角 θ [rad] に対応する半径 r [m] の円周の長さは $r\theta$ [m] になる．したがって円柱ならびに球座標系の第 2 項は上記のような表現になる．球座標系の φ 方向に関しては，地球上を東西方向に移動する場合，同一経度間の移動でも緯度によって長さに違いが生じることを地球儀で確かめれば納得できよう．線素ベクトルの扱いは，電位（1.3 節）の算出において先ず必要になる．

(3) **面積素ベクトル**

矩形の面積は 2 辺の長さの直角成分の積である．ここで，解析学の分野では 2 つのベクトルの直角成分の積を外積と定義する．その際，外積の答は面積を示すだけではなく，2 辺の距離ベクトルと直角方向の成分を有する．つまり，面積にも方向が定義される．なお，外積は × で表記する．直角座標系の場合，

面積素ベクトルを次のように定義する．

$$dS = dxa_x \times dya_y = dxdya_z, \quad dS = dya_y \times dza_z = dydza_x$$
$$dS = dza_z \times dxa_x = dzdxa_y \, [\text{m}^2] \right\} \quad (1.3)$$

となる．解析学において座標は右手旋回で扱うので，$x \to y \to z \to x \to \cdots$ の順に掛ける場合，その答の方向は正になり，掛ける順番が逆になると負になる性質がある．したがって，$dS = dya_y \times dxa_x = dxdy(-a_z)$ になる．面積素ベクトルはガウスの法則（1.5 節）で先ず必要になる．

(4) 体積素

体積は底面積に高さを掛けた値になるから，面積素ベクトルに底面と垂直な高さの距離ベクトルを掛ければよい．この場合，**体積素**は面積素ベクトルと高さの距離ベクトルとは同一方向になるから，内積の計算となり (1.4) 式になる．

$$dv = (dxa_x \times dya_y) \cdot dza_z = dxdydz \, [\text{m}^3] \quad (1.4)$$

この扱いも随所で必要となる．

1.1.3 クーロンの法則

電荷間に力が働くことは古くから経験的に知られており，18 世紀の後半クーロン（C.A.Coulomb）は，Q と q [C] の電荷間に働く力は，電荷間の距離を r [m] とすれば

$$F = \frac{1}{4\pi\varepsilon_0} \frac{qQ}{r^2} \, [\text{N}] \quad (1.5)$$

の関係があることを実験的に明らかにした．これをクーロンの法則（Coulomb's law）と呼ぶ．ここで，ε_0 は**真空の誘電率**（permittivity of free space）と呼び，その値は 8.85×10^{-12} F·m^{-1} である．また，比例係数に 4π が付く物理的な意味は 1.5 節のガウスの法則の節で説明する．

ここで，電荷 Q は原点に，電荷 q は点 P(x, y, z) に存在するものとして力の大きさと方向を表現してみよう．静電気力は同極性の電荷間の場合，反発力になる．つまり，図 1.1 に示すように，(1.5) 式で示される力は電荷間を結ぶ線分の延長方向に働く．そこで直角座標系において距離ベクトル r は (1.1) 式で示せるので，距離ベクトルをその大きさで割った (1.6) 式を定義する．

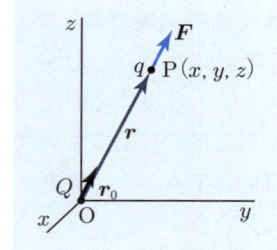

図 1.1　距離ベクトルと力

$$\bm{r}_0 = \frac{\bm{r}}{|\bm{r}|} = \frac{x\bm{a}_x + y\bm{a}_y + z\bm{a}_z}{\sqrt{x^2+y^2+z^2}} \tag{1.6}$$

$\bm{r}_0$ は大きさが1で，原点から点 P の方向を示す単位ベクトルになる．そこで

$$\bm{F}(r) = \frac{1}{4\pi\varepsilon_0}\frac{qQ}{r^2}\bm{r}_0 \ [\text{N}] \tag{1.7}$$

と表現すれば，力の大きさとあわせて方向も示せることになる．異極性の電荷間の場合，(1.7) 式において qQ が負になるから，力の向きは $\bm{r}_0$ と逆方向，つまり引力であると理解でき，実現象と一致する表記となっている．

■ **例題 1.1** ■

　直角座標系において，点 $\text{P}_1(x_1, y_1, z_1)$ にある $Q\,[\text{C}]$ の電荷が点 $\text{P}_2(x_2, y_2, z_2)$ にある $q\,[\text{C}]$ の電荷に働く力を求めよ．

【解答】　原点から点 $\text{P}_1(x_1,y_1,z_1)$ までの距離ベクトル $\bm{r}_1$ は

$$\bm{r}_1 = x_1\bm{a}_x + y_1\bm{a}_y + z_1\bm{a}_z \ [\text{m}]$$

であり，原点から点 $\text{P}_2(x_2,y_2,z_2)$ までの距離ベクトル $\bm{r}_2$ は

$$\bm{r}_2 = x_2\bm{a}_x + y_2\bm{a}_y + z_2\bm{a}_z \ [\text{m}]$$

と表現できる．図 1.2 に示すように q に働く力は点 P_1 と点 P_2 を結ぶ線分の点 P_1 から点 P_2 の方向になる．2つの電荷間の距離ベクトルは $\bm{r} = \bm{r}_2 - \bm{r}_1$ になることは3つのベクトルの関係を

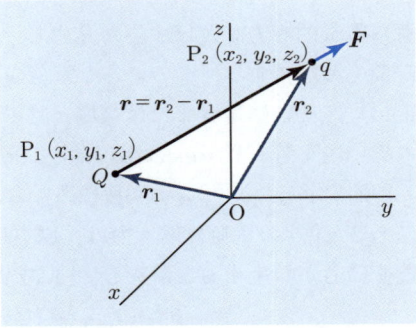

図 1.2　力の方向と距離ベクトル

図示すれば明らかであろう．したがって，距離ベクトルは (1.8) 式で表現でき

$$\bm{r} = (x_2 - x_1)\bm{a}_x + (y_2 - y_1)\bm{a}_y + (z_2 - z_1)\bm{a}_z \ [\text{m}] \tag{1.8}$$

q に働く力は (1.7) 式より (1.9) 式となる．

$$\begin{aligned}
\bm{F} &= \frac{1}{4\pi\varepsilon_0}\frac{qQ}{(x_2-x_1)^2+(y_2-y_1)^2+(z_2-z_1)^2}\frac{(x_2-x_1)\bm{a}_x+(y_2-y_1)\bm{a}_y+(z_2-z_1)\bm{a}_z}{\sqrt{(x_2-x_1)^2+(y_2-y_1)^2+(z_2-z_1)^2}} \\
&= \frac{1}{4\pi\varepsilon_0}\frac{qQ\{(x_2-x_1)\bm{a}_x+(y_2-y_1)\bm{a}_y+(z_2-z_1)\bm{a}_z\}}{\{(x_2-x_1)^2+(y_2-y_1)^2+(z_2-z_1)^2\}^{3/2}} \ [\text{N}]
\end{aligned} \tag{1.9}$$

1.2 静電界

1.2.1 点電荷の作る電界

前節では電荷間に働く力を，大きさだけではなく方向も含めて数式を表現する方法を学んだ．ところで，電荷間に働く力は質量のある物質間に働く万有引力では反発力は発生しないものの，それ以外の性質は全く同一である．ここで，質量が原因で働く万有引力では，質量のある物質の周りの空間が他の質量を引き付ける能力を有する場が発生すると解釈する．つまり，質量が存在する空間に別の物質を置くと引力が働くようになると解釈する．このような解釈は宇宙空間において質量の極めて大きなブラックホールの周囲では質量がゼロである光も引き付けられるという事実を説明するために必要になる．

そこで，電荷間に働く力も万有引力の場合と同様に，電荷の周りには他の電荷に電気的な力を及ぼす場が発生し，電荷を有する物体が近付くとクーロン力が働くと解釈する．このような電荷の周りに発生する場を，**電界の場**（electric field）あるいは**電界**または**電場**と呼ぶ．特に電荷の移動が無く，時間的に変動の無い場を**静電界**（electrostatic field）と呼ぶ．

前節で示したように，直角座標系において原点に Q [C] の電荷があり点 P(x,y,z) にある q [C] の電荷に働く力は，原点に存在する Q の電荷が電界を発生し q の電荷に力が発生すると解釈し，(1.7) 式より

$$\boldsymbol{F}(r) = \frac{1}{4\pi\varepsilon_0}\frac{qQ}{r^2}\boldsymbol{r}_0 = \frac{1}{4\pi\varepsilon_0}\frac{Q}{r^2}\boldsymbol{r}_0 q \text{ [N]}$$

と変形すれば，Q の電荷の作る電界 $\boldsymbol{E}$ は q の電荷の比例係数と解釈でき (1.10) 式を定義する．

$$\boldsymbol{E}(r) = \frac{\boldsymbol{F}}{q} = \frac{1}{4\pi\varepsilon_0}\frac{Q}{r^2}\boldsymbol{r}_0 \text{ [N}\cdot\text{C}^{-1}\text{]} (= [\text{V}\cdot\text{m}^{-1}]) \qquad (1.10)$$

これから先の電気磁気学で学ぶ内容は，すべて電界で現象をとらえる．なお，電界の単位は [N$\cdot$C^{-1}] になるが，工学の分野では [V$\cdot$m^{-1}] を用いる．

■ **例題 1.2** ■

直角座標系において点 P$_1(x_1,y_1,z_1)$ にある Q [C] の電荷が点 P$_2(x_2,y_2,z_2)$ に作る電界を求めよ．

1.2 静電界

【解答】 例題 1.1 と同様に点 P_1 から点 P_2 までの距離ベクトルは
$$\boldsymbol{r} = (x_2 - x_1)\boldsymbol{a}_x + (y_2 - y_1)\boldsymbol{a}_y$$
$$+ (z_2 - z_1)\boldsymbol{a}_z \text{ [m]} \quad \cdots (1.8)$$
であるから，点 P_2 の電界は図 1.3 に示す方向となり，(1.11) 式で示せる．

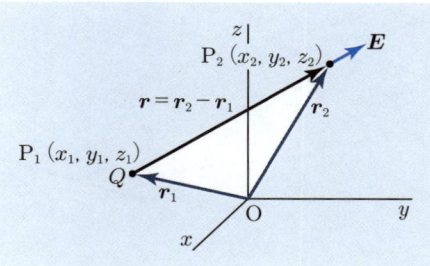

図 1.3　電界と距離ベクトル

$$\boldsymbol{E} = \frac{1}{4\pi\varepsilon_0} \frac{Q\{(x_2-x_1)\boldsymbol{a}_x + (y_2-y_1)\boldsymbol{a}_y + (z_2-z_1)\boldsymbol{a}_z\}}{\{(x_2-x_1)^2 + (y_2-y_1)^2 + (z_2-z_1)^2\}^{3/2}} \text{ [V} \cdot \text{m}^{-1}] \quad (1.11) \blacksquare$$

■ 例題 1.3 ■

直角座標系において点 $P_1(x_1, y_1, z_1)$ に Q [C] の電荷が，点 $P_2(x_2, y_2, z_2)$ に q [C] が存在した場合，2 つの電荷が点 $P(x, y, z)$ に作る電界を求めよ．

【解答】 例題 1.2 と同様に，Q の電荷が作る電界を導くにあたり，点 P_1 から点 P までの距離ベクトルは
$$\boldsymbol{r}_1 = (x - x_1)\boldsymbol{a}_x + (y - y_1)\boldsymbol{a}_y + (z - z_1)\boldsymbol{a}_z \text{ [m]}$$
となるから，点 P の電界は
$$\boldsymbol{E}_1 = \frac{1}{4\pi\varepsilon_0} \frac{Q\{(x-x_1)\boldsymbol{a}_x + (y-y_1)\boldsymbol{a}_y + (z-z_1)\boldsymbol{a}_z\}}{\{(x-x_1)^2 + (y-y_1)^2 + (z-z_1)^2\}^{3/2}} \text{ [V} \cdot \text{m}^{-1}]$$
同様に，q の電荷が作る電界は，点 P_2 から点 P までの距離ベクトルが
$$\boldsymbol{r}_2 = (x - x_2)\boldsymbol{a}_x + (y - y_2)\boldsymbol{a}_y + (z - z_2)\boldsymbol{a}_z \text{ [m]}$$
となるから，点 P の電界は
$$\boldsymbol{E}_2 = \frac{1}{4\pi\varepsilon_0} \frac{q\{(x-x_2)\boldsymbol{a}_x + (y-y_2)\boldsymbol{a}_y + (z-z_2)\boldsymbol{a}_z\}}{\{(x-x_2)^2 + (y-y_2)^2 + (z-z_2)^2\}^{3/2}} \text{ [V} \cdot \text{m}^{-1}]$$
となる．ここで，力はベクトルの合成ができる性質，つまり**重ね合わせの原理**が適用できる．電界は力を電荷量で割って定義されるので，電界は力と同一の性質があると理解できる．したがって，点 P の電界は図 1.4 のようになり，その値は
$$\boldsymbol{E} = \boldsymbol{E}_1 + \boldsymbol{E}_2 = \frac{1}{4\pi\varepsilon_0} \frac{Q\{(x-x_1)\boldsymbol{a}_x + (y-y_1)\boldsymbol{a}_y + (z-z_1)\boldsymbol{a}_z\}}{\{(x-x_1)^2 + (y-y_1)^2 + (z-z_1)^2\}^{3/2}}$$
$$+ \frac{1}{4\pi\varepsilon_0} \frac{q\{(x-x_2)\boldsymbol{a}_x + (y-y_2)\boldsymbol{a}_y + (z-z_2)\boldsymbol{a}_z\}}{\{(x-x_2)^2 + (y-y_2)^2 + (z-z_2)^2\}^{3/2}} \text{ [V} \cdot \text{m}^{-1}]$$
$$(1.12) \blacksquare$$

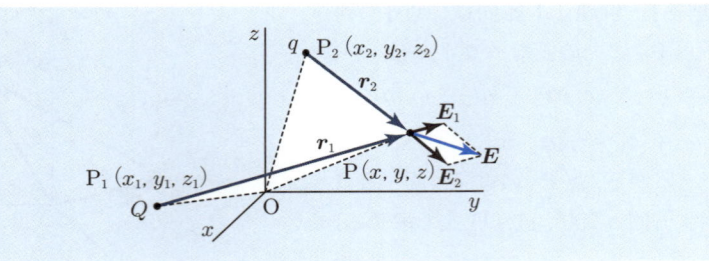

図 1.4　電界の合成

1.2.2　分布する電荷が作る電界

前項では，点電荷が作る電界の扱いを学び，電界はベクトルの合成ができる性質があること，つまり次式で示せることを説明した．

$$\bm{E}(r) = \sum_i \bm{E}_i = \frac{1}{4\pi\varepsilon_0} \sum_i \frac{Q_i}{r_i^2} \bm{r}_{0i} \,[\mathrm{V\cdot m^{-1}}]$$

実用的な現象を扱う場合，単独で電荷が存在するような状況は極めて少ない．そこで，電荷が分布している場合には，それぞれの電荷の大きさは極めて小さいので Q_i の集合の計算を積分の式に表記し直し (1.13) 式で表現する．

$$\bm{E}(r) = \int \frac{dQ}{4\pi\varepsilon_0 r^2} \bm{r}_0 = \int \frac{dQ\bm{r}}{4\pi\varepsilon_0 r^3} \,[\mathrm{V\cdot m^{-1}}] \tag{1.13}$$

ここで，電荷は線状，面状，あるいは 3 次元の広がりを持って分布することが想定できる．その際，線状に電荷が分布する場合には**線電荷密度** $\lambda\,[\mathrm{C\cdot m^{-1}}]$ が，面状の場合には**面電荷密度** $\sigma\,[\mathrm{C\cdot m^{-2}}]$，さらに**体積電荷密度** $\rho\,[\mathrm{C\cdot m^{-3}}]$ の記号が一般的に用いられる．連続して分布する電荷を細分化して線素，面積素あるいは体積素に存在する電荷量を点電荷とみなし，(1.13) 式の $dQ\,[\mathrm{C}]$ を下記のように使い分けるようにすればよい．

$$dQ = \lambda ds, \quad dQ = \sigma dS, \quad dQ = \rho dv \tag{1.14}$$

なお，電荷量はスカラ量であり，線素 ds と面積素 dS はベクトル表示にする必要はない．

■ **例題 1.4** ■

z 軸上に原点を中心に $\pm h\,[\mathrm{m}]$ の範囲に線電荷密度 $\lambda\,[\mathrm{C\cdot m^{-1}}]$ の電荷が分布している．電荷から $a\,[\mathrm{m}]$ 離れた $z = 0$ の平面上の点の電界を求めよ．

1.2 静電界

【解答】 軸対称形状の問題を解析する場合には円柱座標系が便利であり，点 P の座標を $(a, \theta, 0)$ と表示する．また，線電荷を $dz\,[\mathrm{m}]$ の長さに細分化し，点電荷とみなす電荷量を $dQ = \lambda dz\,[\mathrm{C}]$ と表すことができる．原点から $z\,[\mathrm{m}]$ 離れた点 $(0, 0, z)$ に存在する点電荷 dQ から点 P の方向を示す距離ベクトルは図 1.5 のように示せ

$$\boldsymbol{r} = (a-0)\boldsymbol{a}_r + (0-z)\boldsymbol{a}_z\,[\mathrm{m}]$$

になる．距離とは，2 点間の最短経路であるから回転方向成分（θ 方向成分）が距離ベクトルには含まれない．したがって，細分化した点電荷 dQ が作る電界は

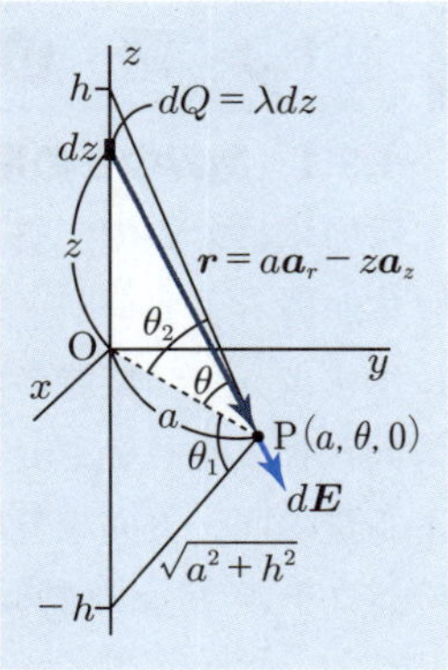

図 1.5 線電荷と電界

$dQ = \lambda dz$, $\boldsymbol{r} = a\boldsymbol{a}_r - z\boldsymbol{a}_z$ を用いて式をまとめれば (1.13) 式より

$$d\boldsymbol{E} = \frac{dQ}{4\pi\varepsilon_0 r^2}\boldsymbol{r}_0 = \frac{dQ\boldsymbol{r}}{4\pi\varepsilon_0 r^3} = \frac{\lambda dz(a\boldsymbol{a}_r - z\boldsymbol{a}_z)}{4\pi\varepsilon_0(a^2+z^2)^{3/2}}\,[\mathrm{V}\cdot\mathrm{m}^{-1}]$$

となる．これを電荷が分布する範囲にわたり積分すれば，線電荷密度 λ で $2h$ の長さに分布する電荷が作る電界を誘導できる．つまり

$$\boldsymbol{E} = \int_{-h}^{h} \frac{dQ\boldsymbol{r}}{4\pi\varepsilon_0 r^3} = \int_{-h}^{h} \frac{\lambda(a\boldsymbol{a}_r - z\boldsymbol{a}_z)}{4\pi\varepsilon_0(a^2+z^2)^{3/2}}dz\,[\mathrm{V}\cdot\mathrm{m}^{-1}]$$

を計算すればよい．これは置換積分を用いる典型的な関数である．つまり，$z = a\tan\theta$ と変数変換すれば $a^2 + z^2 = a^2\frac{1}{\cos^2\theta}$, $dz = \frac{ad\theta}{\cos^2\theta}$ となる．積分範囲をとりあえず θ_1 から θ_2 として演算を進めると

$$\boldsymbol{E} = \int_{-h}^{h} \frac{\lambda(a\boldsymbol{a}_r - z\boldsymbol{a}_z)}{4\pi\varepsilon_0(a^2+z^2)^{3/2}}dz = \int_{\theta_1}^{\theta_2} \frac{\lambda(a\boldsymbol{a}_r - z\boldsymbol{a}_z)}{4\pi\varepsilon_0\left(\frac{a^2}{\cos^2\theta}\right)^{3/2}}\frac{ad\theta}{\cos^2\theta}$$

$$= \int_{\theta_1}^{\theta_2} \frac{\lambda(\cos\theta\,\boldsymbol{a}_r - \sin\theta\,\boldsymbol{a}_z)}{4\pi\varepsilon_0 a}d\theta = \frac{\lambda}{4\pi\varepsilon_0 a}[\sin\theta\,\boldsymbol{a}_r + \cos\theta\,\boldsymbol{a}_z]_{\theta_1}^{\theta_2}\,[\mathrm{V}\cdot\mathrm{m}^{-1}]$$

となる．ここで，$z = a\tan\theta$ と変数変換したので，図 1.5 を参考にすれば，$\sin\theta_2 = \frac{h}{\sqrt{a^2+h^2}}$, $\sin\theta_1 = \frac{-h}{\sqrt{a^2+h^2}}$ になることがわかる．したがって

$$\boldsymbol{E} = \frac{\lambda}{4\pi\varepsilon_0 a}\frac{2h}{\sqrt{a^2+h^2}}\boldsymbol{a}_r = \frac{\lambda}{2\pi\varepsilon_0 a}\frac{h}{\sqrt{a^2+h^2}}\boldsymbol{a}_r\,[\mathrm{V}\cdot\mathrm{m}^{-1}] \quad (1.15)$$

となる．h が無限長の場合には $\frac{h}{\sqrt{a^2+h^2}} \to 1\ (h \to \infty)$ なので

$$\boldsymbol{E} = \frac{\lambda}{2\pi\varepsilon_0 a}\boldsymbol{a}_r\,[\mathrm{V}\cdot\mathrm{m}^{-1}] \quad (1.16)$$

このように軸対称形状の解析に直角座標系を用いると，x, y, z と 3 変数になるが，円柱座標系を用いれば，r, z の 2 変数になる．

1.3 電 位

1.3.1 電界中での電荷の移動と仕事

重力場において，質量のある物体を重力に逆らって上方に移動させる場合に物体が得るエネルギーを位置のエネルギー（ポテンシャル）と定義する．図 1.6 に示すように，位置のエネルギーは移動した高度の差で与えられるから，力の方向と物質を移動させる方向との同一成分の積として定義できる．2 つのベクトル量の同一方向成分の演算には，内積が用いられる（1.1.2 項）．つまり，力のベクトル $\boldsymbol{F}$ と移動経路 $\boldsymbol{l}$ とのなす角が θ の場合，(1.17) 式となり

$$\boldsymbol{F} \cdot \boldsymbol{l} = Fl\cos\theta \tag{1.17}$$

・が内積あるいはスカラ積を意味し，直角座標系の場合を例に示すと

$$\boldsymbol{a}_x \cdot \boldsymbol{a}_x = 1, \quad \boldsymbol{a}_x \cdot \boldsymbol{a}_y = 0, \quad \boldsymbol{a}_x \cdot \boldsymbol{a}_z = 0 \tag{1.18}$$

である．

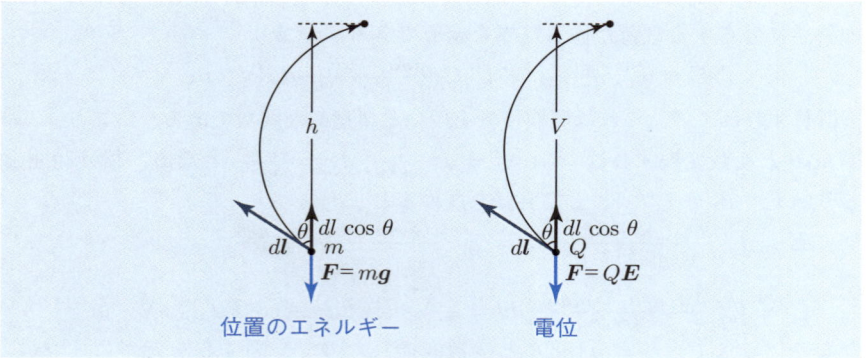

図 1.6　電荷の移動と力の向き

地球上で位置エネルギーを扱う場合には，移動距離が人間の日常の活動範囲程度ならば物質に働く力の変化はわずかであり，重力加速度 g は一定とみなせるので位置のエネルギーを mgh [J] と習ったはずである．しかし，厳密には力は高さによって変化するので，微小移動距離ごとの力を積分する必要があり

$$W = -\int \boldsymbol{F} \cdot d\boldsymbol{l} \text{ [J]} \tag{1.19}$$

と表現しなければならない．つまり $W = -\int_0^h m\boldsymbol{g} \cdot d\boldsymbol{z} \simeq mgh$ なのである．ところで，1.1 節では線素ベクトルを $d\boldsymbol{s}$ と表現したが，ここでは $d\boldsymbol{l}$ と表現してある．このように，線素ベクトルを用いる計算において，本書では移動経路が実態のある物理量（例えば電流の経路など）の場合には $d\boldsymbol{s}$，概念上の経路の場合 $d\boldsymbol{l}$ を用いて区別することとする．

(1.19) 式にマイナスを付けるのは力に逆らって動かす場合に物体はエネルギーを得ると解釈するからである．電界の場では電荷に力が働くから，その力に逆らって電荷を移動させればエネルギーを必要とする．

1.3.2 電位と電位差

(1.19) 式の両辺を電荷量で割った値を**電位** V（electric potential）と定義する．単位は $[\mathrm{J \cdot C^{-1}}]$ であるが，電気工学の分野では $[\mathrm{V}]$ を用いる．電位は次式より位置のエネルギーと同一の性質がある．

$$V = \frac{W}{Q} = -\int \frac{\boldsymbol{F}}{Q} \cdot d\boldsymbol{l} = -\int \boldsymbol{E} \cdot d\boldsymbol{l} \, [\mathrm{J \cdot C^{-1}}](= [\mathrm{V}]) \qquad (1.20)$$

ここで，電界の強さが場所によって変化すれば，移動経路の長さが同じであっても電位の値に違いが生じる．したがって，(1.20) 式の積分を計算する上で，積分範囲を明確にする必要がある．そこで (1.21) 式のように電位のゼロの点から点 A まで積分した値を点 A の電位 V_A と呼ぶ．多くの場合，電位ゼロの位置は無限遠点とする．また，(1.22) 式のように点 B から点 A まで積分した値を点 A と点 B との電位差（AB 間の**電位差** V_AB）（potential difference）と呼ぶ．

$$V_\mathrm{A} = -\int_{V=0 \text{ の位置}}^{\mathrm{A}} \boldsymbol{E} \cdot d\boldsymbol{l} = -\int_{\infty}^{\mathrm{A}} \boldsymbol{E} \cdot d\boldsymbol{l} \qquad (1.21)$$

$$V_\mathrm{AB} = -\int_{\mathrm{B}}^{\mathrm{A}} \boldsymbol{E} \cdot d\boldsymbol{l} \qquad (1.22)$$

■ 例題 1.5 ■

球座標系において，原点に $Q_0 \, [\mathrm{C}]$ の点電荷が置かれている場合，点 $\mathrm{A}\left(a, \frac{\pi}{2}, \frac{\pi}{4}\right)$ と点 $\mathrm{B}\left(b, \frac{\pi}{4}, \frac{\pi}{2}\right)$ との電位差 $V_\mathrm{BA} \, [\mathrm{V}]$ を求めよ．

【解答】 点電荷が原点に置かれている場合の電界を球座標系で表せば

$$\boldsymbol{E}(r) = \frac{Q}{4\pi\varepsilon_0 r^2}\boldsymbol{a}_r \ [\mathrm{V\cdot m^{-1}}] \quad \cdots (1.10)$$

また，移動経路（線素ベクトル）を球座標系で表せば図 1.7 のようになり次式で表せる．なお，この移動経路は概念上のものであるから l で表現する．

$$d\boldsymbol{l} = dr\boldsymbol{a}_r + rd\theta\boldsymbol{a}_\theta + r\sin\theta d\varphi\boldsymbol{a}_\varphi \ [\mathrm{m}]$$

電位は電界と線素ベクトルとの内積を経路の始点から終点まで積分すればよく

$$V_{\mathrm{BA}} = -\int_{\mathrm{A}}^{\mathrm{B}} \frac{Q_0}{4\pi\varepsilon_0 r^2}\boldsymbol{a}_r \cdot d\boldsymbol{l} = -\int_{\mathrm{A}}^{\mathrm{B}} \frac{Q_0}{4\pi\varepsilon_0 r^2}\boldsymbol{a}_r \cdot (dr\boldsymbol{a}_r + rd\theta\boldsymbol{a}_\theta + r\sin\theta d\varphi\boldsymbol{a}_\varphi)$$

となる．ここで，直角方向成分の内積はゼロであり，同一方向の内積は 1 になるから，θ 方向の移動経路は $\frac{\pi}{2}$ から $\frac{\pi}{4}$ だが

$$V = -\int_{\pi/2}^{\pi/4} \frac{Q_0}{4\pi\varepsilon_0 r^2}\boldsymbol{a}_r \cdot rd\theta\boldsymbol{a}_\theta$$
$$= 0 \ [\mathrm{V}]$$

である．同様に φ 方向の場合は $\frac{\pi}{4}$ から $\frac{\pi}{2}$ であるが，この経路の内積もゼロであり，r 成分の計算だけになる．つまり (1.23) 式となり

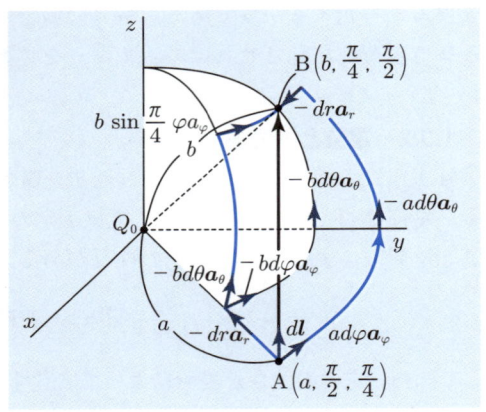

図 1.7　積分経路と電位差

$$V_{\mathrm{BA}} = -\int_{\mathrm{A}}^{\mathrm{B}} \frac{Q_0}{4\pi\varepsilon_0 r^2}\boldsymbol{a}_r \cdot d\boldsymbol{l} = -\int_a^b \frac{Q_0}{4\pi\varepsilon_0 r^2}dr$$
$$= \frac{Q_0}{4\pi\varepsilon_0}\left(\frac{1}{b} - \frac{1}{a}\right) \ [\mathrm{V}] \qquad (1.23)$$

電位差は始点と終点の位置だけで決まる．

　この結果は電位差が移動経路によらないことを意味している．したがって，始点と終点とが同一になる場合，つまり閉じた移動経路を一周すると積分結果はゼロになる．このような性質を**静電界の保存性**と呼び，重要な性質であり式で表現すると (1.24) 式になる．

$$\oint \boldsymbol{E} \cdot d\boldsymbol{l} = 0 \qquad (1.24)$$

ここで，$\oint$ は一周積分（周回積分）することを意味するために，しばしば用いられる表現である．なお被積分関数と移動経路との内積をとって計算する積分を**線積分**と呼ぶ．

1.3.3 分布する電荷が作る電位

電荷が分布している場合には，点電荷が作る電界をベクトル的に合成すれば求められることを学んだ．同様に電荷が分布する場合にも点電荷が作る電位を積分すれば求められる．前項の例題 1.5 に示したように，Q_0 [C] の点電荷から r [m] 離れた点の電位は

$$V(r) = -\int_\infty^r \frac{Q_0}{4\pi\varepsilon_0 r^2} \boldsymbol{a}_r \cdot d\boldsymbol{l}$$
$$= \frac{Q_0}{4\pi\varepsilon_0 r} \text{ [V]} \tag{1.25}$$

となる．したがって，分布する電荷が作る電位は (1.26) 式を計算すればよい．

$$V(r) = \int \frac{dQ}{4\pi\varepsilon_0 r} \text{ [V]} \tag{1.26}$$

電荷の分布の形状に応じて (1.26) 式の dQ を使い分けるのは，1.2.2 項と同様である．

■ **例題 1.6** ■

半径 a [m] の円周上に線電荷密度 λ [C·m^{-1}] で電荷が分布している．この電荷が作る円の中心軸上 z [m] の位置の電位を求めよ．

【解答】 この設問も軸対称形状の配置なので円柱座標系を用いる．先の例題 1.4 と同様に図 1.8 に示すように線状の電荷を細かく区切り，微小長さの電荷 dQ が作る電位を積分すればよい．円周方向の微小長さは $ad\theta$ [m] となり，$\lambda ad\theta$ [C] の電荷が作る電位は

$$dV = \frac{\lambda a d\theta}{4\pi\varepsilon_0 \sqrt{(a^2+z^2)}} \text{ [V]}$$

であるから，これを電荷が分布する範囲にわたって積分すると (1.27) 式になる．

$$V = \int_0^{2\pi} \frac{\lambda a d\theta}{4\pi\varepsilon_0 \sqrt{(a^2+z^2)}}$$
$$= \frac{2\pi a \lambda}{4\pi\varepsilon_0 \sqrt{(a^2+z^2)}}$$
$$= \frac{\lambda a}{2\varepsilon_0 \sqrt{(a^2+z^2)}} \text{ [V]} \tag{1.27}$$

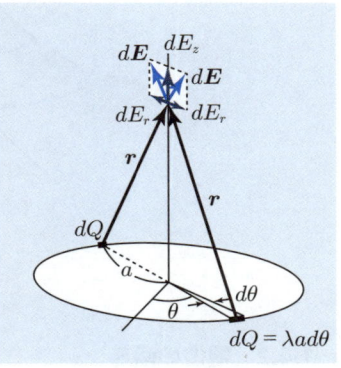

図 1.8 リング状電荷と電界

1.4 電位の傾き

1.4.1 等電位面

Q_0 [C] の点電荷から r [m] 離れた点の電位は (1.25) 式で示せた.

$$V(r) = -\int_{\infty}^{r} \frac{Q_0}{4\pi\varepsilon_0 r^2} \boldsymbol{a}_r \cdot d\boldsymbol{l} = \frac{Q_0}{4\pi\varepsilon_0 r} \text{ [V]} \quad \cdots (1.25)$$

この式は，r が等しい位置の電位 V は等しいことを意味している．このような位置を結ぶと図 1.9 に示すような同心円になる．このような等電位の点で囲まれた広がりを**等電位面**（equipotential surface）と呼ぶ．電位の定義は位置のエネルギーと同様であることを前節で説明した．等電位面は地図で示される等高線と同一のイメージであり，等高線の間隔が狭い位置では斜面の傾きが急であることを意味している．

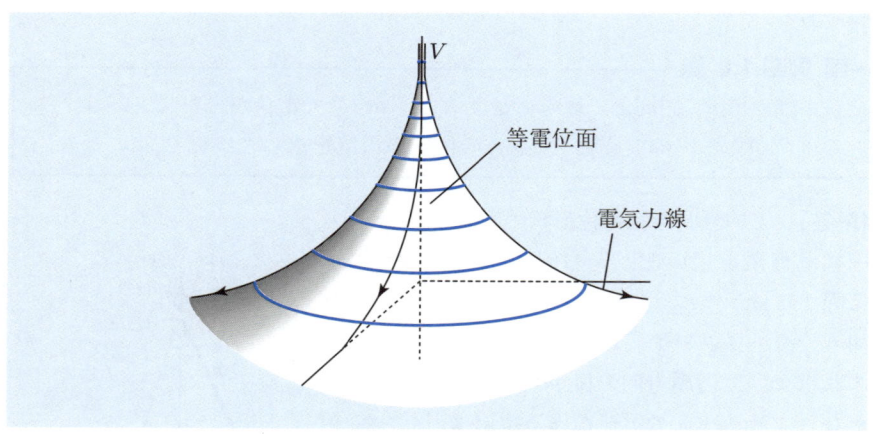

図 1.9　等電位面

1.4.2 電位の傾き

電位は電界を線積分することによって定義された．したがって，電位を微分すれば電界を誘導できるはずである．その際，等高線のイメージがわかれば，方向によって斜面の勾配は違っていることが理解できるであろう．つまり，電位を微分して電界を算出する際に，微分する方向を指定しなければならない．このような約束のもとに微分する演算を**勾配**（gradient）と呼び，偏微分の計算

1.4 電位の傾き

をする．偏微分とは複数の変数を含む関数のうち1つのみを変数とし，他の量は定数とみなして微分する演算である．つまり，x軸方向の傾きはxだけを変数として微分演算をすれば，x軸方向の傾きが求められる．解析学の分野では，ベクトルの微分演算子∇（ナブラ）は，直角座標系の場合，次のように定義される．

$$\nabla = \frac{\partial}{\partial x}\boldsymbol{a}_x + \frac{\partial}{\partial y}\boldsymbol{a}_y + \frac{\partial}{\partial z}\boldsymbol{a}_z \tag{1.28}$$

この関係を利用すれば

$$\boldsymbol{E} = -\nabla V = -\operatorname{grad} V = -\left(\frac{\partial V}{\partial x}\boldsymbol{a}_x + \frac{\partial V}{\partial y}\boldsymbol{a}_y + \frac{\partial V}{\partial z}\boldsymbol{a}_z\right) \tag{1.29}$$

と表現でき，電位から電界を算出することができる．これを利用すれば，スカラ量である電位を先ず算出し，その傾きを計算することによって電界を導くことができる．

■ 例題 1.7 ■

半径a [m] の円周上に線電荷密度λ [C·m^{-1}] で電荷が分布している．このリング状電荷の中心軸上z [m] の位置における電界を求めよ．

【解答】 例題1.6で円周上に分布するリング電荷の作る電位が算出された．この結果を利用して，円柱座標系における傾きを求めれば電界が算出される．(1.27)式はzのみが変数になっているので，zで偏微分すると(1.30)式になる．

$$\begin{aligned}
\boldsymbol{E} &= -\nabla V \\
&= -\left(\frac{\partial V}{\partial r}\boldsymbol{a}_r + \frac{\partial V}{r\partial \theta}\boldsymbol{a}_\theta + \frac{\partial V}{\partial z}\boldsymbol{a}_z\right) \\
&= -\frac{\partial}{\partial z}\left(\frac{\lambda a}{2\varepsilon_0\sqrt{(a^2+z^2)}}\right)\boldsymbol{a}_z \\
&= \frac{\lambda a z}{2\varepsilon_0(a^2+z^2)^{3/2}}\boldsymbol{a}_z \ [\text{V}\cdot\text{m}^{-1}]
\end{aligned} \tag{1.30}$$

クーロンの法則を用いて算出する過程に比べれば，この計算過程のほうが答を容易に導けることが納得できよう．ここまでに，電界の算出方法として，クーロンの法則を用いる方法と，電位を計算した上で傾きを求める方法とを学んだことになる．

■ 例題 1.8 ■

図 1.10 のように，原点から δ [m] 離れた位置に $+Q$ と $-Q$ [C] の点電荷が直線上に配置されている場合，点 $\mathrm{P}(r,\theta,\varphi)$ の電位と電界を求めよ．なお $r \gg \delta$ とする．

【解答】 2 つの点電荷が作る電位は (1.23) 式より次式で示される．

$$V_\mathrm{P} = \frac{Q}{4\pi\varepsilon_0}\left(\frac{1}{r_+} - \frac{1}{r_-}\right) \text{ [V]}$$

ここで，図 1.10 に示されるように r_+ と r_- は余弦定理から

$$r_+ = \sqrt{r^2 + \delta^2 - 2r\delta\cos\theta}$$
$$= r\sqrt{1 + \left(\frac{\delta}{r}\right)^2 - 2\frac{\delta}{r}\cos\theta},$$
$$r_- = r\sqrt{1 + \left(\frac{\delta}{r}\right)^2 + 2\frac{\delta}{r}\cos\theta} \text{ [m]}$$

であり，$r \gg \delta$ であるから，テイラー展開を用いれば次式になる．

$$\frac{1}{r_+} = \frac{1}{r}\left\{1 + \left(\frac{\delta}{r}\right)^2 - 2\frac{\delta}{r}\cos\theta\right\}^{-1/2}$$
$$\approx \frac{1}{r}\left(1 + \frac{\delta}{r}\cos\theta\right) \text{ [m]}$$

したがって，$+Q$ と $-Q$ の作る点 P の電位は

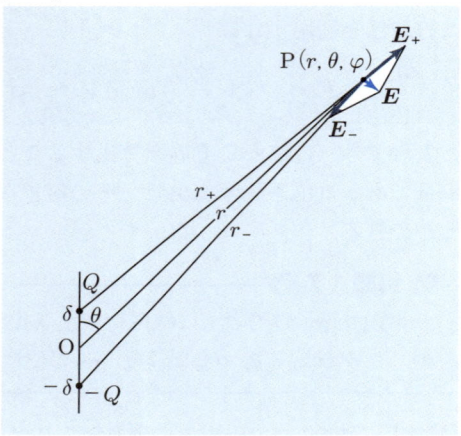

図 1.10 双極子と電界

$$V_\mathrm{P} = \frac{Q}{4\pi\varepsilon_0}\left\{\frac{1}{r}\left(1 + \frac{\delta}{r}\cos\theta\right) - \frac{1}{r}\left(1 - \frac{\delta}{r}\cos\theta\right)\right\}$$
$$= \frac{Q}{4\pi\varepsilon_0}\frac{2\delta}{r^2}\cos\theta \text{ [V]} \tag{1.31}$$

とまとめられる．電界は電位の傾きを計算すればよく，この問題では記号から球座標を用いていると判断できるから，球座標の傾きを計算すると (1.32) 式になる．

$$\boldsymbol{E} = -\nabla V = -\left(\frac{\partial V}{\partial r}\boldsymbol{a}_r + \frac{\partial V}{r\partial\theta}\boldsymbol{a}_\theta + \frac{1}{r\sin\theta}\frac{\partial V}{\partial\varphi}\boldsymbol{a}_\varphi\right)$$
$$= -\frac{Q}{4\pi\varepsilon_0}\left\{\frac{\partial}{\partial r}\left(\frac{2\delta}{r^2}\cos\theta\right)\boldsymbol{a}_r + \frac{\partial}{r\partial\theta}\left(\frac{2\delta}{r^2}\cos\theta\right)\boldsymbol{a}_\theta + \frac{\partial}{r\sin\theta\partial\varphi}\left(\frac{2\delta}{r^2}\cos\theta\right)\boldsymbol{a}_\varphi\right\}$$
$$= \frac{Q}{2\pi\varepsilon_0}\frac{2\delta}{r^3}\cos\theta\boldsymbol{a}_r + \frac{Q}{4\pi\varepsilon_0}\frac{2\delta}{r^3}\sin\theta\boldsymbol{a}_\theta \text{ [V} \cdot \text{m}^{-1}] \tag{1.32}$$

(1.32) 式より 2 つの方向成分を有することがわかる．このような一対の正負の電荷が近接して配置されている状態を**双極子**（dipole）と呼ぶ．第 3 章の誘電体の振舞いを理解する上で必要なモデルである．

1.5 ガウスの法則

1.5.1 電気力線

電界の場の様子を視覚的にイメージする手段として**電気力線**（electric lines of force）が用いられる．電気力線とは，電界の中に置かれた質量ゼロの正電荷が力を受けて運動した軌跡を表したものであり図 1.11 のように示される．

電気力線の性質は次のようである．

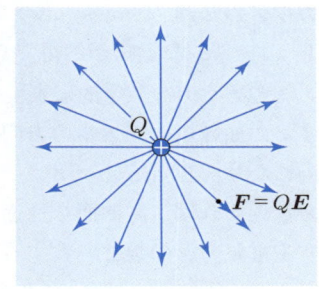

図 1.11 電気力線

1. 正電荷から出て負電荷あるいは無限遠点に向かい，電荷の存在しない場所での発生や消滅は無い．
2. 電気力線は電荷から四方に一様に広がる．
3. 電気力線は互いに接したり交わったり枝分れをすることは無い．
4. 電気力線の各場所における接線がその点における電界の方向になる．

1.5.2 ガウスの法則

Q [C] の点電荷から r [m] 離れた位置の電界の強さは $\frac{Q}{4\pi\varepsilon_0 r^2}$ [V·m^{-1}] となった．ここで，電荷からは図 1.11 に示すように電気力線は四方に一様に広がる性質がある．このことから，図 1.12 に示すように点電荷から r 離れた球面上を横切る電気力線の単位面積あたりの本数は，発生する電気力線の数を球の表面積 $4\pi r^2$ [m^2] で割った値になる．したがって，クーロンの法則と照らし合わせれば，Q の点電荷からは $\frac{Q}{\varepsilon_0}$ 本の電気力線が発生していると解釈できる．つまり，1 C の電荷からは $\frac{1}{\varepsilon_0}$ 本の電気力

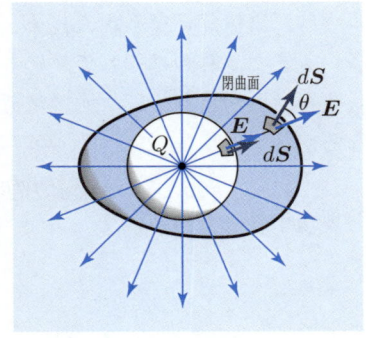

図 1.12 電気力線と閉曲面

線が発生すると定義すれば，ある位置における電気力線と直角に交わる単位面積を通過する電気力線の本数がその点における電界の強さになる．また電気力線の性質より，電界の方向は電気力線の方向である．このような考え方を**ガウスの法則**（Gauss' law）と呼ぶ．クーロンの法則において用いた ε_0 および 4π の物理的な意味が納得できたであろう．

この考え方を数学的に表現するため，1.1.2 項で学んだ面積素ベクトルを利用する．面積素ベクトルの方向は面と垂直方向であるから，電気力線とは同一方向になり，$\boldsymbol{E} \cdot d\boldsymbol{S}$ と示すことができる．電荷を囲む表面積（閉曲面）に面積素を拡大すれば，閉曲面を通過する電気力線の本数となり，それは電荷から発生する電気力線の数と一致する．したがってガウスの法則は

$$\iint \boldsymbol{E} \cdot d\boldsymbol{S} = \frac{Q}{\varepsilon_0} = \frac{1}{\varepsilon_0} \iiint \rho dv \tag{1.33}$$

と表現できる．つまり，左辺は単位面積を通過する電気力線の本数に閉曲面の全表面積を掛け，閉曲面全体から出る本数を算出することを意味する．右辺は電荷から発生する電気力線である．このような解釈で閉曲面から出る電気力線の本数を計算するためには，電気力線が一様に広がっていることが必要である．したがって，ガウスの法則はあらゆる流れの存在する場において成立する概念であるが，これを利用して電界を算出するためには，電気力線が一様に広がっていることが必要である．

ここで，左辺は面積を算出する積分であり，これを**面積積分**と呼び，式に示すように二重積分になるが，$\int_S \boldsymbol{E} \cdot d\boldsymbol{S}$ あるいは単に $\int \boldsymbol{E} \cdot d\boldsymbol{S}$ と表現する場合が多い．また，右辺はこれまでにも示したが，電荷の分布の状況に応じて表現を代える必要があり，三次元で電荷が分布する場合には三重積分（体積積分）になるが

$$\frac{1}{\varepsilon_0} \int_v \rho dv \quad \text{あるいは} \quad \frac{1}{\varepsilon_0} \int \rho dv$$

と表現する場合が多い．

例題 1.9

線電荷密度 $\lambda\,[\mathrm{C\cdot m^{-1}}]$ の電荷が z 軸方向に十分長く分布している．ガウスの法則を用いて電界分布を求めよ．

【解答】 ガウスの法則の左辺を計算する上で，電気力線の広がりを考える．電気力線は電荷から四方に広がり，また互いに交差しない性質があるから，r-θ 平面から見れば z 軸を中心に放射状になり，r-z 平面から見れば z 軸から平行に一様に広がる分布が想定できる．したがって，図 1.13 に示すように電気力線と垂直に交わる面積素ベクトルは

$$dS = rd\theta a_\theta \times dz a_z = rd\theta dz a_r\,[\mathrm{m}^2]$$

であり，円筒の表面積を計算することになる．電荷を囲む閉曲面を構成するには円筒の上面と下面の計算も必要であり $dS = dr a_r \times rd\theta a_\theta = rd\theta dr a_z$ の面積素ベクトルも考えなければならない．しかし，この面は電気力線と平行になるから，面積素ベクトルと電気力線の内積はゼロになる．ここで，z 軸方

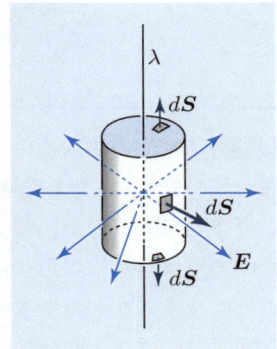

図 1.13　線電荷と閉曲面

向は無限に長いので，積分範囲を電荷を囲む閉曲面とすれば計算は無限に発散してしまう．そこで，有限な長さ $h\,[\mathrm{m}]$ にして計算をすると次式になる．

$$\text{左辺} = \int_S \boldsymbol{E}\cdot d\boldsymbol{S} = \iint E_r \boldsymbol{a}_r \cdot rd\theta dz \boldsymbol{a}_r$$
$$= \iint_0^{2\pi} E_r rd\theta dz = \int_0^h 2\pi r E_r dz = 2\pi r h E_r(r)$$

右辺は閉曲面で囲まれた内部の空間に存在する電荷量を算出することになり

$$\text{右辺} = \frac{1}{\varepsilon_0}\int_v \rho dv = \frac{1}{\varepsilon_0}\int_0^h \lambda dz = \frac{\lambda h}{\varepsilon_0}$$

となり，$2\pi r h E_r(r) = \frac{\lambda h}{\varepsilon_0}$ より h の長さに依存しない (1.34) 式が導ける．

$$E_r(r) = \frac{\lambda h}{2\pi r h \varepsilon_0} = \frac{\lambda}{2\pi r \varepsilon_0}\,[\mathrm{V\cdot m^{-1}}] \tag{1.34}$$

クーロンの法則を用いる算出過程に比べ極めて容易である．なお，電界の方向は重要な情報であるが内積の答はスカラである．そこで，本テキストでは方向は式に示すように添え字で表現する．

■ 例題 1.10 ■

図 1.14 に示すように半径 a [m] の内部に体積電荷密度 ρ [C·m^{-3}] で一様に電荷が分布している．電荷の中心位置から r [m] 離れた点の電界をガウスの法則を用いて求めよ．

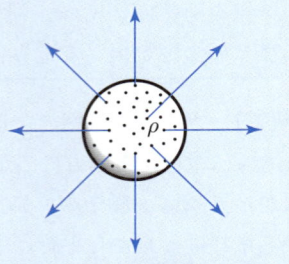

図 1.14　分布電荷と閉曲面

【解答】 電気力線は互いに交わることはない性質があるから，電荷が球状に分布していても，電気力線は分布する電荷の中心から四方に広がる．その際，電荷が分布しているので，電気力線のスタート位置はそれぞれ異なる．ここで，この問題では点対称の形状になるから球座標系を用いて，中心位置から r 離れた点の面積素ベクトルを求める．面積素ベクトルは 3 方向存在するが，電気力線と同一方向になる成分は $d\boldsymbol{S} = rd\theta\boldsymbol{a}_\theta \times r\sin\theta d\varphi\boldsymbol{a}_\varphi = r^2\sin\theta d\theta d\varphi\boldsymbol{a}_r$ [m^2] になる．したがって，左辺は閉曲面全体の積分をすれば

$$
\text{左辺} = \int_S \boldsymbol{E} \cdot d\boldsymbol{S} = \iint E_r \boldsymbol{a}_r \cdot r^2 \sin\theta d\theta d\varphi \boldsymbol{a}_r
$$
$$
= \iint_0^{2\pi} E_r r^2 \sin\theta d\theta d\varphi = \int_0^\pi 2\pi E_r r^2 \sin\theta d\theta = 4\pi r^2 E_r(r)
$$

となる．φ 軸方向の積分範囲は $0 \sim 2\pi$ であるが，θ 方向は $0 \sim \pi$ になる．

右辺は $\frac{1}{\varepsilon_0}\int_v \rho dv$ であるが，電荷は半径 a [m] の内部に分布し，電気力線は電荷の存在する位置から発生することを考えれば，半径 a の内部と外部で違う値になることが想像できよう．そこで，2 つの領域に分けて扱うこととする．

〔$r < a$ の場合〕　電気力線は四方に広がるから，閉曲面を横切る電気力線は閉曲面の内部に分布する電荷だけが寄与することになる．そこで

$$
\text{右辺} = \frac{1}{\varepsilon_0}\iiint_0^{2\pi} \rho r^2 dr \sin\theta d\theta d\varphi
$$
$$
= \frac{1}{\varepsilon_0}\iint_0^\pi \rho 2\pi r^2 dr \sin\theta d\theta
$$
$$
= \frac{1}{\varepsilon_0}\int_0^r \rho 4\pi r^2 dr = \frac{\rho}{\varepsilon_0}\frac{4\pi r^3}{3}
$$

〔$r > a$ の場合〕　閉曲面を横切る電気力線は分布する電荷全体が作ることになるから

$$\text{右辺} = \frac{1}{\varepsilon_0} \iiint_0^{2\pi} \rho r^2 dr \sin\theta d\theta d\varphi$$
$$= \frac{1}{\varepsilon_0} \iint_0^{\pi} \rho 2\pi r^2 dr \sin\theta d\theta$$
$$= \frac{1}{\varepsilon_0} \int_0^a \rho 4\pi r^2 dr = \frac{\rho}{\varepsilon_0} \frac{4\pi a^3}{3}$$

となる．したがって，電界分布は $r < a$ の場合

$$E_r(r) = \frac{\rho}{\varepsilon_0} \frac{4\pi r^3}{3} \frac{1}{4\pi r^2} = \frac{\rho}{3\varepsilon_0} r \,[\text{V} \cdot \text{m}^{-1}] \tag{1.35}$$

$r > a$ の場合，(1.36) 式になる．

$$E_r(r) = \frac{\rho}{\varepsilon_0} \frac{4\pi a^3}{3} \frac{1}{4\pi r^2} = \frac{\rho}{3\varepsilon_0} \frac{a^3}{r^2} \,[\text{V} \cdot \text{m}^{-1}] \tag{1.36}$$

例題 1.10 の計算で領域を分けたが，不等号ですべて表現した．数学的にいえば厳密でない印象を持つであろう．しかし，工学的な観点に立てば，物質の表面は原子のスケールで観測すると凸凹である．したがって，表面の位置を厳密に決定することは難しく，あまり厳密さを要求しても実用上意味の無い場合が多い．

■ 例題 1.11 ■

図 1.15 に示すように十分に広いシート上に電荷が面電荷密度 $\sigma\,[\text{C} \cdot \text{m}^{-2}]$ で分布している．周りの空間の電界分布を求めよ．

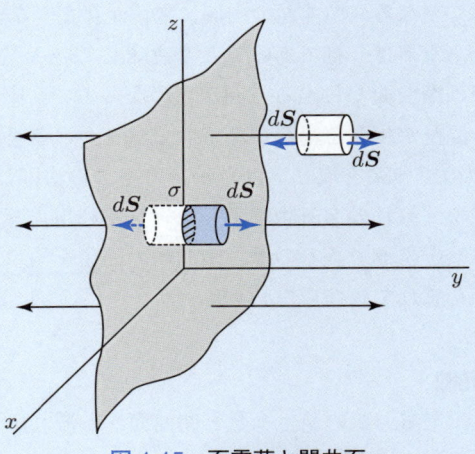

図 1.15　面電荷と閉曲面

【解答】 シート上の電荷からは一様かつ平行に電気力線は広がることが想像できよう．ここで，電気力線と垂直に交わる面積素ベクトルは $d\bm{S} = dz\bm{a}_z \times dx\bm{a}_x = dxdz\bm{a}_y\,[\mathrm{m}^2]$ になる．閉曲面にするためには，y-z 平面と x-y 平面も考える必要があるが，これらの面積素ベクトルと電気力線との内積は直交するからゼロとなる．なお，電荷を囲むような閉曲面で積分をすれば例題 1.9 と同様に無限大に発散してしまう．そこで，有限な広さ S に対して計算をする．その場合，閉曲面をシートの右側の位置に置いても，左側に置いても電気力線は閉曲面から出ていく方向であるから

$$\text{左辺} = \int_S \bm{E} \cdot d\bm{S} = 2E_y S, \quad \text{右辺} = \frac{1}{\varepsilon_0}\int_S \sigma dS = \frac{1}{\varepsilon_0}\sigma S$$

したがって，$2E_y S = \frac{1}{\varepsilon_0}\sigma S$ より (1.37) 式が導かれる．

$$E_y = \frac{\sigma}{2\varepsilon_0}\,[\mathrm{V}\cdot\mathrm{m}^{-1}] \tag{1.37}$$

ここで，シートを含まない部分に閉曲面をとってみる．閉曲面の左側の部分の電界の強さを E_{y1}，右側を E_{y2} とすれば，左側では面積素ベクトルの方向と電界の方向が逆となり，右側では同方向になることは明らかである．したがって

$$\text{左辺} = \int_S \bm{E} \cdot d\bm{S} = (-E_{y1} + E_{y2})S, \quad \text{右辺} = \frac{1}{\varepsilon_0}\int_S \sigma dS = 0$$

つまり，$E_{y1} = E_{y2}$ となる．閉曲面の内側に電荷が存在しないと「電界がゼロ」と誤解しやすいが，電界は一様であることを意味している．

ガウスの法則では閉曲面から出る方向が正になるので，座標の原点を基準に正負を表現すると混乱が生じる場合があるので気をつける必要がある．

例題として 3 つの座標系を取り上げたが，ガウスの法則は考え方が明快で，その概念はすべての「流れのある物理量」に対して利用できる．しかし，前述のように，筆算で答を誘導できるのは，閉曲面の面積を簡単に算出できる形状に限定されることを忘れてはならない．

1.5.3 電界の発散

ガウスの法則は，電気力線の発生本数と閉曲面から流れ出す電気力線の総本数の関係をまとめたものであった．

ここで，あるベクトルの場（流れの場）$\bm{A}$ があるものとする．そのベクトルは微小な体積から発生し，流れ出しているものとし，閉曲面から流れ出す電気力線の本数の極限値をベクトルの **発散** (divergence) と呼び (1.38) 式で定義する．

1.5 ガウスの法則

$$\lim_{\Delta v \to 0} \frac{1}{\Delta v} \int_S \boldsymbol{A} \cdot d\boldsymbol{S} = \mathrm{div}\, \boldsymbol{A} \tag{1.38}$$

これを利用して電界に関してまとめた (1.39) 式を**ガウスの発散の定理**と呼ぶ.

$$\int_S \boldsymbol{E} \cdot d\boldsymbol{S} = \int_v (\mathrm{div}\, E) dv \tag{1.39}$$

ガウスの法則 (1.33) 式と比較すると

$$\int_S \boldsymbol{E} \cdot d\boldsymbol{S} = \int_v (\mathrm{div}\, E) dv = \frac{1}{\varepsilon_0} \int_v \rho\, dv$$

になるから

$$\mathrm{div}\, \boldsymbol{E} = \frac{\rho}{\varepsilon_0} \tag{1.40}$$

と表現し直すことができる.これを**ガウスの法則の微分形**と呼ぶ.微分形を用いた場の解析手法は 3.4 節で改めて取り上げる.

ここで,発散の演算をするために,図 1.16 のように微小な体積 $\Delta x \Delta y \Delta z$ を有する立方体を考え,ベクトル $\boldsymbol{A} = A_x \boldsymbol{a}_x + A_y \boldsymbol{a}_y + A_z \boldsymbol{a}_z$ が微小な立方体に入る量と出る量を計算する.先ず x 軸方向の変化を考えると,微小体積に入る量は次式となる.

$$\int_S \boldsymbol{A} \cdot d\boldsymbol{S} = -A_x \Delta y \Delta z$$

ここで,マイナスが付くのは前述のように,閉曲面から出る方向を正ととるからである.出る量は Δx の間に他

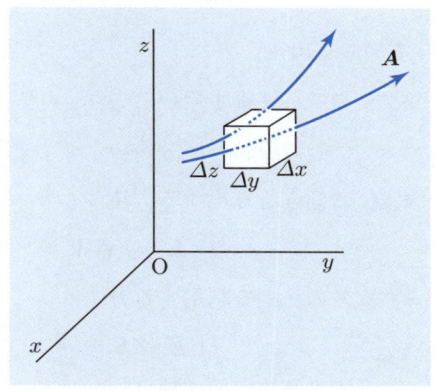

図 1.16 ベクトルの発散

の方向から入る量と出る量とがあるから,A_x は変化するはずである.しかし,その変化量は小さいものとすればテイラー展開を用い

$$\int_S \boldsymbol{A} \cdot d\boldsymbol{S} = \left(A_x + \frac{\partial A_x}{\partial x} \Delta x\right) \Delta y \Delta z$$

と表現できる.したがって,入る量と出る量との差は次式になる.

$$\frac{\partial A_x}{\partial x} \Delta x \Delta y \Delta z$$

同様に y, z 軸方向を計算し,微小体積全体でのベクトルの出入りの差は

$$\int_S \boldsymbol{A} \cdot d\boldsymbol{S} = \left(\frac{\partial A_x}{\partial x} + \frac{\partial A_y}{\partial y} + \frac{\partial A_z}{\partial z}\right) \Delta x \Delta y \Delta z$$

とまとめられる.つまり発散の計算は次式の微分を演算することになる.

$$\mathrm{div}\, \boldsymbol{A} = \left(\frac{\partial A_x}{\partial x} + \frac{\partial A_y}{\partial y} + \frac{\partial A_z}{\partial z}\right) = \nabla \cdot \boldsymbol{A} \tag{1.41}$$

第1章のまとめ

◎電界

電荷間には力が働く．これを電荷は電荷の周りの空間に電気的な力を生む能力を有した場が発生すると解釈し，その場を電界と定義する．ここでは電界が時間的に変化しない静電界を扱う．

◎電界はベクトル量である → ベクトル量の表現と座標

単位ベクトルを用いる．直角座標系では次式で表現できる．

$$\boldsymbol{r}_0 = \frac{x\boldsymbol{a}_x + y\boldsymbol{a}_y + z\boldsymbol{a}_z}{\sqrt{x^2+y^2+z^2}} \quad \cdots (1.6)$$

円柱座標系，球座標系でも同様の扱いができる．

◎電界の算出

- クーロンの法則を用いる方法 → 点電荷の作る電界を合成する

$$\boldsymbol{E} = \int \frac{dQ}{4\pi\varepsilon_0 r^2}\boldsymbol{r}_0 = \int \frac{dQ \cdot \boldsymbol{r}}{4\pi\varepsilon_0 r^3} \,[\text{V}\cdot\text{m}^{-1}] \quad \cdots (1.13)$$

- 電位の傾きを算出する方法

$$\boldsymbol{E} = -\nabla V = -\text{grad}\, V \quad \cdots (1.29)$$

- ガウスの法則を利用する方法

$$\iint \boldsymbol{E}\cdot d\boldsymbol{S} = \frac{Q}{\varepsilon_0} = \frac{1}{\varepsilon_0}\iiint \rho dv \quad \cdots (1.33)$$

なお，微分形での表現は

$$\text{div}\,\boldsymbol{E} = \nabla\cdot\boldsymbol{E} = \frac{\rho}{\varepsilon_0} \quad \cdots (1.40),\,(1.41)$$

◎電位

電位は重力場における位置のエネルギーに対応し，力に沿った移動経路で電荷を移動させることにより定義できる．

- 電位 $\quad V_\text{A} = -\int_{V=0\,\text{の位置}}^{\text{A}} \boldsymbol{E}\cdot d\boldsymbol{l} = -\int_{\infty}^{\text{A}} \boldsymbol{E}\cdot d\boldsymbol{l} \quad \cdots (1.21)$
- 2点 AB 間の電位差 $\quad V_\text{AB} = -\int_\text{B}^\text{A} \boldsymbol{E}\cdot d\boldsymbol{l} \quad \cdots (1.22)$

第1章の問題

☐ **1.1** 次の座標系における距離ベクトルを単位ベクトルを用いて表記せよ．
(1) 直角座標系において，原点 $O(0,0,0)$ と点 $P_1(x_1,y_1,z_1)$ との間の $\overrightarrow{OP_1}$．
(2) 直角座標系において，点 $P_1(x_1,y_1,z_1)$ と点 $P_2(x_2,y_2,z_2)$ との間の $\overrightarrow{P_1P_2}$．
(3) 円柱座標系において，原点 $O(0,0,0)$ と点 $P(r,\theta,z)$ との間の $\overrightarrow{OP}$．
(4) 球座標系において，原点 $O(0,0,0)$ と点 $P(r,\theta,\varphi)$ との間の $\overrightarrow{OP}$．

☐ **1.2** 直角座標系において，次の問に答えよ．
(1) 電界が $\boldsymbol{E} = E_x \boldsymbol{a}_x \,[\mathrm{V \cdot m^{-1}}]$ の場合，$\boldsymbol{E} \cdot d\boldsymbol{S}$．
(2) 電界が $\boldsymbol{E} = E_x \boldsymbol{a}_x \,[\mathrm{V \cdot m^{-1}}]$ の場合，$\boldsymbol{E} \cdot d\boldsymbol{l}$．

☐ **1.3** 円柱座標系において，次の問に答えよ．
(1) 電界が $\boldsymbol{E} = E_r \boldsymbol{a}_r \,[\mathrm{V \cdot m^{-1}}]$ で与えられている場合，$\boldsymbol{E} \cdot d\boldsymbol{S}$．
(2) 電界が $\boldsymbol{E} = E_r \boldsymbol{a}_r \,[\mathrm{V \cdot m^{-1}}]$ で与えられている場合，$\boldsymbol{E} \cdot d\boldsymbol{l}$．
(3) 磁束密度が $\boldsymbol{B} = B_\theta \boldsymbol{a}_\theta \,[\mathrm{T}]$ で与えられている場合，$\boldsymbol{B} \cdot d\boldsymbol{S}$．
(4) 磁束密度が $\boldsymbol{B} = B_\theta \boldsymbol{a}_\theta \,[\mathrm{T}]$ で与えられている場合，$\boldsymbol{B} \cdot d\boldsymbol{l}$．

☐ **1.4** 球座標系において，電界が $\boldsymbol{E} = E_r \boldsymbol{a}_r \,[\mathrm{V \cdot m^{-1}}]$ で与えられている場合，
(1) $\boldsymbol{E} \cdot d\boldsymbol{S}$ (2) $\boldsymbol{E} \cdot d\boldsymbol{l}$

☐ **1.5** 原点に $Q = 0.5\,[\mathrm{nC}]$ の点電荷を置いた場合，$r = 5$ と $r = 15\,[\mathrm{m}]$ における電界を求めよ．

☐ **1.6** 図1 に示すように $2a\,[\mathrm{m}]$ 離れた点に，それぞれ Q と $-Q\,[\mathrm{C}]$ が置かれている．点 $P(x,y)$ の電界を求めよ．

☐ **1.7** 図2 に示すように面電荷密度 $\sigma\,[\mathrm{C \cdot m^{-2}}]$，半径 $a\,[\mathrm{m}]$ の円板状の電荷が配置されている．円板の中心軸上 $z\,[\mathrm{m}]$ の位置の電界 $\boldsymbol{E}$ を求めよ．

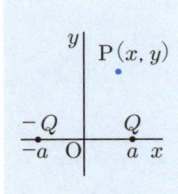

図1

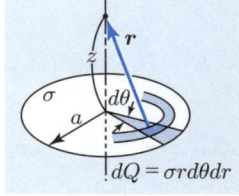

図2

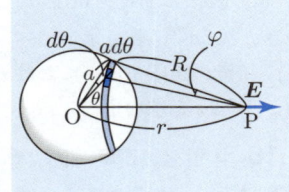

図3

□ **1.8** 図3に示すように半径 a [m] の球殻の表面に面電荷密度 σ [C·m^{-2}] の電荷が分布している．この球の中心から r [m] 離れた点の電界を求めよ．なお，$\int \frac{B\sin\theta d\theta}{\sqrt{A-k\cos\theta}}$ は $A - k\cos\theta = X^2$ と置換すればよい．

□ **1.9** 原点に $Q = 0.5$ [nC] の点電荷を置いた場合，$r = 5$ の $r = 15$ [m] に対する電位差を求めよ．

□ **1.10** 面電荷密度 σ [C·m^{-2}]，半径 a [m] の円板状の電荷が配置されている．円板の中心軸上 z [m] の位置の電位 V を求め，$\boldsymbol{E} = -\mathrm{grad}\, V$ より電界を求めよ．

□ **1.11** 半径 a [m] の厚さの無視できる球殻に表面電荷密度 σ [C·m^{-2}] で電荷が分布している．この電荷が作る電界分布 $\boldsymbol{E}(r)$ [V·m^{-1}] をガウスの法則を用いて求めよ．

□ **1.12** 半径 a [m] から b [m] の球殻の領域に電荷密度 ρ [C·m^{-3}] で電荷が分布している．電界分布と電位分布を求め，結果をグラフに示せ．

□ **1.13** 円柱座標系において，$0 < r < a$ の空間に体積電荷密度 ρ_0 [C·m^{-3}] で電荷が一様に分布しているものとする．空間での電界分布を求めよ．また，電位の基準点を r_0 $(a \ll r_0)$ として，電位分布を求め，それぞれのグラフを描け．

□ **1.14** 面電荷密度が $+\sigma$ と $-\sigma$ [C·m^{-2}] に帯電した2枚の十分に広いシートが，互いに距離 d [m] 離れて平行に置かれている．この2枚のシートが作る電界をガウスの法則を用いて求めよ．その際，閉曲面を図4に示す位置でそれぞれとり，得られる答を求め，最終的には (1)(1′)(2)(3)(4) の答を総合して空間の電界分布を決定すること．

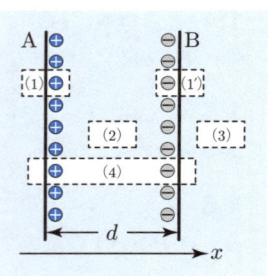

図 4

□ **1.15** 半径 a [m] の球を想定し
① 球の内部に一様に体積電荷密度 ρ [C·m^{-3}] の電荷が分布している場合．
② 球の表面に面電荷密度 σ [C·m^{-2}] の電荷が分布している場合につき，次の問に答えよ．
(1) 任意の距離 r [m] における電界 $\boldsymbol{E}(r)$ [V·m^{-1}] と電位 $V(r)$ [V] を求めよ．
(2) $\mathrm{div}\, \boldsymbol{E}$ を求めよ．

□ **1.16** 体積電荷密度 ρ [C·m^{-3}] が $a > r$ で $\rho(r) = \rho_0 \frac{r}{a}$，$a < r$ で $\rho(r) = 0$ に分布しているものとする．空間の電界分布と電位分布を求めよ．あわせて，電界の発散も計算せよ．

第2章

導体のある場の静電界

　電気を利用するには電流が流れる経路を必要とする．電流を流す物質は数多くあり，これらを導体と呼ぶ．境界となる数値が明確に区分されているわけではないが，電流の流れやすさによって導体，半導体，絶縁体とに分類される．また，導体は用途によっては電線，電極などとも呼ばれる．

　第2章では，これら導体が静電界の存在する場の中に置かれた場合の振舞いを学ぶ．本章は3つの節に分かれており，導体の性質を学んだ後に電気回路・電子回路で用いられるキャパシタ（コンデンサ）の定義とその性質を学ぶ．さらに，エネルギーと力という実用的に極めて重要な概念を学ぶ．

2.1 導体の性質と電界

2.1.1 導　体

　物質は原子や分子で構成されており，それらは陽子と中性子で構成される原子核とその周りに分布する電子から構成されている．原子単独の場合には，電子は原子核の正電荷によるクーロン力，つまり第 1 章で学んだ電荷間に働く力によって拘束されている．しかし，原子が多数集合して物質が構成されると，その中で電子が自由に移動できる場合がある．このような物質を**導体**と呼び，自由に移動する電子を**自由電子**と呼ぶ．なお，原子核の内部に存在する正の電荷を有する陽子と負の電荷を有する電子の数は同数あり，物質は電気的に中性である．

2.1.2 静 電 誘 導

　図 2.1 に示すように導体の存在する空間に外部から電界 E を印加すれば，クーロン力 F によって導体内の自由電子は導体の表面に移動する．物質は中性であるから右側の表面には正の電荷が分布する．これらを**誘導電荷**（induced charge）と呼ぶ．その結果，電荷の偏りが生じ電界 E' が発生する．この電界は外部から印加した電界を打ち消す方向になるので**逆電界**と呼ぶ．外部電界と逆電界とが互いに打ち消す状態で電荷の移動は止まり安定な状態が維持される．これを**平衡状態**と呼ぶ．

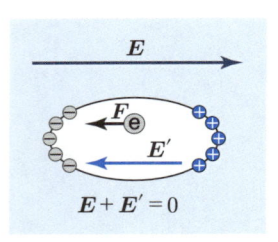

図 2.1　導体と誘導電荷

　平衡状態では導体の内部はどこも電界がゼロ，つまり等電位になる．導体の内部に電界が存在すれば電荷は移動するので，電荷は導体の表面だけに存在することになる．このような現象を**静電誘導**（electrostatic induction）と呼ぶ．電荷が移動する一時的な変化を**過渡現象**（transient phenomena）と呼ぶ．導体の場合，この移動時間は非常に短いので，本節では電荷の移動を問題にしない**定常状態**（steady state）を考える．

■ **例題 2.1** ■

図 2.2 に示すように半径 a [m] の球導体と同心状に，内半径 b [m]，外半径 c [m] の球殻導体がある．球電極に Q [C] の電荷を充電した場合の電界分布と導体表面に誘導される電荷密度を求めよ．

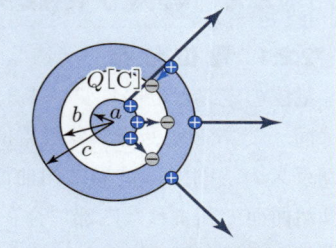

図 2.2 電気力線と誘導電荷

【解答】 $r < a$ は導体内であるから電界はゼロである．
$a < r < b$ の空間の電界は，ガウスの法則を用いれば (2.1) 式が成立する．
$$E_r(r) = \frac{1}{4\pi\varepsilon_0}\frac{Q}{r^2} \, [\text{V}\cdot\text{m}^{-1}] \tag{2.1}$$
$b < r < c$ の領域でガウスの法則を用いる．その際，導体の内側表面に誘導する電荷量を q [C] とすれば $E_r(r)4\pi r^2 = \frac{1}{\varepsilon_0}(Q+q)$ になる．

なお，この領域は導体内であるから電界はゼロであり，$q = -Q$ になる．
したがって，導体の内側表面に誘導する単位面積あたりの電荷量は
$$\sigma_b = \frac{-Q}{4\pi b^2} \, [\text{C}\cdot\text{m}^{-2}] \tag{2.2}$$
$c < r$ の空間を考える場合，閉曲面内部には点電荷と導体が存在する．導体全体としては電気的に中性であり，導体の内側表面に $q = -Q$ の誘導電荷が分布すれば，導体の外側表面には $-q = +Q$ の誘導電荷が分布する．つまり
$$E_r(r) = \frac{1}{4\pi\varepsilon_0}\frac{Q+q-q}{r^2} = \frac{1}{4\pi\varepsilon_0}\frac{Q}{r^2} \, [\text{V}\cdot\text{m}^{-1}] \quad \cdots (2.1)$$
$$\sigma_c = \frac{Q}{4\pi c^2} \, [\text{C}\cdot\text{m}^{-2}] \tag{2.3}$$

このように，導体が存在しても空間の電界分布の関数形は変化しない．また，導体表面の電界 $\bm{E}$ と導体表面に誘導する電荷密度 σ との関係は
$$\sigma = \varepsilon_0 \bm{E}\cdot\bm{n} \tag{2.4}$$
と表現できる．ここで，$\bm{n}$ は面積素の面積を 1 としたベクトル，つまり法線ベクトルである．電気力線が流れ込む導体表面には負の電荷が，流れ出す表面には正の電荷が誘導する．また，導体は等電位であるから導体に沿う電気力線は存在せず，電気力線は導体と垂直に出入りすることを示している．

2.2 導体が存在する場の電位分布

2.2.1 電位分布

電位の定義とその性質は 1.3 節で学んだ．導体が空間に存在しても定義自体は同一であるが，導体は等電位であることを認識する必要がある．ところで，ガウスの法則では電界は閉曲面を通過する電気力線の数を意味し，電気力線は閉曲面で囲まれた内部に存在する電荷が作るので，内側の空間から電界を誘導する必要がある．これに対し，電位は電位ゼロの位置から計算する必要があり，この位置は，遠方にとるのが一般的である．したがって，外側の空間から計算を進める必要がある．

■ 例題 2.2 ■

例題 2.1 と同一の状態において電位分布を求めよ．

【解答】 $c < r$ の空間の電界は (2.1) 式で与えられるから電位分布は (2.5) 式になる．

$$V(r) = -\int_{V=0 \text{ の場所}}^{r} \boldsymbol{E} \cdot d\boldsymbol{l} = -\int_{\infty}^{r} \frac{1}{4\pi\varepsilon_0} \frac{Q}{r^2} dr$$
$$= -\frac{Q}{4\pi\varepsilon_0}\left[-\frac{1}{r}\right]_{\infty}^{r} = \frac{Q}{4\pi\varepsilon_0 r} \text{ [V]} \tag{2.5}$$

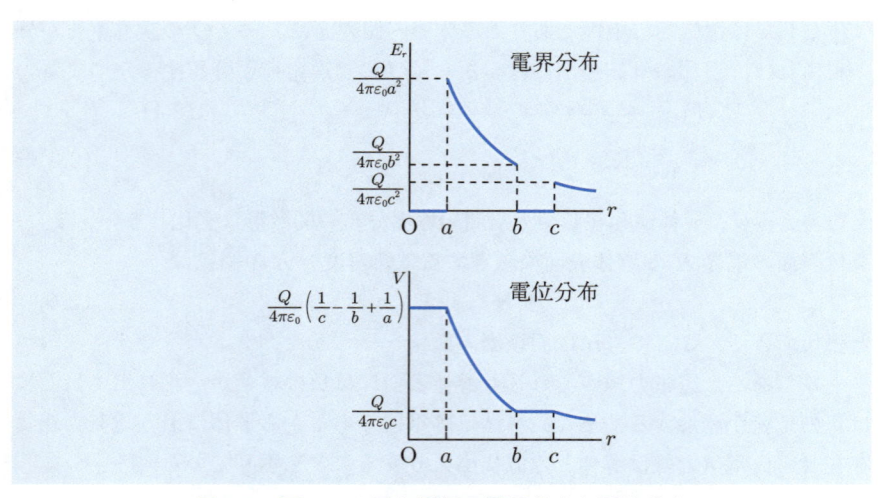

図 2.3 図 2.2 の同心電極の電界分布と電位分布

$b < r < c$ は導体内であるから電界はゼロであり，電位は一定である．また，電位は基準点から連続した経路の線積分で定義されるから (2.6) 式になる．

$$V(r) = -\int_\infty^r \boldsymbol{E} \cdot d\boldsymbol{l}$$
$$= -\left(\int_\infty^c \frac{1}{4\pi\varepsilon_0}\frac{Q}{r^2}dr + \int_c^r 0\,dr\right) = \frac{Q}{4\pi\varepsilon_0 c}\,[\mathrm{V}] \quad (2.6)$$

$a < r < b$ の空間の電界分布は (2.1) 式で表されるから電位分布は (2.7) 式になる．

$$V(r) = -\int_\infty^r \boldsymbol{E} \cdot d\boldsymbol{l}$$
$$= -\left(\int_\infty^c \frac{1}{4\pi\varepsilon_0}\frac{Q}{r^2}dr + \int_c^b 0\,dr + \int_b^r \frac{1}{4\pi\varepsilon_0}\frac{Q}{r^2}dr\right)$$
$$= \frac{Q}{4\pi\varepsilon_0}\left(\frac{1}{c} + \frac{1}{r} - \frac{1}{b}\right)\,[\mathrm{V}] \quad (2.7)$$

$r < a$ は導体内で電界はゼロであるから

$$V(r) = -\int_\infty^r \boldsymbol{E} \cdot d\boldsymbol{l}$$
$$= -\left(\int_\infty^c \frac{1}{4\pi\varepsilon_0}\frac{Q}{r^2}dr + \int_c^b 0\,dr + \int_b^a \frac{1}{4\pi\varepsilon_0}\frac{Q}{r^2}dr + \int_a^r 0\,dr\right)$$
$$= \frac{Q}{4\pi\varepsilon_0}\left(\frac{1}{c} + \frac{1}{a} - \frac{1}{b}\right)\,[\mathrm{V}] \quad (2.8)$$

電界分布と電位分布を図 2.3 に示す．

導体内の電界はゼロであり導体の電位はどこも等しいが，その値はゼロではないことに注意を要する．

2.2.2 接 地

導体に電線を接続し，他の物体とつなぐことを考える．導体単独では電気的に中性である．ところが，静電誘導によって導体表面に分布する電荷は電線を通って移動し導体は中性ではなくなる．接続点を大地にした場合，電荷は大地に流れ込むが，大地の電位は一定な値を保っていると考えて差し支えない．このように電荷の流入や流出があっても電位の変動の生じない点を電位の基準点としておけば実用上有用である．そこで，数学的には電位の基準点を無限遠点とするが，実用上は大地を電位ゼロの基準点にすることができる．この場合，大地に接続することを**接地**（earth）と呼び電位をゼロにすることを意味する．

■ 例題 2.3 ■

例題 2.1 と同一の状態で導体を接地した場合の電界分布および電位分布を求めよ．

【解答】〔電界分布と誘導電荷密度〕

$r < a$ は導体内であり電界はゼロである．

$a < r < b$ の領域の電界分布は (2.1) 式で表される．

$b < r < c$ の領域も導体で電界はゼロであり，例題 2.1 と同一である．導体の内側表面に誘導される表面電荷密度 $\sigma_b [\mathrm{C \cdot m^{-2}}]$ も同一である．

$c < r$ の空間を考える．導体は接地したので電位は $0\,\mathrm{V}$ である．無限遠点も電位の基準点であり $0\,\mathrm{V}$ であるから，無限遠点と導体表面との間の電位差は無いことになる．したがって，この空間の電界はゼロである．(2.4) 式より導体外側表面の電荷密度 $\sigma_c = 0$ となる．つまり，接地をすることによって導体の外側表面に誘導していた電荷が大地に流れたと解釈すればよい．

〔電位分布〕

$b < r$ では上記のように，導体が接地されたので $0\,\mathrm{V}$ となる．

$a < r < b$ の空間の電界分布は (2.1) 式であるから

$$\begin{aligned}
V(r) &= -\int_{V=0 \text{の場所}}^{r} \boldsymbol{E} \cdot d\boldsymbol{l} \\
&= -\int_{b}^{r} \frac{1}{4\pi\varepsilon_0} \frac{Q}{r^2} dr \\
&= -\frac{Q}{4\pi\varepsilon_0} \left[-\frac{1}{r}\right]_{b}^{r} \\
&= \frac{Q}{4\pi\varepsilon_0}\left(\frac{1}{r}-\frac{1}{b}\right) [\mathrm{V}] \quad (2.9)
\end{aligned}$$

$r < a$ は導体内で電界はゼロであるから，(2.10) 式となる．

$$\begin{aligned}
V(r) &= -\int_{\infty}^{r} \boldsymbol{E} \cdot d\boldsymbol{l} \\
&= -\left(\int_{b}^{a} \frac{1}{4\pi\varepsilon_0} \frac{Q}{r^2} dr + \int_{a}^{r} 0\, dr\right) \\
&= \frac{Q}{4\pi\varepsilon_0}\left(\frac{1}{a}-\frac{1}{b}\right)[\mathrm{V}] \quad (2.10)
\end{aligned}$$

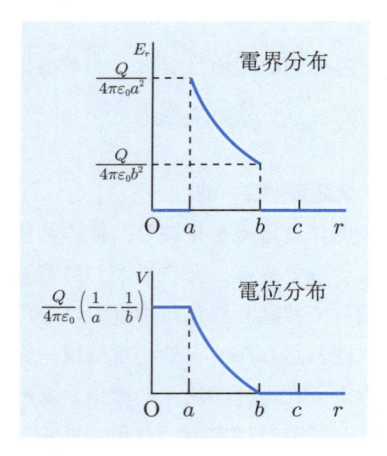

図 2.4 接地された同心電極の電界分布と電位分布

電界分布と電位分布を図 2.4 に示す．また，図 2.3 との違いを確認しよう．■

2.2.3 静電遮へい（静電シールド）

導体に囲まれた空洞内の電界を求めるために，図 2.5 に示すような経路で一周電界を積分することを考える．電界を一周積分するとゼロになることはすでに学んだ．つまり

$$V = -\int_A^A \boldsymbol{E} \cdot d\boldsymbol{l}$$
$$= -\left(\int_A^B \boldsymbol{E} \cdot d\boldsymbol{l} + \int_B^A \boldsymbol{E} \cdot d\boldsymbol{l}\right)$$
$$= 0 \quad \cdots (1.25)$$

であり，第 1 項は導体内の経路であるからゼロである．したがって，第 2 項つまり空洞内でも電位差はゼロであることを意味する．つまり，「導体で囲まれた電荷の存在しない空洞内には電界は存在しない」ことがわかる．

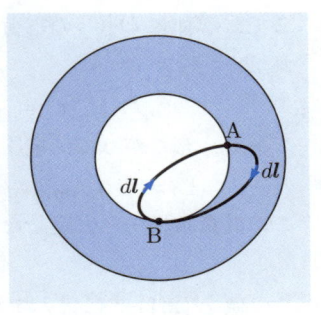

図 2.5　静電シールド

例題 2.2 の結果とあわせ，導体で囲まれた空間が存在する場合，導体の内部と外部の電界はそれぞれ独立の関係になる．このような現象を**静電シールド**（electrostatic shielding）と呼び，工学的にはノイズ除去に有効な性質である．

2.2.4　導体に電圧を印加した場合の電界分布と電位分布

ガウスの法則は有用な電界の解析手法である．しかし，電荷が作る電気力線に関わる法則であり，電荷量が与えられなければ利用できないことになる．しかし，実用上は導体に電圧を印加することが多い．そこで，電圧が印加された場合の取扱い方を次に示す．

■ **例題 2.4** ■

図 2.6 に示すような内半径 $a\,[\mathrm{m}]$，外半径 $b\,[\mathrm{m}]$ の導体球殻がある．この導体に $V_0\,[\mathrm{V}]$ の電源を接続した場合の電界分布，電位分布を求めよ．

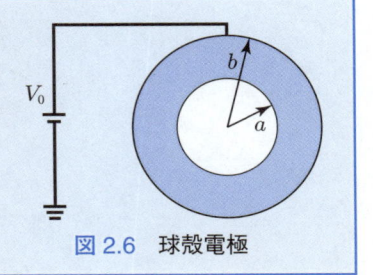

図 2.6　球殻電極

【解答】〔電界分布〕

$r < b$ の領域は静電シールドで解説したように $E_r(r) = 0\,[\mathrm{V\cdot m^{-1}}]$ である．$b < r$ の空間を考える．導体に電源を接続すると，導体は電位を有するから周りの空間には電界が発生する．つまり，導体には電源から電荷が流れこむ．そこで，導体に $Q\,[\mathrm{C}]$ の電荷が充電されたものと仮定してガウスの法則を用いれば，

$$E_r(r) = \frac{1}{4\pi\varepsilon_0}\frac{Q}{r^2}\,[\mathrm{V\cdot m^{-1}}] \quad \cdots (2.1)$$

である．したがって，電圧を印加した導体の電位は次式になる．

$$V_0 = -\int_{V=0\text{の場所}}^{b}\boldsymbol{E}\cdot d\boldsymbol{l} = -\int_{\infty}^{b}\frac{1}{4\pi\varepsilon_0}\frac{Q}{r^2}dr = \frac{Q}{4\pi\varepsilon_0 b}\,[\mathrm{V}]$$

この計算結果から仮定した電荷量は (2.11) 式で与えられる．

$$Q = 4\pi\varepsilon_0 b V_0\,[\mathrm{C}] \tag{2.11}$$

この値を (2.1) 式に代入すれば，電界分布は (2.12) 式になる．

$$E_r(r) = \frac{b}{r^2}V_0\,[\mathrm{V\cdot m^{-1}}] \tag{2.12}$$

〔電位分布〕

$b < r$ の空間では電界分布が (2.12) 式となるから (2.13) 式が導ける．

$$V(r) = -\int_{\infty}^{r}\frac{b}{r^2}V_0\,dr = \frac{b}{r}V_0\,[\mathrm{V}] \tag{2.13}$$

$r < b$ の領域は (2.14) 式となる．

$$V(r) = -\left(\int_{V=0\text{の場所}}^{b}\boldsymbol{E}\cdot d\boldsymbol{l} + \int_{b}^{r}0\,dr\right) = -\int_{\infty}^{b}\frac{b}{r^2}V_0\,dr = V_0\,[\mathrm{V}] \tag{2.14}$$

電界分布と電位分布を図 2.7 に示す．

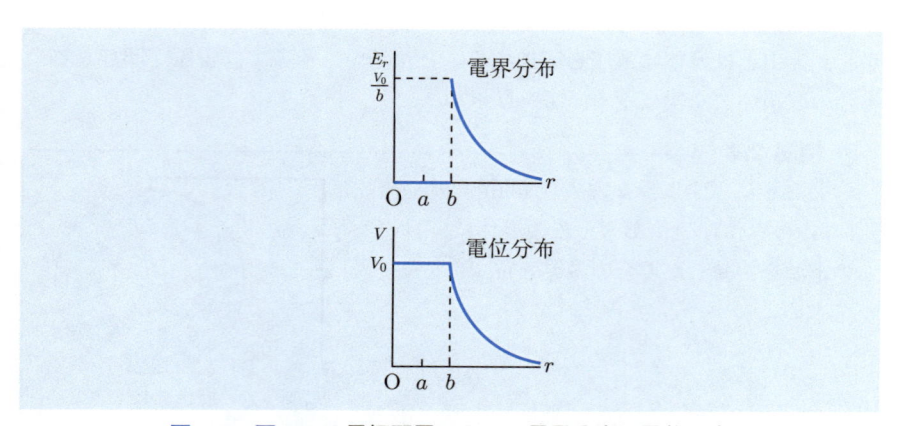

図 2.7　図 2.6 の電極配置における電界分布と電位分布

例題 2.4 で示したように電圧が印加された場合にガウスの法則を用いて電界分布や電位分布を算出するには，先ず電荷量を仮定して電荷量と印加電圧との関係を求める．その計算過程を経た後に，与えられた電圧を用いた式として誘導できる．

■ 例題 2.5 ■

図 2.8 に示すような半径 $a\,[\mathrm{m}]$ の円柱導体と同軸状に，内半径 $b\,[\mathrm{m}]$，外半径 $c\,[\mathrm{m}]$ の円筒導体があり，円柱導体には $V_0\,[\mathrm{V}]$ の電源を接続し，円筒導体は接地した．導体間の電界分布，電位分布を求めよ．

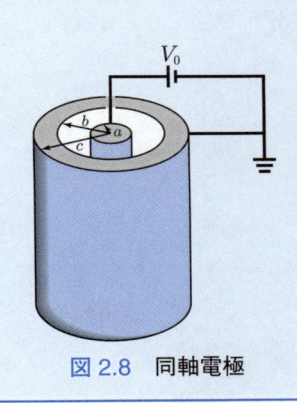

図 2.8 同軸電極

【解答】 $r < a$ の領域は導体内であり電界はゼロである．
$a < r < b$ の領域でガウスの法則を用いる．その際，半径 $r\,[\mathrm{m}]$，高さ $h\,[\mathrm{m}]$ の閉曲面を考え，導体の単位長さあたり $\lambda\,[\mathrm{C\cdot m^{-1}}]$ の電荷を充電したものとしてガウスの法則を用いる．なお，電荷は導体表面に分布するので，軸上に λ を仮定するのは物理現象としては正しくない．しかし，導体表面より外側の電界分布は同一になるので，このような仮定をして式を扱うことが多い．

ガウスの法則の左辺は $\quad \int \boldsymbol{E}\cdot d\boldsymbol{S} = \iint E_r r\,d\theta\,dz = E_r\,2\pi r h$

右辺は $\quad \frac{1}{\varepsilon_0}\int \lambda\,dz = \frac{\lambda}{\varepsilon_0}h$

したがって，空間の電界は (2.15) 式になる．

$$E_r(r) = \frac{\lambda}{2\pi r \varepsilon_0}\,[\mathrm{V\cdot m^{-1}}] \tag{2.15}$$

円筒電極が接地され，円柱電極には $V_0\,[\mathrm{V}]$ の電源が接続されているから

$$V_0 = -\int_b^a \frac{1}{2\pi\varepsilon_0}\frac{\lambda}{r}dr = \frac{\lambda}{2\pi\varepsilon_0}\ln\frac{b}{a}\,[\text{V}] \tag{2.16}$$

となり，仮定した電荷量は

$$\lambda = \frac{2\pi\varepsilon_0}{\ln\frac{b}{a}}V_0\,[\text{C}\cdot\text{m}^{-1}] \tag{2.17}$$

となる．この値を (2.15) 式に代入すれば

$$E_r(r) = \frac{V_0}{r\ln\frac{b}{a}}\,[\text{V}\cdot\text{m}^{-1}] \tag{2.18}$$

$$V(r) = -\int_0^r E_r(r)dr = -\int_b^r \frac{V_0}{r\ln\frac{b}{a}}dr = \frac{\ln\frac{b}{r}}{\ln\frac{b}{a}}V_0\,[\text{V}] \tag{2.19}$$

となる．

$b < r$ の領域は接地された導体とその外側の空間であり，電界はゼロである．

得られた電界分布と電位分布を図 2.9 に示す．

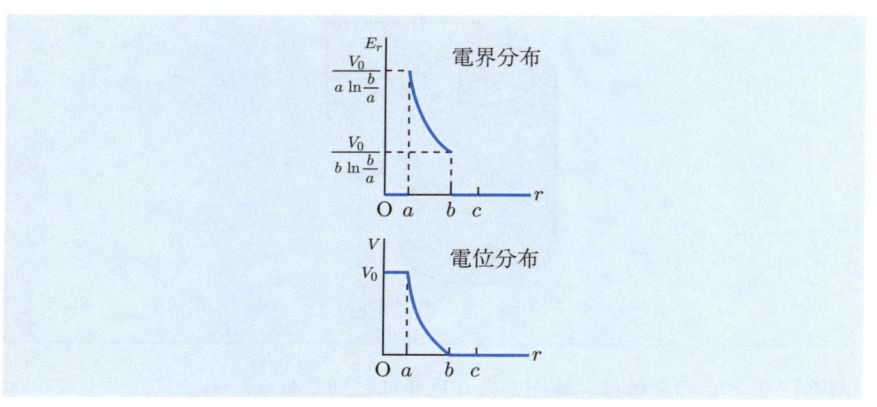

図 2.9 図 2.8 の電極配置における電界分布と電位分布

ここで，(2.16), (2.19) 式における積分は

$$-\int_b^r \frac{1}{r}dr = -\ln\frac{r}{b}$$

となる．しかし，与えられた条件では $r < b$ であるから，$\frac{r}{b} < 1$ であり，その対数は負になることが明白である．したがって，工学の分野では (2.16), (2.19) 式のような表記にする．また，工学の分野では常用対数を log で自然対数を ln で表現することが多い．

2.3 静電容量とキャパシタに蓄えられるエネルギー

2.3.1 静電容量

例題 2.4 で示したように，導体に電圧を印加すれば電荷が充電される．ここで，導体に充電される電荷量 $Q\,[\mathrm{C}]$ と導体に印加した電圧 $V\,[\mathrm{V}]$ との比例係数を**静電容量**（キャパシタンス：capacitance）$C\,[\mathrm{F}]$ と定義する．

$$Q = CV\,[\mathrm{C}]$$

したがって

$$C = \frac{Q}{V}\,[\mathrm{F}] \tag{2.20}$$

正の電圧を印加すれば必ず正電荷が導体に充電され，負の電圧の場合も同様である．したがって，静電容量は必ず正の値を有する物理量である．

■ **例題 2.6** ■
半径 $a\,[\mathrm{m}]$ の導体球の静電容量を求めよ．

【解答】 例題 2.4 と同様にガウスの法則を用い，電界分布を求め導体球の電位を算出すると (2.21) 式になる．

$$V_0 = -\int_{V=0\,\text{の場所}}^{a} \boldsymbol{E}\cdot d\boldsymbol{l} = -\int_{\infty}^{a} \frac{1}{4\pi\varepsilon_0}\frac{Q}{r^2}dr = \frac{Q}{4\pi\varepsilon_0}\frac{1}{a}\,[\mathrm{V}] \tag{2.21}$$

したがって，静電容量は (2.22) 式で表される．

$$C = \frac{Q}{V_0} = 4\pi\varepsilon_0 a\,[\mathrm{F}] \tag{2.22}$$■

一般に静電容量は電極間に定義されるが，このような導体球単独の静電容量を**孤立球の静電容量**と呼ぶ．

■ **例題 2.7** ■
半径 $a\,[\mathrm{m}]$ の球導体と同心状に，内半径 $b\,[\mathrm{m}]$，外半径 $c\,[\mathrm{m}]$ の球殻導体がある．この導体間の静電容量を求めよ．

【解答】 例題 2.4 で求まった電界分布を利用して導体間の電位差を求めれば

$$V_{ab} = -\int_{b}^{a} \boldsymbol{E}\cdot d\boldsymbol{l} = -\int_{b}^{a} \frac{1}{4\pi\varepsilon_0}\frac{Q}{r^2}dr = \frac{Q}{4\pi\varepsilon_0}\left(\frac{1}{a} - \frac{1}{b}\right)\,[\mathrm{V}] \tag{2.23}$$

となり，仮定した電荷量は (2.24) 式になる．

$$Q = 4\pi\varepsilon_0 \frac{ab}{b-a} V_{ab}\,[\mathrm{C}] \tag{2.24}$$

したがって，静電容量は (2.25) 式になる．
$$C = \frac{Q}{V_{ab}} = 4\pi\varepsilon_0 \frac{ab}{b-a} \,[\mathrm{F}] \tag{2.25}$$

■ **例題 2.8** ■

図 2.10 に示すような電極面積が $S\,[\mathrm{m}^2]$，電極間距離が $d\,[\mathrm{m}]$ の平行平板電極の静電容量を求めよ．なお，電極端部での電界の乱れは無視できるものとする．

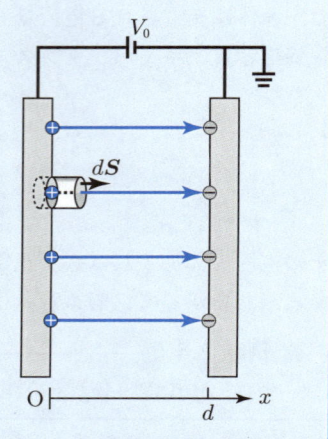

図 2.10 平行平板電極と閉曲面

【解答】 一方の電極に単位面積あたり $\sigma\,[\mathrm{C}\cdot\mathrm{m}^{-2}]$ の電荷を充電したものとする．図 2.10 に示すように，電荷を包み，一方の閉曲面は導体内に，もう一方は空間になるような閉曲面を考えガウスの法則をあてはめると

ガウスの法則の左辺は $\quad \int \boldsymbol{E}\cdot d\boldsymbol{S} = E_x S$

右辺は $\quad \frac{1}{\varepsilon_0}\int \sigma dS = \frac{1}{\varepsilon_0}\sigma S$

したがって，左辺 = 右辺より空間の電界は (2.26) 式になる．
$$E_x = \frac{\sigma}{\varepsilon_0}\,[\mathrm{V}\cdot\mathrm{m}^{-1}] \tag{2.26}$$

なお，電気力線は電極から外に出る方向になるから，電界の向きは x 方向になる．電極間の電位差を求めると
$$V_0 = -\int_d^0 \frac{\sigma}{\varepsilon_0}dx = \frac{\sigma}{\varepsilon_0}d\,[\mathrm{V}] \tag{2.27}$$

となり，(2.20) 式より静電容量は (2.28) 式になる．
$$C = \frac{Q}{V_0} = \frac{\sigma S}{V_0} = \frac{\varepsilon_0}{d}S\,[\mathrm{F}] \tag{2.28}$$

■ 例題 2.9 ■

半径 $a\,[\mathrm{m}]$ の円柱導体と同軸状に，内半径 $b\,[\mathrm{m}]$，外半径 $c\,[\mathrm{m}]$ の円筒導体がある．この導体間の単位長さあたりの静電容量を求めよ．

【解答】 例題 2.5 で電界分布の算出過程より仮定した電荷量は (2.17) 式であった．
$$\lambda = \frac{2\pi\varepsilon_0}{\ln\frac{b}{a}}V_0\,[\mathrm{C}\cdot\mathrm{m}^{-1}] \qquad \cdots (2.17)$$
したがって，(2.20) 式より静電容量は (2.29) 式になる．
$$C = \frac{\lambda}{V_0} = \frac{2\pi\varepsilon_0}{\ln\frac{b}{a}}\,[\mathrm{F}\cdot\mathrm{m}^{-1}] \tag{2.29}$$

2.3.2 キャパシタの接続

導体に電圧を印加した場合に蓄えられる電荷量は，与えた電位差に比例し，その比例係数を静電容量（キャパシタンス）と定義した．電荷を蓄えるための素子をキャパシタ（capacitor）と呼ぶ．日本国内ではコンデンサと呼ばれる場合が多いが，本テキストでは国際的な用語であるキャパシタを用いる．電気回路や電子回路に用いられるキャパシタの記号は ⊣⊢ と示される．

図 2.11(a) に示すようにキャパシタを並列に接続すると，印加電圧は共通であるから
$$Q = \sum_{i=1}^{n} Q_i = \left(\sum_{i=1}^{n} C_i\right) V$$
であり，合成容量は (2.30) 式になる．

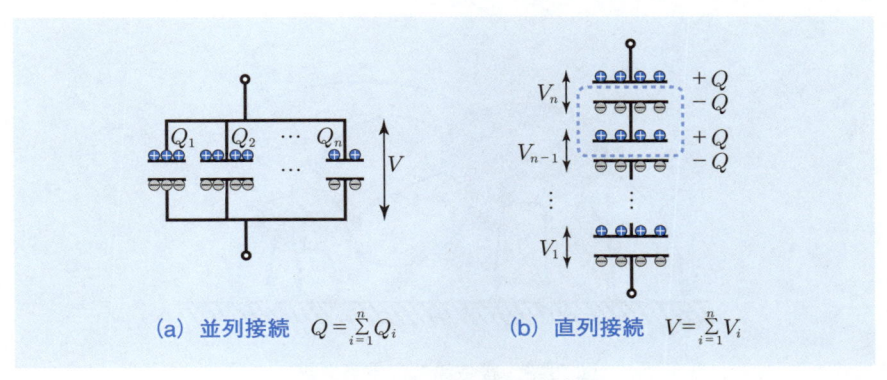

図 2.11　キャパシタの接続

$$C = \sum_{i=1}^{n} C_i \tag{2.30}$$

大きな合成容量にしたい場合に有効な接続方法である．

図 2.11(b) に示すようにキャパシタを直列に接続すると，個々の容量に蓄えられる電荷量 $Q = C_i V_i$ は同一であり，個々の容量の端子電圧の和が全体の印加電圧になるから

$$V = \sum_{i=1}^{n} V_i = \sum_{i=1}^{n} \frac{Q}{C_i} = \sum_{i=1}^{n} \frac{1}{C_i} Q$$

となり，合成容量は (2.31) 式になる．

$$\frac{1}{C} = \sum_{i=1}^{n} \frac{1}{C_i} \tag{2.31}$$

キャパシタには印加できる電圧の上限がある．したがって，高い電圧を印加してもキャパシタを破壊しないようにするために有効な接続方法である．

2.3.3 電位係数，容量係数および誘導係数

ここまでは単独あるいは一対の導体を扱ってきたが，空間には複数の導体が存在している場合が多い．電柱には 3 本あるいはそれ以上の電線が張られていることを確かめてみよう．空間に同時に複数の導体が存在する場合を**導体系**と呼び，標題の各係数を用いる．

図 2.12 に示すように接地面に近い空間に 2 つの導体 I, II が存在する場合を考えよう．導体 I に 1 C を充電したとすれば，導体 I から流れ出す電気力線の一部は導体 II に，残りは接地面に到達する．したがって，導体 I が電位を有するだけではなく，導体 II にも電位が発生する．このときの導体 I の電位を p_{11},

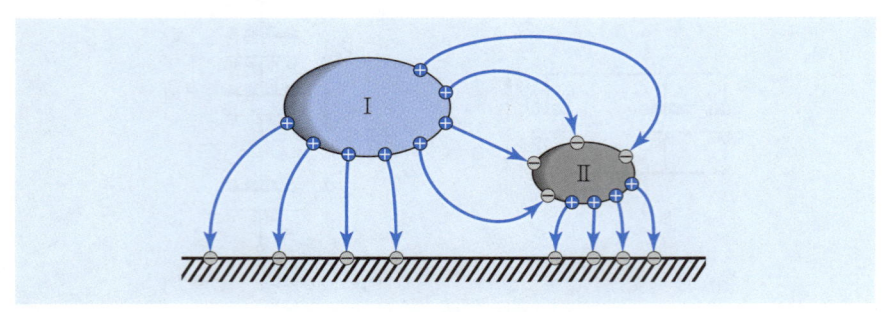

図 2.12 複数導体の電気力線

導体 II の電位を p_{21} とする．同様に，導体 II に 1 C を充電した場合の導体 I の電位を p_{12}，導体 II の電位を p_{22} とすると，それぞれの導体に Q_1, Q_2 [C] を充電した場合の導体 I と II の電位 V_1, V_2 [V] は (2.32) 式で表現できる．

$$\begin{bmatrix} V_1 \\ V_2 \end{bmatrix} = \begin{bmatrix} p_{11} & p_{12} \\ p_{21} & p_{22} \end{bmatrix} \begin{bmatrix} Q_1 \\ Q_2 \end{bmatrix} \tag{2.32}$$

ここで p_{ij} を**電位係数**（coefficient of potential）[F^{-1}] と呼ぶ．この係数は幾何学的な空間の配置および導体の形と寸法だけで一義的に決まり $p_{ij} = p_{ji}$ となる性質がある．導体が多数存在する場合には，(2.32) 式を導体の個数分だけ項を増やした行列として扱える．この手法は，古典的な電界計算のアルゴリズム（電荷重畳法）になっている．

同様に，導体に電圧を印加すれば導体には電荷が充電されるから

$$\begin{bmatrix} Q_1 \\ Q_2 \\ \vdots \\ Q_n \end{bmatrix} = \begin{bmatrix} q_{11} & q_{12} & \cdots & q_{1n} \\ q_{21} & q_{22} & \cdots & q_{2n} \\ & & \cdots\cdots & \\ q_{n1} & q_{n2} & \cdots & q_{nn} \end{bmatrix} \begin{bmatrix} V_1 \\ V_2 \\ \vdots \\ V_n \end{bmatrix} \tag{2.33}$$

が成立し q_{ij} $(i \neq j)$ を**誘導係数**（coefficient of induction）[F]，q_{ii} を**容量係数**（coefficient of capacity）[F] と呼ぶ．

■ **例題 2.10** ■
> 半径 a [m] の球導体と内半径 b [m]，外半径 c [m] の球殻導体が同心状に配置されている．各導体の電位係数を求めよ．

【解答】 球電極に Q_1 [C] の電荷を充電した場合，それぞれの導体の電位を V_1, V_2 [V] とすると，例題 2.2 を参考にすれば

$$V_2 = V(c) = -\int_\infty^c \frac{1}{4\pi\varepsilon_0} \frac{Q_1}{r^2} dr = \frac{Q_1}{4\pi\varepsilon_0 c} \text{ [V]} \tag{2.34}$$

$$V_1 = V(a) = -\left(\int_\infty^c \frac{1}{4\pi\varepsilon_0} \frac{Q_1}{r^2} dr + \int_c^b 0\, dr + \int_b^a \frac{1}{4\pi\varepsilon_0} \frac{Q_1}{r^2} dr \right)$$
$$= \frac{Q_1}{4\pi\varepsilon_0} \left(\frac{1}{c} + \frac{1}{a} - \frac{1}{b} \right) \text{ [V]} \tag{2.35}$$

となるから (2.32) 式より電位係数は

$$p_{21} = \frac{1}{4\pi\varepsilon_0 c} \text{ [F}^{-1}\text{]} \tag{2.36}$$

$$p_{11} = \frac{1}{4\pi\varepsilon_0} \left(\frac{1}{c} + \frac{1}{a} - \frac{1}{b} \right) \text{ [F}^{-1}\text{]} \tag{2.37}$$

球殻導体に Q_2 [C] の電荷を充電した場合の導体の電位を V_1', V_2' [V] とすると，導体の空洞内に電荷がなければ，内部は等電位になるから

$$V_2' = V'(c) = -\int_{\infty}^{c} \frac{1}{4\pi\varepsilon_0} \frac{Q_2}{r^2} dr = \frac{Q_2}{4\pi\varepsilon_0 c} \text{ [V]} \tag{2.38}$$

$$V_1' = V'(a) = \frac{Q_2}{4\pi\varepsilon_0 c} \text{ [V]} \tag{2.39}$$

となり，電位係数は (2.32) 式より

$$p_{12} = \frac{1}{4\pi\varepsilon_0 c}, \quad p_{22} = \frac{1}{4\pi\varepsilon_0 c} \text{ [F}^{-1}] \tag{2.40}$$

となる．(2.36), (2.40) 式より $p_{12} = p_{21}$ であることが確認できる．■

2.3.4 キャパシタに蓄えられるエネルギー

図 2.13 に示すように，静電容量 C [F] の導体に q [C] を充電すると導体は $V = \frac{q}{C}$ [V] の電位を持つ．さらに Δq [C] の電荷を充電しようとすれば，その電位に逆らって電荷を移動させなければならなくなり $V\Delta q$ [J] のエネルギーを必要とする．つまり，電荷を充電するためにはエネルギーを必要とする．全体で Q [C] の電荷量を充電するために必要なエネルギーを積分の式で表現すれば (2.41) 式になる．

$$W = \int_0^Q V\, dq = \int_0^Q \frac{q}{C} dq = \frac{Q^2}{2C} = \frac{C}{2} V^2 \text{ [J]} \tag{2.41}$$

エネルギーは保存する性質があるから，電荷を充電するためにエネルギーを必要とすれば，電荷を取り出すときにはエネルギーを利用することができる．したがって，キャパシタはエネルギーを蓄える素子である．

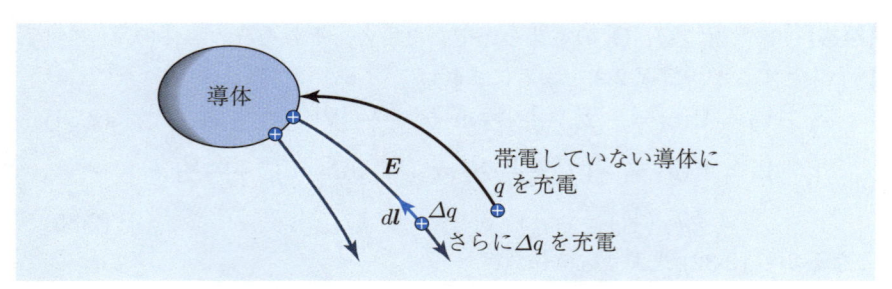

図 2.13 電荷の充電と蓄えられるエネルギー

2.3 静電容量とキャパシタに蓄えられるエネルギー

■ 例題 2.11 ■

電極面積が $S\,[\mathrm{m}^2]$,電極間距離が $d\,[\mathrm{m}]$ の平行平板電極に $Q\,[\mathrm{C}]$ の電荷を充電した場合にキャパシタに蓄えられるエネルギーを求めよ.なお,電極端部での電界の乱れは無視できるものとする.

【解答】 例題 2.8 の結果を利用すれば,静電容量は (2.28) 式であった.
$$C = \frac{Q}{V} = \frac{\sigma S}{V} = \frac{\varepsilon_0}{d} S\,[\mathrm{F}] \qquad \cdots (2.28)$$
よって,キャパシタに蓄えられるエネルギーは (2.41) 式より (2.42) 式となる.
$$W = \frac{Q^2}{2C} = \frac{dQ^2}{2\varepsilon_0 S}\,[\mathrm{J}] \tag{2.42}$$

2.3.5 導体に働く力

$Q\,[\mathrm{C}]$ の電荷が充電されている平行平板電極を考える.対向する電極表面には逆極性の電荷が誘導するから,電極には互いに引き合う力が働く.

ここで,図 2.14 に示すように $F\,[\mathrm{N}]$ の力が働く電極を $\Delta x\,[\mathrm{m}]$ だけ変位させたものとする.その結果,電極間距離は変化し静電容量が変化するから,蓄積されているエネルギーが $\Delta W\,[\mathrm{J}]$ だけ変化することになる.エネルギーは保存されるから,変位に伴う仕事によるエネルギーと蓄積されているエネルギーの変化との総和はゼロであり
$$F\Delta x + \Delta W = 0$$
となる.そこで,導体に働く力は微分の表現で表せば (2.43) 式で表せる.
$$F = -\frac{\partial W}{\partial x}\,[\mathrm{N}] \tag{2.43}$$
このような考え方を**仮想変位法**(virtual displacement method)と呼ぶ.

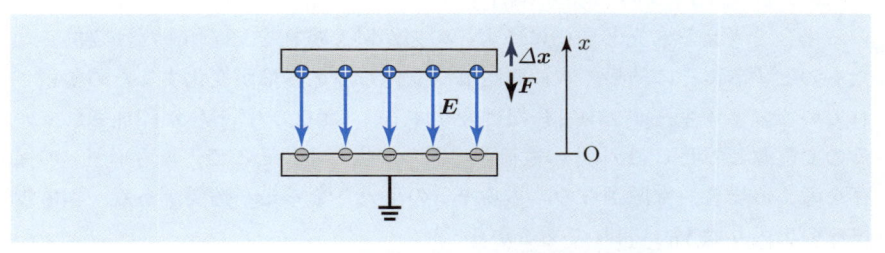

図 2.14 電荷が充電されている場合の仮想変位

■ 例題 2.12 ■

電極面積が $S\,[\text{m}^2]$，電極間距離が $d\,[\text{m}]$ の平行平板電極に $Q\,[\text{C}]$ の電荷を充電した場合に電極に働く力を求めよ．なお，電極端部での電界の乱れは無視できるものとする．

【解答】 例題 2.11 の結果を利用すれば，蓄えられるエネルギーは (2.42) 式となった．

$$W = \frac{Q^2}{2C} = \frac{dQ^2}{2\varepsilon_0 S}\,[\text{J}] \qquad \cdots (2.42)$$

そこで，仮想変位法の考え方を利用するためには，力が働いた結果，変化する距離で微分すればよい．したがって (2.43) 式より

$$F = -\frac{\partial W}{\partial x} = -\frac{\partial}{\partial d}\left(\frac{dQ^2}{2\varepsilon_0 S}\right) = -\frac{Q^2}{2\varepsilon_0 S}\,[\text{N}] \qquad (2.44)$$

となる．計算結果が負であることより，力の向きが微分した項，つまり電極間距離が小さくなることを意味している．

ここで，意図的に (2.44) 式を変形すると

$$F = -\frac{\partial}{\partial d}\left(\frac{dQ^2}{2\varepsilon_0 S}\right) = -\frac{Q^2}{2\varepsilon_0 S} = -\frac{\varepsilon_0}{2}\left(\frac{Q}{\varepsilon_0}\right)^2 S\,[\text{N}] \qquad (2.45)$$

となる．つまり，(2.44) 式は $F = \frac{\varepsilon_0}{2}E^2 S\,[\text{N}]$ と変形でき

$$f = \frac{\varepsilon_0}{2}E^2\,[\text{N}\cdot\text{m}^{-2}] \qquad (2.46)$$

の力が単位面積あたり働くと解釈できる．このような力を**マクスウェルのひずみ力**（Maxwell's stress）と呼ぶ．(2.44) 式では符号によって力の向きも判断できるが，マクスウェルのひずみ力は 2 乗の項になるため符号で力の向きは判断できない．詳細は 3.3 節で再度解説する．

次に，図 2.15 に示すように平行平板電極間に $V_0\,[\text{V}]$ の電位差が印加されている場合を考える．先と同様に $F\,[\text{N}]$ の力が働く電極を $\varDelta x\,[\text{m}]$ だけ変位させたものとする．その結果，電極間距離は変化し静電容量が変化するため蓄積されているエネルギーが $\varDelta W\,[\text{J}]$ だけ変化する．しかし，$V_0\,[\text{V}]$ が印加されているので電源との間で $\varDelta q\,[\text{C}]$ の電荷の出入りが生じる．そこで，エネルギーの保存を考える場合，電源からのエネルギーの出入りを考える必要がある．エネルギーの出入りは $V_0\,\varDelta q\,[\text{J}]$ であるから

$$F\varDelta x + \varDelta W = V_0\,\varDelta q$$

2.3 静電容量とキャパシタに蓄えられるエネルギー

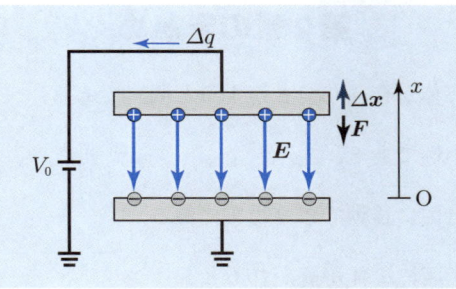

図 2.15 電源が接続されている場合の仮想変位

となる.(2.41) 式の誘導過程を思い出せば $\Delta W = \frac{V_0 \Delta q}{2}$ になるから

$$F = \frac{\partial W}{\partial x} \text{ [N]} \tag{2.47}$$

と表すことができる.

電荷が充電されている場合と電源が接続されている場合とをまとめて

$$F = \pm \left(\frac{\partial W}{\partial x}\right)_{\substack{+\,:\,V\,一定 \\ -\,:\,Q\,一定}} \text{ [N]} \tag{2.48}$$

を**仮想変位法**(virtual displacement method)と呼ぶ.

■ **例題 2.13** ■

電極面積が $S\,[\text{m}^2]$,電極間距離が $d\,[\text{m}]$ の平行平板電極間に $V_0\,[\text{V}]$ の電圧を印加した場合に電極に働く力を求めよ.なお,電極端部での電界の乱れは無視できるものとする.

【解答】 キャパシタに蓄えられるエネルギーは (2.42) 式より (2.49) 式で示せる.

$$W = \frac{C}{2}V_0^2 = \frac{\varepsilon_0 S}{2d}V_0^2 \text{ [J]} \tag{2.49}$$

仮想変位法の考え方を利用すれば (2.48) 式より

$$F = \frac{\partial W}{\partial x} = \frac{\partial}{\partial d}\left(\frac{\varepsilon_0 S V_0^2}{2d}\right) = -\frac{\varepsilon_0 S V_0^2}{2d^2} = -\frac{\varepsilon_0}{2}E^2 S \text{ [N]} \tag{2.50}$$

となる.計算結果が負であり,電極間距離が小さくなることを意味している.■

つまり,電荷を充電した場合にも電圧を印加した場合にも,導体間には引力が働く.また,式の変形よりマクスウェルのひずみ力があてはめられることもわかる.

第2章のまとめ

◎電界の性質は，導体が存在しても第1章と同一である．

◎物質は本質的に中性である．

◎導体とは電荷が自由に移動できる物質である．

◎電界の存在する空間に導体が置かれると
　　静電誘導で導体表面に電荷が誘導：
$$\text{誘導電荷密度 } \sigma = \varepsilon_0 \boldsymbol{E} \cdot \boldsymbol{n} \, [\text{C} \cdot \text{m}^{-2}] \quad \cdots (2.4)$$
　　導体は静電界中では等電位：電気力線はどこでも導体と垂直に出入り

◎接地とは導体の電位をゼロにすること．
　（接地により，接地した導体と無限遠点との電位差はゼロ）

◎導体の電位が与えられた場合の電界分布と電位分布の算出
1. 導体に電荷が充電されているものとして Q を仮定しガウスの法則を用い電界分布の算出
2. 電位の定義に従って導体の電位を与え，仮定した電荷量を決定
3. 仮定した電荷量に 2. で算出された値を代入し電界分布・電位分布を決定

◎静電容量 $C = \frac{Q}{V}$ [F] $\quad \cdots (2.20)$
- キャパシタ（コンデンサ）とはエネルギーを蓄える素子である
- キャパシタの接続　・並列接続　$C = \sum_i C_i \quad \cdots (2.30)$
  　　　　　　　　　・直列接続　$\frac{1}{C} = \sum_i \left(\frac{1}{C_i}\right) \quad \cdots (2.31)$
- キャパシタに蓄えられるエネルギー
$$W = \frac{Q^2}{2C} = \frac{C}{2}V^2 \, [\text{J}] \quad \cdots (2.41)$$

◎導体に働く力
- 仮想変位法　$F = \pm \left(\frac{\partial W}{\partial x}\right)_{\substack{+ : V \text{ 一定} \\ - : Q \text{ 一定}}} [\text{N}] \quad \cdots (2.48)$
- マクスウェルのひずみ力　$f = \frac{\varepsilon_0}{2} E^2 \, [\text{N} \cdot \text{m}^{-2}] \quad \cdots (2.46)$

第 2 章の問題

☐ **2.1** 半径 a [m] と b [m]（$a < b$）の厚さの無視できる 2 つの金属球殻が同心状に配置され，導体間の空間に体積電荷密度 ρ [C·m^{-3}] で電荷が一様に分布している．
(1) 全空間の電界分布と電位分布を求めるとともに，その結果をグラフに示せ．
(2) 外側の導体を接地した場合，空間の電界分布，電位分布を求めよ．

☐ **2.2** 厚さの無視できる半径 a [m] の円筒導体の内側に体積電荷密度 ρ [C·m^{-3}] の電荷が分布しており，外側の空間には電荷は存在しないものとする．導体は接地されているものとして電界分布 $E_r(r)$ と電位分布 $V(r)$ を求めよ．

☐ **2.3** 半径 a [m] と b [m]（$a < b$）の厚さの無視できる 2 つの金属球殻が同心状に配置され，外導体を接地し内導体に V_0 [V] の電源を接続した場合，全空間の電界分布と電位分布を求めるとともに，その結果をグラフに示せ．

☐ **2.4** 図 1 に示すように，A，D 2 枚の十分に広い接地された平行平板電極の間に，B，C 2 枚の厚さの無視できる薄い電極を挿入する．B 電極に V_B [V]，C 電極に V_C [V] の電源をそれぞれ接続した場合，各部の電界 E_1，E_2，E_3 [V·m^{-1}] と電位分布 $V(x)$ [V] を求めよ．なお，電極端部での電界の乱れは無視できるものとする．

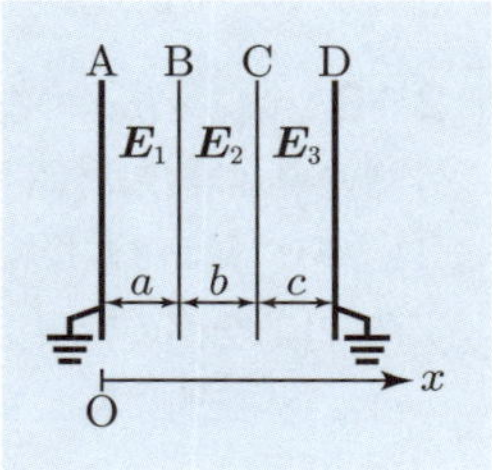

図 1

☐ **2.5** 外半径 a [m] の円柱導体と同軸状に内半径 b [m] の円筒導体がある．円筒導体を接地し，円柱導体に V_0 [V] の電圧が印加されている場合
(1) 導体間の空間の電界分布と電位分布を求め，結果をグラフに示せ．
(2) 導体間の導体単位長さあたりの静電容量を求めよ．

☐ **2.6** 平行平板電極があり，電極面積 10^{-3} m^2，電極間距離 10^{-3} m の場合，電極間の静電容量を求めよ．なお，電極端部での電界の乱れは無視できるものとする．

☐ **2.7** 半径 a [m] の球電極と同心に内半径 b [m] の球殻導体が配置されている．この導体間の静電容量 C [F] を求めよ．次に，b を無限大にした場合の球電極の静電容量を求めよ．あわせて，地球（半径 6400 km）の静電容量を求めよ．

☐ **2.8** 静電容量が 5000 pF で，500 V まで電圧を印加できる（耐電圧 500 V）キャパシタがある．1800 V まで電圧を印加する回路の中に組み込むために必要な数を

求めよ．また，1800 V まで電圧を印加する回路の中で $0.05\,\mu\mathrm{F}$ のキャパシタを必要とする場合，先に示したキャパシタをいくつ必要とするか．

□ **2.9** 図 2 に示すように，静電容量 C_1, C_2 [F] の平行平板キャパシタがあり，それぞれ V_1, V_2 [V] に充電されている．負の電荷が誘導される側の電極は抵抗 $0\,\Omega$ の導線で接続し，正側の電極は抵抗 $R\,[\Omega]$ を通して接続する．接続後しばらくの間は電流が流れ，やがて両者の端子電圧が等しく V_0 [V] になったものとする．電荷の移動はゆっくり行われるものとし，次の問に答えよ．
(1) 抵抗で接続する前の 2 つのキャパシタに蓄えられていたエネルギーの総和を求めよ．
(2) V_0 [V] の値を求めよ．
(3) 抵抗で接続した後の全体のエネルギーを求めよ．
(4) このエネルギーの差はどのように消費されたのかを考えよ．

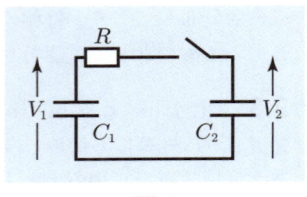

図 2

□ **2.10** 半径 a [m] の導体球と同心で内半径 b [m]，外半径 c [m] の導体球殻がある．外側の導体球殻に V_0 [V] の電源が接続されている．
(1) 導体球は何も接続されていない場合
　(1-1) 空間の電界分布，電位分布を求めよ．
　(1-2) 空間に蓄えられるエネルギー密度を求めよ．
　(1-3) この結果を利用して，この導体系の静電容量を求めよ．
　(1-4) 導体球殻外側表面に働く単位面積あたりの力を求めよ．
　(1-5) 導体球殻外側表面に働く力を仮想変位の考えにより求めよ．
(2) 導体球が接地されている場合
　(2-1) 空間の電界分布，電位分布を求めよ．
　(2-2) 空間に蓄えられるエネルギーを求めよ．
　(2-3) 導体球殻の静電容量を求めよ．
　(2-4) 導体球殻の外側表面に働く力を仮想変位の考えにより求めよ．
　(2-5) 導体球殻の内側表面に働く単位面積あたりの力を求めよ．
　(2-6) 導体球の表面に働く単位面積あたりの力を求めよ．

□ **2.11** 空気には最大で $3\,\mathrm{MV\cdot m^{-1}}$ 程度の電界を印加することができる．この場合，導体表面に誘導する電荷密度を求めよ．あわせて，導体の単位面積あたりに働く力を求めよ．

第3章

誘電体と静電界

　ここまでに，電荷の作る電界や導体の存在する場における電界の性質と扱いについて学んできた．ところで，電圧の加わった導体を支えるために，あるいは感電するのを防ぐためには電流を流さない物質（絶縁物（insulator））で導体を被覆する必要がある．また，身の周りにはエレクトレットマイクロフォンや圧電素子などのセンサが数多く用いられている．これらも電気的には絶縁体であるが，機能性を有するために誘電体と呼ばれる．そこで，本テキストでは，後者を含んだ絶縁体よりも広い意味で用いられる「誘電体」の用語を用いることにする．

　誘電体が存在する場における電界の解析には，電界に加え，新たに電束密度を定義する必要がある．本章では誘電体の電界に対する振舞いを理解し，電界の解析方法を学ぶ．本章は4つの節で構成されている．

3.1 誘電体と分極

3.1.1 誘電体と分極現象

物質に電界を印加すると，物質を構成している陽子と電子は電界により力を受ける．導体のように電子が自由に移動できる物質に対して，電子の移動が困難な物質が存在する．このような物質を**絶縁体**（insulator）と呼ぶ．絶縁体の中では陽子と電子が互いのクーロン力によって，電子が物質中を自由に移動できない．そのため，図 3.1 に示すように電界を加えない場合の位置と比べて電子の位置がわずかに変位し，電荷の重心位置に偏りが生じるだけである．この電荷の変位を**分極**（polarization）と呼び，これを**誘電現象**というので，絶縁体を**誘電体**（dielectric）とも呼ぶ．

分極には電子分極，配向分極，イオン分極などの種類がある．また，電界を印加することによって分極が発生するだけではなく，図 3.2 の水分子のように電界を印加しなくても分極している**極性分子**（polar molecule）も存在する．それぞれの原子や分子は絶対零度でない限り，熱によるランダムな運動をしており，分極の方向は瞬時にはそれぞれ勝手な方向を向いている．したがって，極性分子で構成されている物質であっても，外部から電界を印加しなければ電気的に中性であるだけではなく，物質全体としても分極は生じていない．

分極は電界によって正と負の電荷が変位する現象であるから，変位が生じるためには有限の時間を必要とする．また，分子運動の活発さにその応答速度が依存する．したがって，分極の大きさは電界の周波数や誘電体の温度によって変化する特性を有している．

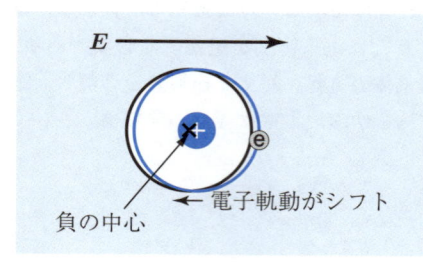

図 3.1 電荷の偏り

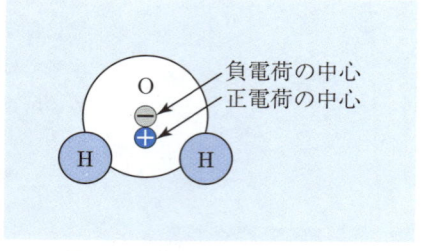

図 3.2 水分子の電荷の偏り

3.1 誘電体と分極

3.1.2 双極子モーメント

誘電体に電界を印加すると分極が生じる．分極によって生じた，正と負の一対の電荷がわずかな距離を隔てて存在する状態を**双極子**（dipole）と呼ぶ．誘電体の静電界に対する振舞いを理解するために，双極子の作る電界分布を考えてみよう．この状況は 1.4 節の例題 1.8 で紹介した．その結果をまとめると，原点からそれぞれ δ [m] 離れた位置に $+Q$ [C] と $-Q$ [C] が直線状に配置されている場合，点 $\mathrm{P}(r,\theta,\varphi)$ の電位と電界は

$$V_\mathrm{P} = \frac{Q}{4\pi\varepsilon_0}\frac{2\delta}{r^2}\cos\theta \,[\mathrm{V}] \quad \cdots (1.31)$$

$$\boldsymbol{E} = \frac{Q}{2\pi\varepsilon_0}\frac{2\delta}{r^3}\cos\theta\boldsymbol{a}_r + \frac{Q}{4\pi\varepsilon_0}\frac{2\delta}{r^3}\sin\theta\boldsymbol{a}_\theta \,[\mathrm{V}\cdot\mathrm{m}^{-1}] \quad \cdots (1.32)$$

となる．これは，分極した原子や分子が周りの空間に作る電位と電界を意味する．ここで，いずれの式においても $Q\,2\delta$ [C・m] の項が含まれる．そこで，電荷間の距離 2δ を $\boldsymbol{l}$ [m] として**双極子モーメント**（dipole moment）を

$$Q\boldsymbol{l} = \boldsymbol{p}\,[\mathrm{C}\cdot\mathrm{m}] \quad (3.1)$$

と定義し，図 3.3 に示すように，その方向は外部の電気力線の方向との連続性を考え，負電荷から正電荷の方向とする．双極子モーメントは電界に比例し

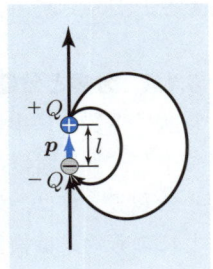

図 3.3 双極子モーメントと電気力線

$$\boldsymbol{p} = \alpha\boldsymbol{E}\,[\mathrm{C}\cdot\mathrm{m}] \quad (3.2)$$

と表現でき，α [F・m^2] を**分極率**（polarizability）と呼ぶ．なお，双極子の電荷間の距離は 10^{-19} m 程度のわずかな値である．

3.1.3 分極と電気感受率

3.1.1 項で説明したように，水分子は電界を印加しなくても双極子を構成しているが，多くの原子や分子は電界を加えることにより双極子を構成する．ところで物質内には 10^{28} 個・m^{-3} 以上もの分子や原子が存在するため，個々の原子や分子の持つ双極子モーメントを計算するには膨大な時間を要する．そこで，物質の電界に対する振舞いを解析しやすくするために物質全体の双極子モーメントの総和を求め，**分極 $\boldsymbol{P}$** を (3.3) 式のように定義する．

$$P = \frac{\sum_{i=1}^{N} p_i}{v} \, [\mathrm{C \cdot m^{-2}}] \tag{3.3}$$

ここで，N は体積 $v\,[\mathrm{m^3}]$ の内部に存在する原子あるいは分子の数である．双極子モーメントと同様，分極も電界に比例し

$$P = \varepsilon_0 \chi_e E \, [\mathrm{C \cdot m^{-2}}] \tag{3.4}$$

と定義し，χ_e を**電気感受率**（electric susceptibility）と呼ぶ．電気感受率は無次元の物理量である．

分極の用語は，電荷の偏りの発生する現象を意味するとともに，(3.3)式で定義される物理量をも意味するので注意を要する．

3.1.4 分極と分極電荷

物質は本質的に中性であることを 2.1 節で述べた．また，双極子は個々の原子で生じ，原子間の距離は $10^{-10}\,\mathrm{m}$ 程度である．したがって，物質全体で分極現象を観測すれば，隣接する双極子の正と負の電荷は打ち消し合い，分極したことによる効果は物質の表面だけにしか現れないように見える．その様子を図 3.4 に示す．双極子モーメントの方向を負から正の向きに定義したので，誘電体の表面に現れる電荷の極性は，加えた電界を打ち消す方向になる．そこで，物質表面に現れる分極による**表面分極電荷密度**$\sigma_P\,[\mathrm{C \cdot m^{-2}}]$ は (3.5) 式で表せる．

$$\sigma_P = -\boldsymbol{P} \cdot \boldsymbol{n} \, [\mathrm{C \cdot m^{-2}}] \tag{3.5}$$

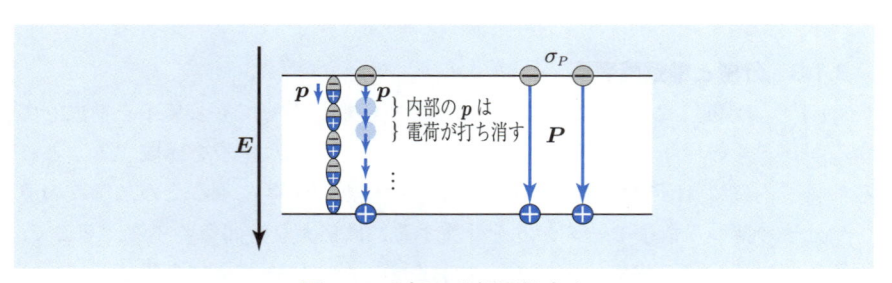

図 3.4　分極と分極電荷密度

3.1 誘電体と分極

表面分極電荷密度と分極電荷量 Q_P [C] との関係は (3.6) 式で示せる．

$$Q_P = \int \sigma_P dS = -\int \boldsymbol{P} \cdot d\boldsymbol{S} \, [\text{C}] \tag{3.6}$$

この分極電荷量は，物質中の双極子が原因で生じるものであり，個々には打ち消されるものの，体積分極電荷密度 ρ_P [C·m^{-3}] により生じるので

$$Q_P = \int \rho_P dv$$
$$= -\int \boldsymbol{P} \cdot d\boldsymbol{S} \, [\text{C}] \tag{3.7}$$

と表せる．つまり，物質を構成する原子や分子が印加した電界により分極し，物質表面に分極電荷が誘導される．分極電荷は外部電界を打ち消す方向に発生し，印加された電界の値は変化する．

■ 例題 3.1 ■

アルゴン（原子番号 $Z = 18$）の 0°C, 1 気圧での原子の数密度は $n = 2.7 \times 10^{25}$ [個·m^{-3}] であり，電気感受率は 5.56×10^{-4} である．1.0×10^5 V·m^{-1} の電界中における電荷の変位を求めよ．

【解答】 (3.3), (3.4) 式より

$$\boldsymbol{P} = \boldsymbol{p}n$$
$$= q l n = \varepsilon_0 \chi_e \boldsymbol{E}$$

であるから数値を代入すれば

$$l = \frac{\varepsilon_0 \chi_e E}{qn}$$
$$= \frac{8.85 \times 10^{-12} \times 5.56 \times 10^{-4} \times 10^5}{1.6 \times 10^{-19} \times 18 \times 2.7 \times 10^{25}}$$
$$= 6.3 \times 10^{-18} \, [\text{m}]$$

3.2 誘電体の存在する場の静電界

3.2.1 誘電体が存在する場におけるガウスの法則

第 1, 2 章では電荷が作る電界を扱った．第 3 章で誘電体の振舞いを考えるため分極電荷を定義した．そこで，第 1, 2 章で扱った電荷を**真電荷**(true charge)あるいは**自由電荷**（free charge）と呼び，分極電荷と区別する．

誘電体の中でガウスの法則を考えると，真電荷と分極電荷が電界を作ることになるから，(1.33) 式の右辺を

$$\int \boldsymbol{E} \cdot d\boldsymbol{S} = \frac{1}{\varepsilon_0} \int (\rho + \rho_P) dv \tag{3.8}$$

と修正する必要がある．ここで，(3.7) 式を利用して式を変形すると

$$\int \boldsymbol{E} \cdot d\boldsymbol{S} = \frac{1}{\varepsilon_0} \int (\rho + \rho_P) dv = \frac{1}{\varepsilon_0} \left(\int \rho dv - \int \boldsymbol{P} \cdot d\boldsymbol{S} \right)$$

とまとめられ，さらに整理すると次式となる．

$$\int \left(\boldsymbol{E} + \frac{\boldsymbol{P}}{\varepsilon_0} \right) \cdot d\boldsymbol{S} = \frac{1}{\varepsilon_0} \int \rho dv$$

この式の両辺に ε_0 を掛け，電束密度 $D\,[\mathrm{C \cdot m^{-2}}]$ を (3.9) 式のように定義する．

$$\boldsymbol{D} = \varepsilon_0 \boldsymbol{E} + \boldsymbol{P} \tag{3.9}$$

電束密度を用いてガウスの法則を表現し直すと次式にまとめられ

$$\int \boldsymbol{D} \cdot d\boldsymbol{S} = \int \rho dv \tag{3.10}$$

電束密度に関するガウスの法則と呼ぶ．この式から，**電気力線**（電束 (electric flux)）を作るのは真電荷であり，単位面積あたりの電気力線の本数が電束密度と解釈することができる．(3.4) 式より電束密度をさらに変形して (3.11) 式のように定義すれば，電束密度に関するガウスの法則を用いることによって，物質が存在する場の電界を解析することができる．

$$\boldsymbol{D} = \varepsilon_0 \boldsymbol{E} + \boldsymbol{P} = \varepsilon_0 \boldsymbol{E} + \varepsilon_0 \chi_e \boldsymbol{E} = \varepsilon_0 (1 + \chi_e) \boldsymbol{E}$$
$$= \varepsilon_0 \varepsilon_r \boldsymbol{E} = \varepsilon \boldsymbol{E} \tag{3.11}$$

ここで，ε を物質の**誘電率**（permittivity）$[\mathrm{F \cdot m^{-1}}]$，$\varepsilon_r$ は**比誘電率**（relative permittivity あるいは dielectric constant）と呼ぶ．ε_r は無次元の量であり 1 より大きな値になる．工学の分野では ε と ε_r が用いられる．参考のため，比誘電率の値を表 3.1 に示す．

3.2 誘電体の存在する場の静電界

表 3.1 物質の比誘電率（周波数 $f = 1.0\,[\mathrm{MHz}]$，温度 $T = 293\,[\mathrm{K}]$（$20\,[°\mathrm{C}]$））

ポリエチレン	2.2～2.4	ガラス–エポキシ積層板	4.5～5.2
ポリ四フッ化エチレン	2.0～2.1	水	80
ポリスチレン	2.5～2.7	酸素	1.00053
石英ガラス	3.5～4.0	窒素	1.00059

第 1, 2 章では電気力線は電界の場をイメージするために用いたが，これからは，電気力線は電束を示すと考えることにすればよい．

■ **例題 3.2** ■

半径 $a\,[\mathrm{m}]$ の球電極が $Q\,[\mathrm{C}]$ に帯電している．この電極が比誘電率 ε_r の誘電体に半径 $b\,[\mathrm{m}]$ まで包まれている場合，誘電体内，外の電界分布を求めよ．あわせて導体に接している誘電体の表面と誘電体の外側表面に現れる表面分極電荷密度 $\sigma_\mathrm{P}\,[\mathrm{C\cdot m^{-2}}]$ を求めよ．

【解答】 (3.10) 式の電束密度に関するガウスの法則を用いれば

左辺 $= \int \boldsymbol{D}\cdot d\boldsymbol{S} = \iint_0^\pi D_r r\sin\theta d\varphi r d\theta = \int_0^{2\pi} D_r 2r^2 d\varphi = D_r(r)4\pi r^2$

右辺 $= Q$

であるから左辺 $=$ 右辺，(3.11) 式より

$$D_r(r) = \frac{Q}{4\pi r^2}\,[\mathrm{C\cdot m^{-2}}] \tag{3.12}$$

$$a < r < b \quad E_r(r) = \frac{D_r(r)}{\varepsilon_0 \varepsilon_\mathrm{r}} = \frac{Q}{\varepsilon_0 \varepsilon_\mathrm{r} 4\pi r^2}\,[\mathrm{V\cdot m^{-1}}] \tag{3.13}$$

$$b < r \quad E_r(r) = \frac{D_r(r)}{\varepsilon_0} = \frac{Q}{\varepsilon_0 4\pi r^2} \tag{3.14}$$

となる．分極は (3.9) 式より $\boldsymbol{P} = \boldsymbol{D} - \varepsilon_0 \boldsymbol{E}$ であるから

$$a < r < b \quad P_r(r) = D_r(r) - \varepsilon_0 E_r(r)$$

$$= \frac{Q}{4\pi r^2}\left(1 - \frac{1}{\varepsilon_\mathrm{r}}\right)\,[\mathrm{C\cdot m^{-2}}] \tag{3.15}$$

$$b < r \quad P_r(r) = D_r(r) - \varepsilon_0 E_r(r) = 0\,[\mathrm{C\cdot m^{-2}}] \tag{3.16}$$

となり，表面分極電荷密度は (3.5) 式より

$$\sigma_P(a) = -\boldsymbol{P}\cdot\boldsymbol{n} = -\frac{Q}{4\pi a^2}\left(1 - \frac{1}{\varepsilon_\mathrm{r}}\right)\,[\mathrm{C\cdot m^{-2}}] \tag{3.17}$$

$$\sigma_P(b) = -\boldsymbol{P}\cdot\boldsymbol{n} = \frac{Q}{4\pi b^2}\left(1 - \frac{1}{\varepsilon_\mathrm{r}}\right)\,[\mathrm{C\cdot m^{-2}}] \tag{3.18}$$

となる．それぞれの力線の様子は図 3.5 に示す矢印のようになる．■

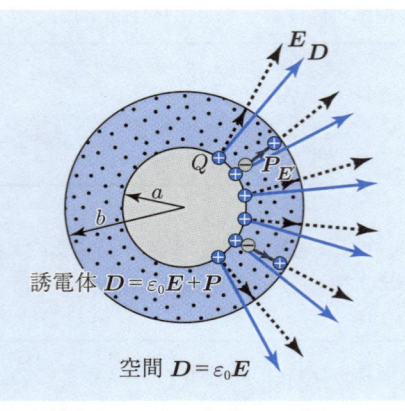

図 3.5 球電極と誘電体の分極

■ **例題 3.3** ■

電極間距離 d [m]，電極面積 S [m^2] の平行平板電極があり，電極間には隙間無く誘電率 ε [F·m^{-1}] の誘電体を挿入する．この電極に Q [C] の電荷を充電した場合，誘電体内部の電束密度，電界および分極の大きさを求めよ．

【解答】 (3.10) 式の電束密度に関するガウスの法則を用いれば

$$\text{左辺} = \int \boldsymbol{D} \cdot d\boldsymbol{S} = D_z S$$

$$\text{右辺} = \int \sigma dS = \sigma S = \left(\frac{Q}{S}\right) S = Q$$

であるから，左辺 = 右辺，(3.9), (3.11) 式より

電束密度は $\quad D_z = \sigma = \frac{Q}{S}$ [C·m^{-2}] \hfill (3.19)

電界は $\quad E_z = \frac{D_z}{\varepsilon} = \frac{\sigma}{\varepsilon} = \frac{Q}{\varepsilon S}$ [V·m^{-1}] \hfill (3.20)

分極は $\quad P_z = D_z - \varepsilon_0 E_z = \frac{Q}{S}\left(1 - \frac{\varepsilon_0}{\varepsilon}\right)$ [C·m^{-2}] \hfill (3.21)

であり，それぞれの力線の様子を真空の場合と対比して図 3.6 に示す． ■

■ **例題 3.4** ■

例題 3.3 と同一条件で電極間に電源を接続し V_0 [V] の電位差を加えた状態で誘電体を挿入する場合の誘電体内部の電束密度，電界および分極の大きさを求めよ．

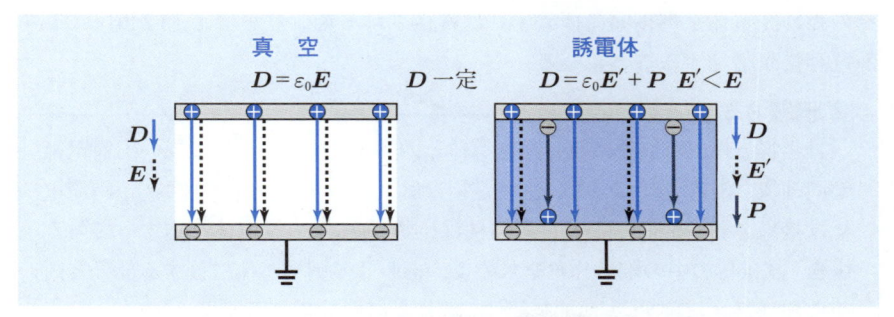

図 3.6 電荷を充電した場合の平行平板電極間のそれぞれの力線

【解答】 電極間の電位差が一定なのだから

$$E_z = \frac{V_0}{d} \ [\text{V} \cdot \text{m}^{-1}] \tag{3.22}$$

誘電体を挿入しても電位差は V_0 [V] であるから電界は同一である．

$$D_z = \varepsilon_0 \varepsilon_r \frac{V_0}{d} \ [\text{C} \cdot \text{m}^{-2}] \tag{3.23}$$

分極は

$$P_z = D_z - \varepsilon_0 E_z = \frac{\varepsilon_0 V_0}{d}(\varepsilon_r - 1) \ [\text{C} \cdot \text{m}^{-2}] \tag{3.24}$$

となる．それぞれの力線の様子を真空の場合と対比して図 3.7 に示す． ∎

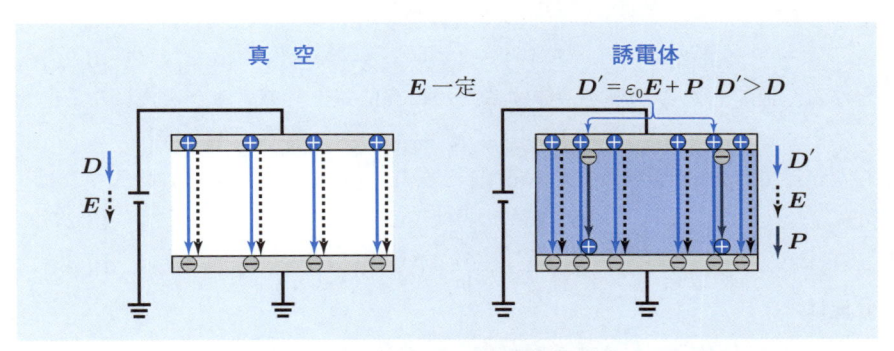

図 3.7 電圧を印加した場合の平行平板電極間のそれぞれの力線

例題 3.3 と 3.4 を比較すると，電荷を充電した場合には $\varepsilon > \varepsilon_0$ であるから分極によって誘電体内部の電界は弱まる．それに対し，電源が接続されている場合には，分極して電界が弱まろうとしても電位差を一定に保つように電荷が電源から充電される．つまり，分極によって電極に蓄えられる電荷量が増加する．

そのため誘電体を電極間に挿入すれば蓄積される電荷量が増え，(2.20) 式より静電容量が増加することになる．

■ **例題 3.5** ■

外半径 a [m] の十分に長い円柱導体と内半径 b [m] の十分に長い円筒電極が同軸状に配置されている．円柱電極には V_0 [V] の電圧が印加され，円筒電極は接地されている．この電極間には比誘電率 ε_r の誘電体が詰まっている場合，誘電体の中の電界分布を求めよ．あわせて円柱導体に接する部分と円筒導体に接する部分の誘電体表面に現れる表面分極電荷密度 σ_P [C·m^{-2}] を求めよ．

【解答】 (3.10) 式の電束密度に関するガウスの法則を用いる際，閉曲面の高さを h [m] とし，長さ方向に単位長さあたり λ [C·m^{-1}] の電荷が存在するとすれば

$$\text{左辺} = \int \boldsymbol{D} \cdot d\boldsymbol{S} = \iint D_r r d\varphi dz = D_r(r) 2\pi r h$$

$$\text{右辺} = \int \lambda dz = \lambda h$$

であり

電束密度は　$D_r(r) = \frac{\lambda}{2\pi r}$ [C·m^{-2}] 　　　(3.25)

電界は　$E_r(r) = \frac{D_r(r)}{\varepsilon_0 \varepsilon_r} = \frac{\lambda}{\varepsilon_0 \varepsilon_r 2\pi r}$ [V·m^{-1}] 　　(3.26)

となる．仮定した λ の値を決定するために電位差を計算すると次式になる．

$$V_0 = -\int_b^a E_r(r) dr = -\int_b^a \frac{\lambda}{2\pi \varepsilon_0 \varepsilon_r} \frac{dr}{r} = \frac{\lambda}{2\pi \varepsilon_0 \varepsilon_r} \ln \frac{b}{a} \text{ [V]}$$

したがって，$\lambda = \frac{2\pi \varepsilon_0 \varepsilon_r}{\ln \frac{b}{a}} V_0$ [C·m^{-1}] となり，(3.25), (3.26) 式に代入すれば

$$D_r(r) = \frac{\varepsilon_0 \varepsilon_r V_0}{r \ln \frac{b}{a}} \text{ [C·m}^{-2}\text{]} \quad (3.27)$$

$$E_r(r) = \frac{V_0}{r \ln \frac{b}{a}} \text{ [V·m}^{-1}\text{]} \quad (3.28)$$

分極は

$$P_r(r) = D_r(r) - \varepsilon_0 E_r(r) = \frac{\varepsilon_0 V_0}{r \ln \frac{b}{a}} (\varepsilon_r - 1) \text{ [C·m}^{-2}\text{]} \quad (3.29)$$

となる．表面分極電荷密度は (3.5) 式より

$$\begin{aligned}\sigma_P(a) &= -\boldsymbol{P} \cdot \boldsymbol{n} = -\frac{\varepsilon_0 V_0}{a \ln \frac{b}{a}} (\varepsilon_r - 1) \\ \sigma_P(b) &= -\boldsymbol{P} \cdot \boldsymbol{n} = \frac{\varepsilon_0 V_0}{b \ln \frac{b}{a}} (\varepsilon_r - 1) \text{ [C·m}^{-2}\text{]} \end{aligned} \quad (3.30)$$

となる．

3.2.2 誘電体における境界条件

誘電体は単独で使用される例は少なく，複数の物質を用いることが多い．例えば，電線は高分子材料と空気が導体の周りに存在している．そこで，互いに接している誘電体内部の電界と電束密度の関係を導くことにする．

図 3.8 のように誘電率 ε_1 と ε_2 [F·m^{-1}] の誘電体が接している状態を考える．電束密度の関係を明らかにするため，境界を含む厚さの非常に薄い閉曲面を考える．境界は誘電体が接しているだけであるから，境界面に真電荷は存在しない．したがって，(3.10) 式の電束密度に関するガウスの法則を用いると

左辺 $= \int \bm{D} \cdot d\bm{S} = \bm{D}_1 \cdot \bm{S} + \bm{D}_2 \cdot \bm{S} = D_1 S \cos\theta_1 - D_2 S \cos\theta_2$

右辺 $= 0$

であり左辺 = 右辺より (3.31) 式が成立する．

$$D_1 \cos\theta_1 = D_2 \cos\theta_2 \tag{3.31}$$

つまり，境界と垂直な電束密度の大きさが等しい．これを「連続する」と表現する．

次に，電界の関係を導くために，境界を囲む積分経路を一周設定すると

$\oint \bm{E} \cdot d\bm{l} = \bm{E}_1 \cdot \bm{l} + \bm{E}_2 \cdot \bm{l} = E_1 l \sin\theta_1 - E_2 l \sin\theta_2 = 0$

となり (3.32) 式が成立する．

$$E_1 \sin\theta_1 = E_2 \sin\theta_2 \tag{3.32}$$

つまり，境界と平行な電界の大きさが等しい（連続する）．(3.31), (3.32) 式を誘電体における**境界条件**と呼ぶ．

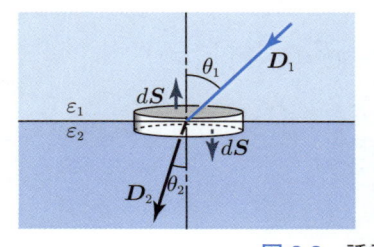

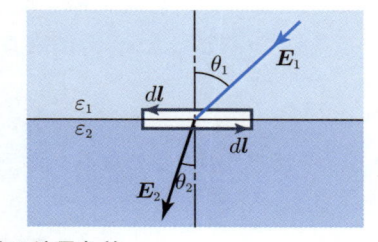

図 3.8 誘電体の境界条件

■ 例題 3.6 ■

図 3.9 のように電極面積が $S\,[\mathrm{m}^2]$ で電極間隔が $2d\,[\mathrm{m}]$ の平行平板電極間に，それぞれ厚さが $d\,[\mathrm{m}]$，誘電率が ε_1 と $\varepsilon_2\,[\mathrm{F\cdot m^{-1}}]$ の誘電体が重なった状態で電極間全体に挿入されている．一方の電極を接地し，他方の電極に $Q\,[\mathrm{C}]$ の電荷を充電した場合，それぞれの誘電体の内部の電束密度と分極を求めよ．

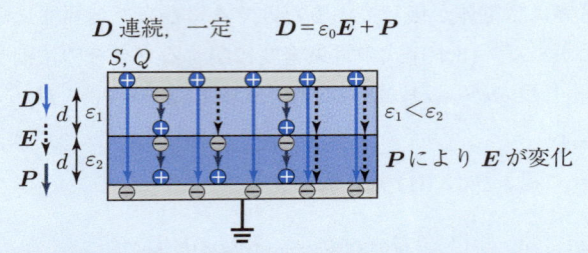

図 3.9 誘電体が重ねられ電荷が充電されている場合のそれぞれの力線

【解答】 (3.10) 式の電束密度に関するガウスの法則を用いると

$$\text{左辺} = \int \boldsymbol{D}\cdot d\boldsymbol{S} = D_z S$$

$$\text{右辺} = \int \sigma dS = \sigma S = \tfrac{Q}{S}S = Q$$

である．境界条件からそれぞれの誘電体の内部の電束密度は等しくなるから

電束密度は
$$D_z = D_{z1} = D_{z2}$$
$$= \tfrac{Q}{S}\,[\mathrm{C\cdot m^{-2}}] \tag{3.33}$$

電界は
$$\begin{aligned} E_{z1} &= \tfrac{D_z}{\varepsilon_1} = \tfrac{Q}{\varepsilon_1 S} \\ E_{z2} &= \tfrac{D_z}{\varepsilon_2} = \tfrac{Q}{\varepsilon_2 S}\,[\mathrm{V\cdot m^{-1}}] \end{aligned} \tag{3.34}$$

分極は
$$\begin{aligned} P_{z1} &= D_{z1} - \varepsilon_0 E_{z1} = \tfrac{Q}{S}\left(1 - \tfrac{\varepsilon_0}{\varepsilon_1}\right) \\ P_{z2} &= \tfrac{Q}{S}\left(1 - \tfrac{\varepsilon_0}{\varepsilon_2}\right)\,[\mathrm{C\cdot m^{-2}}] \end{aligned} \tag{3.35}$$

となる．それぞれの力線の様子を図 3.9 に示す．　■

例題 3.7

図 3.10 に示すような電極面積が $S\,[\mathrm{m}^2]$ で電極間隔が $d\,[\mathrm{m}]$ の平行平板電極間にそれぞれ厚さが $d\,[\mathrm{m}]$ で，誘電率が ε_1 と $\varepsilon_2\,[\mathrm{F\cdot m^{-1}}]$ の誘電体が境を接し，その境界を電界と平行になるように電極間に $\frac{S}{2}\,[\mathrm{m}^2]$ ずつ挿入されている．一方の電極を接地し，他方の電極に $V_0\,[\mathrm{V}]$ の電源を接続した場合，それぞれの誘電体の内部の電束密度と分極を求めよ．

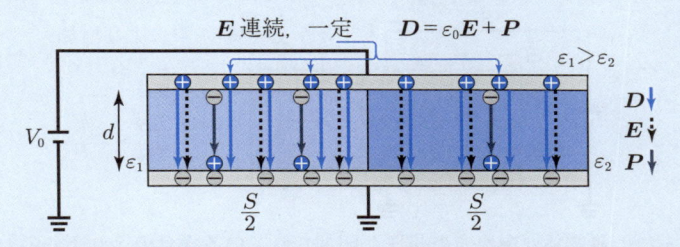

図 3.10 誘電体が並んで配置され電圧が印加されている場合のそれぞれの力線

【解答】 境界条件から，それぞれの誘電体の内部の電界が等しい．電極間の電位差は $V_0\,[\mathrm{V}]$ 一定だから

電界は
$$E_z = \frac{V_0}{d}\,[\mathrm{V\cdot m^{-1}}] \tag{3.36}$$

電束密度は
$$\begin{aligned}D_{z1} &= \varepsilon_1 \frac{V_0}{d} \\ D_{z2} &= \varepsilon_2 \frac{V_0}{d}\,[\mathrm{C\cdot m^{-2}}]\end{aligned} \tag{3.37}$$

分極は
$$\begin{aligned}P_{z1} &= D_{z1} - \varepsilon_0 E_{z1} = \frac{V_0}{d}(\varepsilon_1 - \varepsilon_0) \\ P_{z2} &= \frac{V_0}{d}(\varepsilon_2 - \varepsilon_0)\,[\mathrm{C\cdot m^{-2}}]\end{aligned} \tag{3.38}$$

となる．それぞれの力線の様子は図 3.10 になる．■

例題 3.6 と 3.7 を比較すると，電荷を充電した場合には誘電率の大きな誘電体内部の電界が弱くなることがわかる．これは分極により電界が弱められているからである．電源が接続されている場合には，誘電率の大きな誘電体の電束密度が大きくなることがわかる．これは分極を打ち消すだけの電荷が電源から充電されることを意味する．

■ 例題 3.8 ■

図 3.11 に示すように電極面積が $S\,[\text{m}^2]$ で電極間隔が $2d\,[\text{m}]$ の平行平板電極間に，それぞれ厚さが $d\,[\text{m}]$，誘電率が ε_1 と $\varepsilon_2\,[\text{F}\cdot\text{m}^{-1}]$ の誘電体が重なった状態で電極間全体に挿入されている．一方の電極を接地し，他方の電極に $V_0\,[\text{V}]$ の電圧を印加した場合，それぞれの誘電体の内部の電束密度と分極を求めよ．

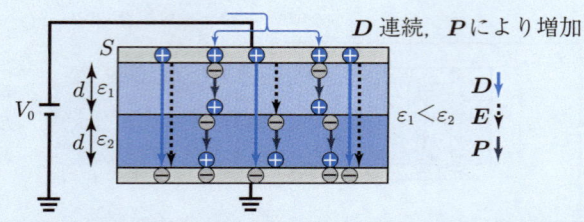

図 3.11　誘電体が重ねられ電圧が印加されている場合のそれぞれの力線

【解答】 電極に $Q\,[\text{C}]$ の電荷が充電されているとして例題 3.6 の (3.34) 式を利用する．また，導体間の電位差は $V_0\,[\text{V}]$ であるから

$$V_0 = E_1 d + E_2 d = \frac{Q}{S}\left(\frac{d}{\varepsilon_1} + \frac{d}{\varepsilon_2}\right)$$

となり

仮定した電荷量は　$Q = \frac{V_0}{d}\frac{\varepsilon_1\varepsilon_2 S}{\varepsilon_1+\varepsilon_2}\,[\text{C}]$

電束密度は　$D_z = D_{z1} = D_{z2}$

$$= \frac{Q}{S} = \frac{V_0}{d}\frac{\varepsilon_1\varepsilon_2}{(\varepsilon_1+\varepsilon_2)}\,[\text{C}\cdot\text{m}^{-2}] \tag{3.39}$$

電界は

$$E_{z1} = \frac{D_z}{\varepsilon_1} = \frac{V_0\varepsilon_2}{d(\varepsilon_1+\varepsilon_2)}$$

$$E_{z2} = \frac{D_z}{\varepsilon_2} = \frac{V_0\varepsilon_1}{d(\varepsilon_1+\varepsilon_2)}\,[\text{V}\cdot\text{m}^{-1}] \tag{3.40}$$

分極は

$$P_{z1} = D_{z1} - \varepsilon_1 E_{z1} = \frac{V_0}{d}\frac{\varepsilon_2(\varepsilon_1-\varepsilon_0)}{(\varepsilon_1+\varepsilon_2)}$$

$$P_{z2} = D_{z2} - \varepsilon_2 E_{z2} = \frac{V_0}{d}\frac{\varepsilon_1(\varepsilon_2-\varepsilon_0)}{(\varepsilon_1+\varepsilon_2)}\,[\text{C}\cdot\text{m}^{-2}] \tag{3.41}$$

である．それぞれの力線の様子を図 3.11 に示す．　■

例題 3.9

図 3.12 に示すように電極面積が $S\,[\mathrm{m}^2]$ で電極間隔が $d\,[\mathrm{m}]$ の平行平板電極間にそれぞれ厚さが $d\,[\mathrm{m}]$ で，誘電率が ε_1 と $\varepsilon_2\,[\mathrm{F\cdot m^{-1}}]$ の誘電体が境を接し，その境界を電界と平行になるように電極間に $\frac{S}{2}\,[\mathrm{m}^2]$ ずつ挿入されている．一方の電極を接地し，他方の電極に $Q\,[\mathrm{C}]$ の電荷を充電した場合，それぞれの誘電体の内部の電束密度と分極を求めよ．

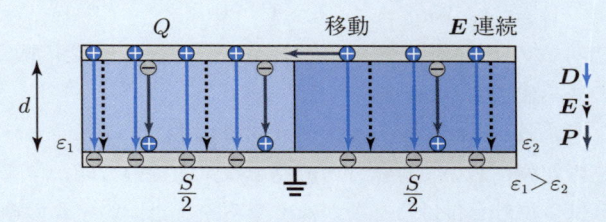

図 3.12 誘電体が並んで配置され電荷が充電されている場合のそれぞれの力線

【解答】 境界条件から，それぞれの誘電体内部の電界が等しいので，電界を $E\,[\mathrm{V\cdot m^{-1}}]$ と仮定すると，電束密度は

$$D_{z1} = \varepsilon_1 E, \quad D_{z2} = \varepsilon_2 E\,[\mathrm{C\cdot m^{-2}}]$$

である．

充電した電荷量が $Q\,[\mathrm{C}]$ であるから

$$Q = D_{z1}\frac{S}{2} + D_{z2}\frac{S}{2} = \frac{S}{2}(\varepsilon_1 + \varepsilon_2)E\,[\mathrm{C}]$$

したがって

電界は
$$E_z = \frac{2Q}{S(\varepsilon_1+\varepsilon_2)}\,[\mathrm{V\cdot m^{-1}}] \tag{3.42}$$

電束密度は
$$D_{z1} = \frac{2\varepsilon_1 Q}{S(\varepsilon_1+\varepsilon_2)}$$
$$D_{z2} = \frac{2\varepsilon_2 Q}{S(\varepsilon_1+\varepsilon_2)}\,[\mathrm{C\cdot m^{-2}}] \tag{3.43}$$

分極は
$$P_{z1} = D_{z1} - \varepsilon_0 E_{z1} = \frac{2Q(\varepsilon_1-\varepsilon_0)}{S(\varepsilon_1+\varepsilon_2)}$$
$$P_{z2} = D_{z2} - \varepsilon_0 E_{z2} = \frac{2Q(\varepsilon_2-\varepsilon_0)}{S(\varepsilon_1+\varepsilon_2)}\,[\mathrm{C\cdot m^{-2}}] \tag{3.44}$$

となる．それぞれの力線の様子を図 3.12 に示す．

例題 3.8 と 3.9 を比較した場合も，例題 3.6 と 3.7 の関係と同様である．

3.3 電界の場に蓄えられるエネルギーと力

3.3.1 電界のエネルギー密度

2.3 節ではキャパシタに蓄えられるエネルギーの概念を学んだ．空間が誘電体に代わっても同様である．3.2 節では電束密度の考え方を学んだ．そこで，新しい知識を加えてエネルギーの解釈を拡張する．つまり

$$W = \int_0^Q V dq = \frac{Q^2}{2C} = \frac{C}{2}V^2 \, [\text{J}] \quad \cdots (2.41)$$

であった (2.25) 式の V に対しては電位の定義式を，q には電束密度に関するガウスの法則の式を代入する．

$$W = \int V dq = \int \left(-\int \bm{E} \cdot d\bm{l} \right) d \iint \bm{D} \cdot d\bm{S} \tag{3.45}$$

ここで，電位の定義において線積分の経路を電気力線の方向，つまり導体側からに変更すれば負符号を付ける必要がなくなる．また，いずれの項も内積であるから，掛ける順番を変更してまとめると (3.45) 式は

$$W = \iiint \left(\int \bm{E} \cdot d\bm{D} \right) d\bm{l} \cdot d\bm{S} = \iiint \left(\int \bm{E} \cdot d\bm{D} \right) dv \, [\text{J}]$$

となる．なお，図 3.13 に示すように線積分と面積分の項の内積は，電気力線の存在する空間の体積を計算することに対応する．したがって，体積積分する項を

$$w = \int \bm{E} \cdot d\bm{D} = \frac{\varepsilon E^2}{2} = \frac{D^2}{2\varepsilon} \, [\text{J} \cdot \text{m}^{-3}] \tag{3.46}$$

とし，**電界のエネルギー密度**（electrostatic energy density）と定義する．つまり，エネルギーは電界の存在する空間あるいは誘電体の内部に蓄積されると解釈できる．

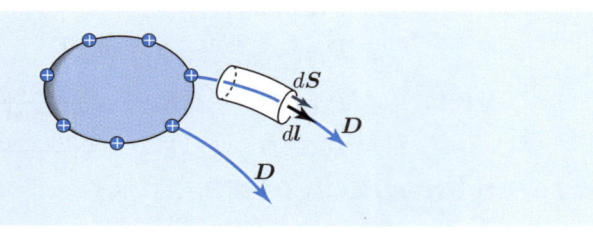

図 3.13 電気力線と積分経路

3.3　電界の場に蓄えられるエネルギーと力

■ 例題 3.10 ■

例題 2.11 と同様の条件，つまり電極面積が $S\,[\mathrm{m}^2]$，電極間距離が $d\,[\mathrm{m}]$ の平行平板電極間に誘電率が $\varepsilon\,[\mathrm{F}\cdot\mathrm{m}^{-1}]$ の誘電体を挿入してある．電極に $Q\,[\mathrm{C}]$ の電荷を充電した場合にキャパシタに蓄えられるエネルギーを電界のエネルギー密度の考えを利用して求めよ．

【解答】　電束密度に関するガウスの法則を用いれば
$$D_z = \tfrac{Q}{S}\,[\mathrm{C}\cdot\mathrm{m}^{-2}]$$
であるから，電界のエネルギー密度は (3.46) 式より
$$\begin{aligned} w &= \tfrac{D_z^2}{2\varepsilon} \\ &= \tfrac{1}{2\varepsilon}\left(\tfrac{Q}{S}\right)^2 \end{aligned} \tag{3.47}$$
になる．

したがって，キャパシタに蓄えられるエネルギーは
$$\begin{aligned} W &= \int w\,dv \\ &= \tfrac{1}{2\varepsilon}\left(\tfrac{Q}{S}\right)^2 d\,S\,[\mathrm{J}] \end{aligned} \tag{3.48}$$
になる．　■

3.3.2　境界面に働く力

物理学の公理に基づいた仮想変位法の考えを 2.3 節で学んだ．誘電体が存在してもエネルギー保存則は当然成立するから

$$F = \pm\left(\tfrac{\partial W}{\partial x}\right)\begin{matrix}+ : V\text{ 一定} \\ - : Q\text{ 一定}\end{matrix}\,[\mathrm{N}] \qquad \cdots\;(2.48)$$

と表す**仮想変位法**を利用することができる．その際，誘電体が電界の存在する場の中に挿入されると，力は導体だけではなく誘電体の表面にも働く．

例題 3.11

図 3.14 に示すような電極間隔 $h\,[\mathrm{m}]$ で辺の長さが $a\,[\mathrm{m}]$ の平行平板電極があり，この電極間に長さ $a\,[\mathrm{m}]$，厚さ $h\,[\mathrm{m}]$，幅 $x\,[\mathrm{m}]$ の誘電率 $\varepsilon\,[\mathrm{F\cdot m^{-1}}]$ の誘電体が電極と垂直に境が接するように挿入され，誘電体以外の部分は空間とする．一方の電極を接地し，他方の電極に $V_0\,[\mathrm{V}]$ の電源を接続した場合，電極に働く力と誘電体の界面に働く力を求めよ．なお，電極端部での電界の乱れは無視できるものとする．

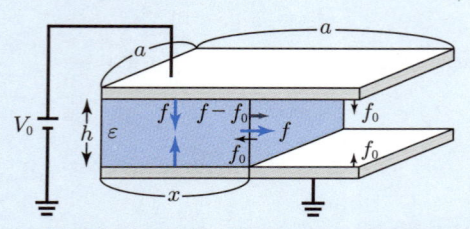

図 3.14 誘電体が並べられている場合の境界面に働く力

【解答】 例題 3.7 と同様，いずれの誘電体中の電界も $E_z = \frac{V_0}{h}\,[\mathrm{V\cdot m^{-1}}]$ であるから電界のエネルギー密度はそれぞれの場所において (3.46) 式より

誘電体中は $\quad w_\mathrm{d} = \frac{\varepsilon}{2}\left(\frac{V_0}{h}\right)^2$

空間は $\quad w_\mathrm{a} = \frac{\varepsilon_0}{2}\left(\frac{V_0}{h}\right)^2\,[\mathrm{J\cdot m^{-3}}]$ \hfill (3.49)

となり，電極間に蓄えられるエネルギーは (3.50) 式で示せる．

$$W = \int w\,dv = \frac{\varepsilon}{2}\left(\frac{V_0}{h}\right)^2 hax + \frac{\varepsilon_0}{2}\left(\frac{V_0}{h}\right)^2 ha(a-x)\,[\mathrm{J}] \quad (3.50)$$

仮想変位法を用いると電極に働く力は電極間距離で偏微分すればよく

$$F_h = +\frac{\partial W}{\partial h} = \frac{\partial}{\partial h}\left[\frac{aV_0^2}{2}\left\{\frac{\varepsilon x + \varepsilon_0(a-x)}{h}\right\}\right]$$

$$= -\left\{\frac{\varepsilon ax + \varepsilon_0 a(a-x)}{2}\left(\frac{V_0}{h}\right)^2\right\}\,[\mathrm{N}] \quad (3.51)$$

誘電体界面に働く力は誘電体の幅で偏微分すればよく

$$F_x = +\frac{\partial W}{\partial x} = \frac{\partial}{\partial x}\left[\frac{aV_0^2}{2}\left\{\frac{\varepsilon x + \varepsilon_0(a-x)}{h}\right\}\right]$$

$$= \left\{\frac{ah(\varepsilon - \varepsilon_0)}{2}\left(\frac{V_0}{h}\right)^2\right\}\,[\mathrm{N}] \quad (3.52)$$

となる．F_h は負になるから電極には引き合う力（h を小さくする力）が働くことがわかり，F_x は正になるから誘電体には x を大きくする力が働くことになり，図 3.14 に示すような力の関係になる．

3.3 電界の場に蓄えられるエネルギーと力

■ 例題 3.12 ■

図 3.15 に示すように電極面積が $S\,[\mathrm{m}^2]$ で電極間隔が $d\,[\mathrm{m}]$ の平行平板電極間に，厚さが $x\,[\mathrm{m}]$ で誘電率が $\varepsilon_1\,[\mathrm{F\cdot m^{-1}}]$ と厚さが $d-x\,[\mathrm{m}]$ で $\varepsilon_2\,[\mathrm{F\cdot m^{-1}}]$ の誘電体が重なった状態で電極間全体に挿入されている．一方の電極を接地し，他方の電極に $Q\,[\mathrm{C}]$ の電荷を充電した場合，誘電体の界面に働く力を求めよ．なお，電極端部での電界の乱れは無視できるものとする．

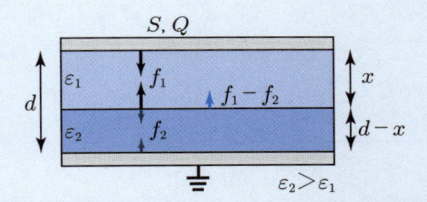

図 3.15 誘電体が重ねられている場合の境界面に働く力

【解答】 例題 3.6 と同様の条件であるから $D_z = \frac{Q}{S}\,[\mathrm{C\cdot m^{-2}}]$ であり，電界のエネルギー密度はそれぞれの場所において (3.46) 式より

$$
\begin{aligned}
\text{誘電体}\varepsilon_1\text{中は} \quad & w_1 = \tfrac{1}{2\varepsilon_1}\left(\tfrac{Q}{S}\right)^2 \\
\text{誘電体}\varepsilon_2\text{中は} \quad & w_2 = \tfrac{1}{2\varepsilon_2}\left(\tfrac{Q}{S}\right)^2 \,[\mathrm{J\cdot m^{-3}}]
\end{aligned}
\tag{3.53}
$$

となり，電極間に蓄えられるエネルギーは

$$
\begin{aligned}
W &= \int w\,dv \\
&= \tfrac{1}{2\varepsilon_1}\left(\tfrac{Q}{S}\right)^2 Sx + \tfrac{1}{2\varepsilon_2}\left(\tfrac{Q}{S}\right)^2 S(d-x)\,[\mathrm{J}]
\end{aligned}
\tag{3.54}
$$

となる．仮想変位法を用いると

$$
\begin{aligned}
F_x &= -\tfrac{\partial W}{\partial x} = -\tfrac{\partial}{\partial x}\left\{\tfrac{S}{2}\left(\tfrac{Q}{S}\right)^2\left(\tfrac{x}{\varepsilon_1} - \tfrac{d-x}{\varepsilon_2}\right)\right\} \\
&= \tfrac{S}{2}\left(\tfrac{Q}{S}\right)^2\left(\tfrac{1}{\varepsilon_2} - \tfrac{1}{\varepsilon_1}\right) = \tfrac{Q^2}{2S}\left(\tfrac{1}{\varepsilon_2} - \tfrac{1}{\varepsilon_1}\right)\,[\mathrm{N}]
\end{aligned}
\tag{3.55}
$$

であり，図 3.15 に示すように誘電率の大きい誘電体が小さいほうに引き込まれる力が働くことがわかる．

例題 3.11, 3.12 で求まった力の式はいずれも
$$f = \frac{\varepsilon}{2}E^2 = \frac{1}{2\varepsilon}D^2 \;[\mathrm{N \cdot m^{-2}}]$$
の項が含まれている．つまり，電界の存在する場には場が歪む力が発生することを意味している．その際，力の向きは 2 乗の項になるため符号では判断できない．そこで，<u>電束の長さ方向には場が縮まる力，電束と垂直の方向には広がる力になること</u>を覚えておく必要がある．(3.52) および (3.55) 式はいずれもエネルギー密度に差が生じる境界面にはそれぞれの場に働く力の差が発生していることを示している．つまり，それぞれの誘電体内部には図 3.14, 3.15 に示すような力が発生し，その差が境界面に働くと理解できる．このような力を**マクスウェルのひずみ力**と呼ぶ．

■ 例題 3.13 ■

図 3.16 に示すように外半径 $a\,[\mathrm{m}]$ の十分に長い円柱導体と内半径 $b\,[\mathrm{m}]$ の十分に長い円筒電極が同軸状に配置されている．円柱電極には $V_0\,[\mathrm{V}]$ の電圧が印加され，円筒電極は接地されている．この電極間に比誘電率 ε_r の誘電体が詰まっている場合，それぞれの電極表面に働く単位面積あたりの力をマクスウエルのひずみ力の考え方で求めよ．

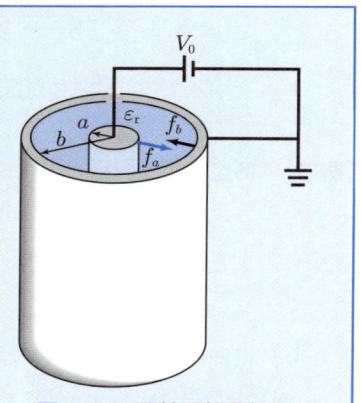

図 3.16 同軸円筒電極間

【解答】 例題 3.5 と同一の条件であるから (3.28) 式を用いれば $f = \frac{\varepsilon}{2}E^2$ より円柱電極表面に働く単位面積あたりの力は

$$f_a = \frac{\varepsilon_0 \varepsilon_\mathrm{r}}{2} E_r(a)^2 = \frac{\varepsilon_0 \varepsilon_\mathrm{r}}{2}\left(\frac{V_0}{a \ln \frac{b}{a}}\right)^2 \;[\mathrm{N \cdot m^{-2}}] \tag{3.56}$$

円筒電極表面に働く単位面積あたりの力は

$$f_b = \frac{\varepsilon_0 \varepsilon_\mathrm{r}}{2} E_r(b)^2 = \frac{\varepsilon_0 \varepsilon_\mathrm{r}}{2}\left(\frac{V_0}{b \ln \frac{b}{a}}\right)^2 \;[\mathrm{N \cdot m^{-2}}] \tag{3.57}$$

となる．導体内部の電界はゼロであるから，電極表面に働く力は誘電体が電束方向に縮まる力として働く．したがって，f_a は外半径 a が大きくなる方向，f_b は内半径 b が小さくなる方向である．

3.4 静電界の解析法

3.4.1 ラプラス-ポアソンの方程式

工学的な観点から見れば電界を制御することは技術者にとって極めて重要な仕事である．そのためには電極の形状や誘電率の最適な設定が求められる．ところで，電位分布は電界分布に，電界分布は電荷分布に従属関係があることを第1章で学んだ．したがって，電荷分布も電位分布に従属関係になる．そこで，3つの要素のいずれか1つが与えられれば他の2つの関数が誘導できるはずである．1.4節で学んだ電位の傾きは (1.29) 式で表せた．

$$\begin{aligned}\boldsymbol{E} &= -\nabla V \\ &= -\operatorname{grad} V \\ &= -\left(\frac{\partial V}{\partial x}\boldsymbol{a}_x + \frac{\partial V}{\partial y}\boldsymbol{a}_y + \frac{\partial V}{\partial z}\boldsymbol{a}_z\right) \quad \cdots (1.29)\end{aligned}$$

電束密度の発散の関係をまとめると

$$\nabla \cdot \boldsymbol{D} = \operatorname{div} \boldsymbol{D} = \rho \tag{3.58}$$

と表現し直すことができる．これをまとめると

$$\nabla \cdot \boldsymbol{D} = \varepsilon \nabla \cdot \boldsymbol{E} = -\varepsilon \nabla \cdot \nabla V = -\varepsilon \nabla^2 V = \rho \tag{3.59}$$

となる．(3.59) 式を**ポアソンの方程式**（Poisson's equation）と呼ぶ．この関係を利用すれば，どれか1つの条件が与えられれば他の2つは誘導できることになる．この式は解析しようとする場所に電荷が分布する場合に用いる式となるのに対し，解析する空間に電荷が分布しない場合は $\rho = 0$ であるから (3.60) 式を用いることになる．

$$\nabla^2 V = 0 \tag{3.60}$$

(3.60) 式を**ラプラスの方程式**（Laplace's equation）と呼ぶ．∇^2 を**ラプラシアン**（Laplacian）と呼ぶ．なお ∇^2 を Δ（いずれもラプラシアン）と表示することもある．これらの式を用いて場の解析をするためには微分方程式を解く必要がある．その際，1.1節で紹介した適切な座標系を用いることが重要である．

■ 例題 3.14 ■

半径 a [m] の導体球に V_0 [V] の電圧が印加されている．空間の電位分布と電界分布を求めよ．

【解答】 空間に電荷が分布する，という条件ではないからラプラスの方程式を用いればよい．その際，導体が球形であるから電界と電位は r だけの関数になり，球座標を用い r 方向だけに着目して解くことにする．球座標におけるラプラスの方程式の r 方向の項は

$$\nabla^2 V = \frac{1}{r^2} \frac{\partial}{\partial r} \left(r^2 \frac{\partial V}{\partial r} \right) = 0 \tag{3.61}$$

である．微分方程式を解くためには，両辺を積分すればよい．その際，微分記号の前に係数が付かないように式を変形した上で不定積分をするのが微分方程式を解く手法である．そこで，両辺に r^2 を掛けてから両辺を r に関して不定積分する．不定積分であるから，積分定数を用いて

$$\int \frac{\partial}{\partial r} \left(r^2 \frac{\partial V}{\partial r} \right) dr = r^2 \frac{\partial V}{\partial r} = C$$

にまとめられる．

先と同様の理由で，両辺を r^2 で割り両辺を r に関して不定積分すれば

$$\int \frac{\partial V}{\partial r} dr = V = \int \frac{C}{r^2} dr$$
$$= -\frac{C}{r} + D$$

となる．ここで，境界条件を用いて積分定数を決定する．つまり，$r = a$ で $V = V_0$ が与えられている．また文章には明示されていないが，$r = \infty$ で $V = 0$ であるから

$$V_0 = -\frac{C}{a} + D$$
$$0 = -\frac{C}{\infty} + D$$

となり，積分定数が決定でき

$$V(r) = \frac{a}{r} V_0 \text{ [V]} \tag{3.62}$$

$$\boldsymbol{E} = -\nabla V = -\left(\frac{\partial V}{\partial r} \boldsymbol{a}_r \right) = \frac{a}{r^2} V_0 \boldsymbol{a}_r \text{ [V} \cdot \text{m}^{-1}\text{]} \tag{3.63}$$

となる．

3.4 静電界の解析法

■ 例題 3.15 ■

電極間距離が $a\,[\mathrm{m}]$ の平行平板電極間に誘電率が $\varepsilon\,[\mathrm{F\cdot m^{-1}}]$ の物質が挿入されている．この物質内部に体積電荷密度 $\rho\,[\mathrm{C\cdot m^{-3}}]$ で一様に電荷が分布しているものとする．電極の一方が接地され，他方には $V_0\,[\mathrm{V}]$ の電源が接続されている場合，電極間の電位分布と電界分布を求めよ．

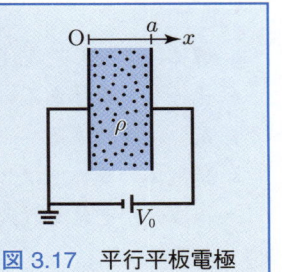

図 3.17 平行平板電極

【解答】 平行平板電極であるから直角座標を用い，ポアソンの方程式を用いると
$$\frac{\partial^2 V}{\partial x^2} = -\frac{\rho}{\varepsilon}$$
となり，この 2 階の微分方程式を例題 3.14 と同様に積分を繰り返すと
$$\int \frac{\partial^2 V}{\partial x^2}dx = \frac{\partial V}{\partial x} = \int \left(-\frac{\rho}{\varepsilon}\right)dx = -\frac{\rho}{\varepsilon}x + C$$
$$\int \frac{\partial V}{\partial x}dx = V = \int \left(-\frac{\rho}{\varepsilon}x + C\right)dx = -\frac{\rho}{2\varepsilon}x^2 + Cx + D$$
となる．境界条件として $x=0$ で $V=0$，$x=a$ で $V=V_0$ を用いると
$$0 = -\frac{\rho}{2\varepsilon}0^2 + C0 + D$$
$$V_0 = -\frac{\rho}{2\varepsilon}a^2 + Ca + D$$
となるから，積分定数が決定でき
$$V(x) = -\frac{\rho}{2\varepsilon}x^2 + \left(\frac{V_0}{a} + \frac{\rho a}{2\varepsilon}\right)x\,[\mathrm{V}] \tag{3.64}$$
$$\boldsymbol{E} = -\nabla V = -\left(\frac{\partial V}{\partial x}\boldsymbol{a}_x\right) = \left\{\frac{\rho}{\varepsilon}x - \left(\frac{V_0}{a} + \frac{\rho a}{2\varepsilon}\right)\right\}\boldsymbol{a}_x\,[\mathrm{V\cdot m^{-1}}] \tag{3.65}$$
となる．電界分布と電位分布を図 3.18 に示す．■

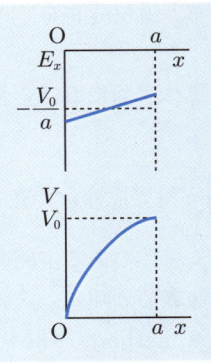

図 3.18 平行平板電極間の電界分布と電位分布

2つの例題を示したが，境界条件として次のような条件などが利用できる．

- 導体に印加した電圧
- 接地した導体あるいは無限遠点の電位はゼロ
- 電位は連続する
- 誘電体の境界では 3.3 節で学んだように，電束密度の垂直成分，電界の接線成分がそれぞれ連続する

3.4.2 導体の存在する場合の影像法

電界が存在する場に置かれた導体の表面には誘導電荷が分布することを 2.1 節で学んだ．したがって，導体近傍に電荷が存在すれば，誘導電荷によって電気力線は導体方向に曲がることになる．その際，図 3.19 に示すように正−負の電荷が一対配置された場合の電界分布は，電荷の中間に平面導体がある場合の空間の電界分布と全く同一になる．それは，一対の電荷の中間面が 0 V の等電位面になるからである．このように，等電位面の位置をうまく導体表面に対応させることができる電荷の配置が工夫できれば，導体が存在する場合でも，点電荷の作る電界の合成をすることによって電界分布と電位分布を容易に解析できる．

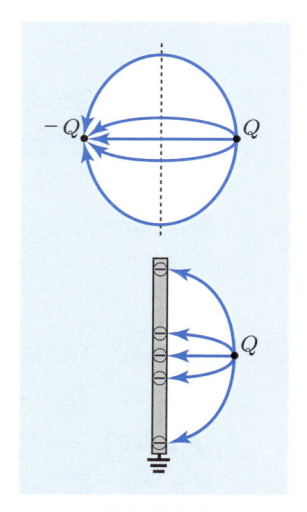

図 3.19 導体近傍の電気力線

基本的には，静電界に対する導体表面における境界条件として

- 導体は等電位である
- したがって，導体表面に沿う電界成分は存在しない

を満たす電荷の配置が定まれば，導体のある空間の電界分布を解析できる．この位置を**影像点**，その電荷を**影像電荷**と呼ぶ．このような考え方に基づき電界を誘導する方法を**影像法**（image method）あるいは**鏡像法**と呼ぶ．これは経験によるところが多いが，しばしば利用される解析手法である．

例題 3.16

十分広い接地された平板導体がある．その表面から a[m] 離れた位置に点電荷 Q[C] が存在する場合の空間の電界分布を求めるために，導体と対称の位置に $-Q$[C] を配置すればよいことを示し，空間の任意の点における電界分布を求めよ．

【解答】 電気力線の分布は電荷から導体に下ろした垂線を軸とした対称形状になるから，円筒座標の変数を (r, θ, x) として計算を進める．導体表面上の任意の点 $P(r, \theta, 0)$ の電位は (3.67) 式となり，$x = 0$ の面はどの点も 0 V である．

$$V_P = \frac{Q}{4\pi\varepsilon_0}\left(\frac{1}{\sqrt{r^2+a^2}} - \frac{1}{\sqrt{r^2+a^2}}\right) = 0\,[\text{V}] \tag{3.66}$$

導体表面の接線方向の電界を求めると

$$\boldsymbol{E} = \frac{1}{4\pi\varepsilon_0}\frac{Qr\boldsymbol{a}_r}{(r^2+a^2)^{3/2}} - \frac{1}{4\pi\varepsilon_0}\frac{Qr\boldsymbol{a}_r}{(r^2+a^2)^{3/2}}$$
$$= 0\,[\text{V}\cdot\text{m}^{-1}] \tag{3.67}$$

となり，接線方向の電界成分はゼロであることがわかる．つまり，中間面の電位と電界は導体表面の静電界に対する性質を満足していることがわかる．

導体表面に対して垂直の電界は

$$\boldsymbol{E} = \frac{1}{4\pi\varepsilon_0}\frac{Q(-a)r\boldsymbol{a}_x}{(r^2+a^2)^{3/2}} - \frac{1}{4\pi\varepsilon_0}\frac{Qa\boldsymbol{a}_x}{(r^2+a^2)^{3/2}}$$
$$= -\frac{1}{2\pi\varepsilon_0}\frac{Qa\boldsymbol{a}_x}{(r^2+a^2)^{3/2}}\,[\text{V}\cdot\text{m}^{-1}] \tag{3.68}$$

となる．導体表面に誘導される電荷量は 2.1 節の (2.4) 式で学んだように $\varepsilon_0 \boldsymbol{E} \cdot \boldsymbol{\sigma} = \boldsymbol{n}\,[\text{C}\cdot\text{m}^{-2}]$ であったから，これを導体の全表面で積分すると

$$q = \iint_0^{2\pi} -\frac{1}{2\pi}\frac{Qa}{(r^2+a^2)^{3/2}}dr\,rd\varphi$$
$$= \int_0^{2\pi} -\frac{Qar}{(r^2+a^2)^{3/2}}dr = -Q\,[\text{C}] \tag{3.69}$$

となる．以上より，影像電荷として置いた電荷 $-Q$ は電極表面に分布して誘導した誘導電荷密度を点電荷で代表させたものと解釈できる．そこで，2 つの点電荷が存在する場合の空間の任意の点 $P'(r, \theta, x)$ の電界（ただし，$x > 0$）は次のように示せる．

$$\boldsymbol{E} = \frac{Q}{4\pi\varepsilon_0}\frac{r\boldsymbol{a}_r+(x-a)\boldsymbol{a}_x}{\{r^2+(x-a)^2\}^{3/2}} - \frac{Q}{4\pi\varepsilon_0}\frac{r\boldsymbol{a}_r+(x+a)\boldsymbol{a}_x}{\{r^2+(x+a)^2\}^{3/2}}\,[\text{V}\cdot\text{m}^{-1}] \tag{3.70}$$

このように導体を鏡ととらえ，像の映る位置に電荷を配置して各電荷の作る電界をベクトル的に加算する手法が影像法である．なお，影像電荷は境界条件を満たすために複数配置しなければならない場合が多い．

例題 3.17

半径 a [m] の接地された導体球があり，この球の中心から d [m] 離れた点 A に Q [C] の点電荷が置かれている場合の影像電荷を置く場所とその大きさを求めよ．

【解答】 影像電荷を q [C] として，図 3.20 に示すように球の中心と点電荷の置かれている場所を結ぶ直線上の中心から x [m] 離れた点 B に置くものと仮定する．導体表面の任意の点 P の電位は次式で与えられる．

$$V_{\mathrm{P}} = \frac{1}{4\pi\varepsilon_0}\left(\frac{Q}{\mathrm{AP}} + \frac{q}{\mathrm{BP}}\right) = 0\,[\mathrm{V}] \tag{3.71}$$

ここで，AP, BP は余弦定理を用いれば

$$\mathrm{AP} = \sqrt{d^2 + a^2 - 2ad\cos\theta} = d\sqrt{1 + \left(\frac{a}{d}\right)^2 - 2\left(\frac{a}{d}\right)\cos\theta}\,[\mathrm{m}]$$

$$\mathrm{BP} = \sqrt{a^2 + x^2 + 2ax\cos\theta} = a\sqrt{1 + \left(\frac{x}{a}\right)^2 + 2\left(\frac{x}{a}\right)\cos\theta}\,[\mathrm{m}]$$

となる．これを (3.71) 式に代入して θ の値によらず常に電位がゼロを満足するには，1, 2 項目ともに分子と分母どうしがいつも同じ値であればよく $\frac{Q}{d} = -\frac{q}{a}$ であるとともに $\frac{a}{d} = \frac{x}{a}$ が成立している必要があり $q = -\left(\frac{a}{d}\right)Q$ [C] を，球の中心から $x = \frac{a^2}{d}$ [m] 離れた点に置けばよいことになる． ■

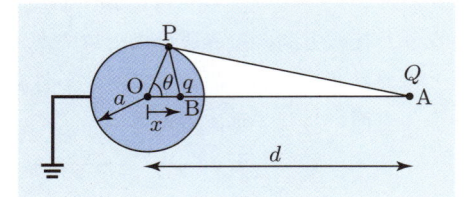

図 3.20 導体球

q が Q よりも小さいのは，凸面鏡に映る像を見れば納得できよう．

例題 3.18

例題 3.17 と同一の条件で，導体球が接地されていない場合の影像電荷の位置を考えよ．

【解答】 接地していなければ物質は中性である．例題 3.17 で求まった影像電荷を導体内に配置すれば境界条件は満足するが，中性の条件も満足しなければならない．そのため $-q$ [C] を導体内部にさらに配置する必要がある．電荷を配置して導体表面を等電位にすることを満足する点は中心だけである．そこで，例題 3.17 で求まった影像電荷に加え，中心にも $q = +\frac{a}{d}Q$ [C] を配置すればよい． ■

3.4.3 誘電体が存在する場合の影像法

本項では，誘電体が存在する場合の影像法を学ぶ．影像法を扱う基本は境界条件を満足させることであった．したがって，誘電体が存在する場合には前項で示したように

- 電界の接線成分が連続する
- 電束密度の垂直成分が連続する

を同時に満たすように電荷を配置すればよい．それにより影像電荷の作る電界を合成することによって空間の電界分布が計算できる．

■ 例題 3.19 ■

誘電率 ε_1 と $\varepsilon_2\,[\mathrm{F\cdot m^{-1}}]$ の誘電体が接している．境界から $a\,[\mathrm{m}]$ の位置に $Q\,[\mathrm{C}]$ の電荷が置かれている場合，影像電荷の位置と大きさを求めよ．

【解答】 $\varepsilon_2\,[\mathrm{F\cdot m^{-1}}]$ の誘電体側を考える場合には，導体の場合の結果を参考にして，図 3.21(b) に示すように全空間が ε_2 の誘電体で満たされているものとし，影像点に $q\,[\mathrm{C}]$ を置くことにする．また，$\varepsilon_1\,[\mathrm{F\cdot m^{-1}}]$ の誘電体側を考える場合には，図 3.21(c) に示すように全空間が $\varepsilon_1\,[\mathrm{F\cdot m^{-1}}]$ の誘電体側で満たされているものとし Q のある位置に $q'\,[\mathrm{C}]$ を置くことにする．つまり，Q, q および q' の存在する状態で境界条件を満たすように q と q' の値を決定する．ここで，電荷を結ぶ線を軸とした円柱座標系を用い，誘電体の境界上の任意の点 $\mathrm{P}(r,\theta,0)$ において

- 電束密度の連続条件を満たすには (3.31) 式より
$$\frac{1}{4\pi}\frac{Q}{r^2}\cos\theta - \frac{1}{4\pi}\frac{q}{r^2}\cos\theta = \frac{1}{4\pi}\frac{q'}{r^2}\cos\theta$$
- 電界の連続条件を満たすには (3.32) 式より
$$\frac{1}{4\pi\varepsilon_2}\frac{Q}{r^2}\sin\theta + \frac{1}{4\pi\varepsilon_2}\frac{q}{r^2}\sin\theta = \frac{1}{4\pi\varepsilon_1}\frac{q'}{r^2}\sin\theta$$

となり (3.72) 式が求められる．

$$q = \frac{\varepsilon_2-\varepsilon_1}{\varepsilon_1+\varepsilon_2}Q$$
$$q' = \frac{2\varepsilon_1}{\varepsilon_1+\varepsilon_2}Q\,[\mathrm{C}] \tag{3.72}$$

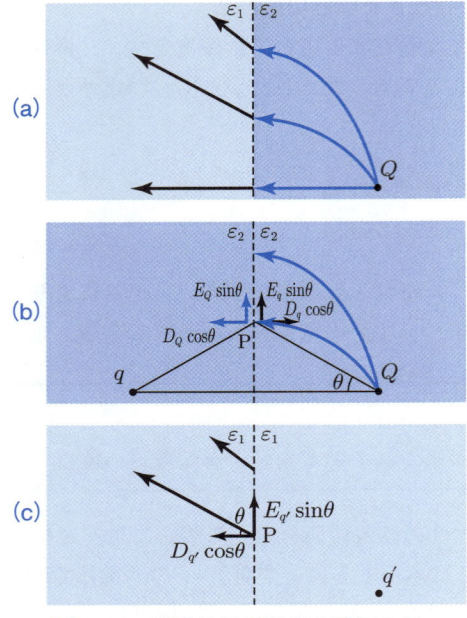

図 3.21 誘電体境界近傍の電気力線

　これらの結果を利用して，ε_2 の誘電体側の電界を求める場合には，全空間が ε_2 の誘電体で満たされているものとし，Q と q [C] が配置されているものとして算出すればよい．ε_1 の誘電体側は，全空間が ε_1 の誘電体で満たされているものとし，q' [C] が作る電界を算出すればよい．

　誘電率が ε_1 [F·m^{-1}] で一様な電界 E_0 [V·m^{-1}] の存在する場の中に，誘電率が ε_2 [F·m^{-1}] の誘電体球が置かれている場合には，境界条件を満たすように (3.73) 式に示す双極子 p [C·m^{-1}] を球の中心に配置すればよい．

$$p = \frac{4\pi a^3 \varepsilon_1 (\varepsilon_2 - \varepsilon_1)}{2\varepsilon_1 + \varepsilon_2} E_0 \ [\text{C·m}] \tag{3.73}$$

　2.3 節で電位係数を用いて電子計算機を用いる電界解析手法があることを紹介した．その際，電荷を空間に配置して境界条件を満足させる考え方は影像法の考え方も利用していることになる．

第3章のまとめ

◎誘電体の静電界に対する振舞いの解釈
- 微視的な解釈：双極子モーメント $Q\boldsymbol{l} = \boldsymbol{p}\,[\mathrm{C\cdot m}]$ を定義 $\boldsymbol{p} = \alpha\boldsymbol{E}\,[\mathrm{C\cdot m}]$
- 巨視的な解釈：分極 $\boldsymbol{P} = \dfrac{\sum_{i=1}^{N}\boldsymbol{p}_i}{v}\,[\mathrm{C\cdot m^{-2}}]$ を定義 $\boldsymbol{P} = \varepsilon_0\chi_\mathrm{e}\boldsymbol{E}\,[\mathrm{C\cdot m^{-2}}]$

◎誘電体の存在する場におけるガウスの法則

$$\int \boldsymbol{D}\cdot d\boldsymbol{S} = \int \rho dv \quad \cdots\ (3.10)$$

$$\boldsymbol{D} = \varepsilon_0\boldsymbol{E} + \boldsymbol{P} = \varepsilon_0\boldsymbol{E} + \varepsilon_0\chi_\mathrm{e}\boldsymbol{E} = \varepsilon_0(1+\chi_\mathrm{e})\boldsymbol{E} = \varepsilon_0\varepsilon_\mathrm{r}\boldsymbol{E} = \varepsilon\boldsymbol{E} \quad \cdots\ (3.11)$$

ε：物質の誘電率 $[\mathrm{F\cdot m^{-1}}]$　　　ε_r：比誘電率（無次元の量）$\varepsilon_\mathrm{r} > 1$

- 境界条件　電束密度　$D_1\cos\theta_1 = D_2\cos\theta_2 \quad \cdots\ (3.31)$
　　　　　　電界　　　$E_1\sin\theta_1 = E_2\sin\theta_2 \quad \cdots\ (3.32)$

◎電界の場に蓄えられるエネルギー
- 電界のエネルギー密度　$w = \int \boldsymbol{E}\cdot d\boldsymbol{D} = \dfrac{\varepsilon E^2}{2} = \dfrac{D^2}{2\varepsilon}\,[\mathrm{J\cdot m^{-3}}] \quad \cdots\ (3.46)$

$$W = \iiint w\,dv = \dfrac{Q^2}{2C} = \dfrac{C}{2}V^2\,[\mathrm{J}] \quad \cdots\ (2.41)$$

◎境界面に働く力
- 仮想変位法　$F = \pm\left(\dfrac{\partial W}{\partial x}\right)_{\substack{+\,:\,V\,一定 \\ -\,:\,Q\,一定}}[\mathrm{N}] \quad \cdots\ (2.48)$
- マクスウェルのひずみ力

　　電界の場がひずむ力　$f = \dfrac{\varepsilon}{2}E^2 = \dfrac{1}{2}\varepsilon D^2\,[\mathrm{N\cdot m^{-2}}]$

　　　　電気力線の方向：圧縮力

　　　　電気力線と垂直方向：膨張力

◎静電界の解析法　　ポアソンの方程式　$\nabla^2 V = -\dfrac{\rho}{\varepsilon} \quad \cdots\ (3.59)$

　　　　　　　　　　ラプラスの方程式　$\nabla^2 V = 0 \quad \cdots\ (3.60)$

　　　　　影像法　電界，電位さらに電束密度に対して境界条件を満たすように電荷を配置する手法

第3章の問題

☐ **3.1** エレクトレットは電界を加えなくても分極 P [C·m^{-2}] が存在しており，外部から弱い電界を加えても配向の状態が変化しない物質である．このような物質を電極間隔 d [m] の十分に広い平行平板電極間に挿入する．
(1) 図1のように電極間を短絡した場合，誘電体内部の電界と電束密度を求めよ．
(2) 図2のように，電極間を短絡したまま電極間隔 l [m]（$d < l$）とした場合，誘電体内外の電界と電束密度，および電極間の電位分布を求めよ．

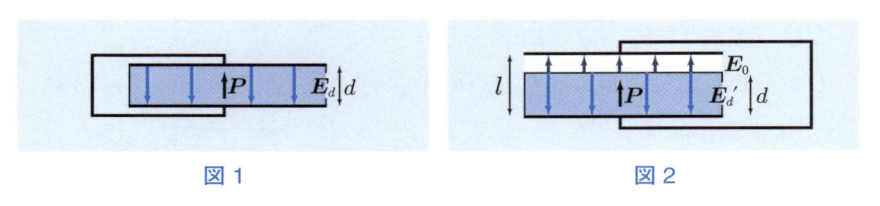

図1

図2

☐ **3.2** 厚さ $50\,\mu$m の誘電体の両面に $1.0\,\text{m}^2$ の電極を貼りつけたキャパシタの静電容量を $1.0\,\mu$F とするためには，誘電体の比誘電率をいくつにすればよいか．

☐ **3.3** 半径 a [m] の導体球を厚さ b [m] で誘電率 ε [F·m^{-1}] の誘電体が包んでいる．この導体には Q [C] の電荷が充電されている．なお，誘電体の外側は真空であるものとした場合，電束密度分布，電界分布および誘電体と導体の接している面に生じる分極電荷密度を求めよ．

☐ **3.4** 半径 a [m] の球電極と同心状に内半径 c [m] の球殻導体が配置されている．この電極間の $a < r < b$ には誘電率 ε_1 [F·m^{-1}] の誘電体が，$b < r < c$ には誘電率 ε_2 [F·m^{-2}] の誘電体が挿入されている．この導体間に V_0 [V] の電源を接続した場合，電極間の電束密度分布 $D_r(r)$ [C·m^{-2}]，電界分布 $E_r(r)$ [V·m^{-1}] を求めよ．

☐ **3.5** 内導体の外半径 a [m]，外導体の内半径 b [m] の同軸ケーブルがあり，この電極間に比誘電率 ε_r が半径とともに変化する誘電体が詰まっているものとする．電界の値が半径によらず一定とするためには，$\varepsilon_\text{r}(r)$ をどのように変化させればよいか．なお，$\varepsilon_\text{r}(a) = \varepsilon_\text{ra}$ とする．

☐ **3.6** 面積 $1.0\,\text{m}^2$，厚さ $100\,\mu$m で比誘電率 3.0 のフイルムの両面に電極を貼りつけ，キャパシタを作った．このキャパシタの静電容量を求めよ．また，このキャパシタに $100\,$V の電圧を印加した場合，蓄えられる電荷量と蓄えられるエネルギーを求めよ．

☐ **3.7** 図 3 のように電極間距離 d [m]，電極の一辺が a [m] の正方形で構成されている平行平板電極間に $a \times b$ [m^2] $(a > b)$ で厚さ d [m]，誘電率 ε [F·m^{-1}] の誘電体を挿入する．電極端部での電界の乱れは無視できるものとする．

① Q_0 [C] の電荷が充電されている場合
② V_0 [V] の電圧が印加されている場合

に対してそれぞれ以下の問に答えよ．

(1) 電極間の電界分布と電束密度分布を求めよ．
(2) 電極間に蓄えられるエネルギーを求めよ．
(3) 挿入した誘電体の界面に働く力を求めよ．

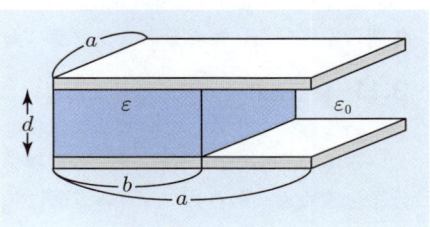

図 3

☐ **3.8** 図 4 のように電極間隔 d [m]，電極面積 S [m^2] の平行平板電極の間に誘電率 $\varepsilon_1, \varepsilon_2$ [F·m^{-1}] の誘電体が重なった状態で電極間全体に挿入されている．電極には Q [C] の電荷を充電した後，電源を切り離してあるものとする．

(1) それぞれの誘電体内の電束密度と電界を求めよ．
(2) 電極間の電位差を求めよ．
(3) 電極間に蓄えられているエネルギーを求めよ．
(4) 誘電体界面に働く力を求めよ．

☐ **3.9** 図 5 のように内導体の半径 a [m] と同軸に内半径が b [m] の外導体がある．この同軸電極は横向きに置かれ，内導体が半分浸かるまで，電極間に誘電率 ε [F·m^{-1}] の油が満たされている．この電極は十分長いものとし，電極端部での電界の乱れは無視できるものとする．また，電極間には V_0 [V] の電源が接続されているものとして，次の問に答えよ．

(1) 油と空間それぞれの導体間の電界分布を求めよ．

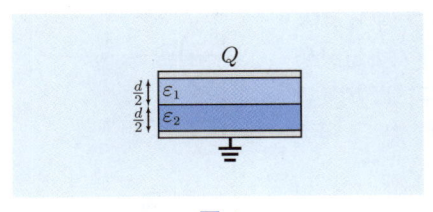

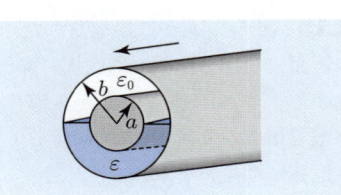

図 4   図 5

(2) 油と空間それぞれに蓄えられる電界のエネルギー密度を求めよ．
(3) 導体の単位長さあたりの静電容量を求めよ．
(4) 油の表面単位面積あたりに働く力を求め，また力の向きを説明せよ．

☐ **3.10** 十分に長い同軸状の導体がある．内側導体の外半径が a [m] で電位は V_0 [V]，外側導体の内半径は b [m] で接地とする．導体間に電荷は分布していないとして，導体間の電位分布と電界分布をラプラスの方程式を用いて誘導せよ．

☐ **3.11** 接地された球状の導体があり，この導体内部に半径 a [m] の球状の空洞が空いているものとする．この空間に体積電荷密度 ρ [C·m^{-3}] で一様に電荷が分布している場合，球の中心 ($r=0$) の電界を 0 V·m^{-1} として，空間の電位分布，電界分布を求めよ．あわせて，導体表面に誘導される電荷密度 σ [C·m^{-2}] を求めよ．

☐ **3.12** 直角座標系において $-a < x < 0$ の空間には体積電荷密度 $-\rho$ [C·m^{-3}] が，$0 < x < a$ の空間には体積電荷密度 ρ [C·m^{-3}] がそれぞれ一様に分布しているものとする．$x=0$ で $V_-(0)=V_+(0)=0$，$x=-a$ で $E_-(-a)=0$，$x=a$ で $E_-(a)=0$ とする．$-a<x<0$ の空間の電位分布 $V_-(x)$，電界分布 $E_-(x)$ と $0<x<a$ の空間の電位分布 $V_+(x)$，電界分布 $E_+(x)$ を求めよ．

☐ **3.13** 2枚の十分に広い平板電極が直交して置かれている．交点を原点として，x-y 座標において点 (a,b) に点電荷 Q [C] を置く．電極は接地されているものとして，影像電荷を置く位置とその大きさを示し，空間の任意の点 (x,y) の電界を求めよ．

☐ **3.14** 半径 a [m] の導体球が空間に浮かんでいるものとする．a [m] に比べ半径の無視することのできる金属微粒子が $+Q$ [C] に帯電した状態で導体球の中心から h [m] の位置に置かれているものとする．この状態で，金属球の電位はどのくらいになるか．次に，$t=0$ [s] で h から v [m·s^{-1}] の速さで導体球に向かって金属微粒子を近付けた場合，導体球の電位は時間とともにどの様に変化するかを求めよ．

☐ **3.15** 図6のように接地された十分に広い平板導体の表面に半径 a [m] の半球状の導体でできた突起が存在する．この半球の中心から導体表面に垂直方向で距離 d [m] の位置 P に点電荷 q [C] が置かれている．点電荷に働く力を求めよ．

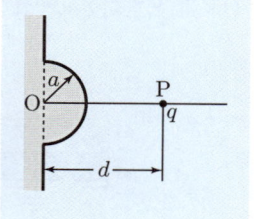

図6

第4章

定常電流

　第3章までは，過渡的に電荷の移動することはあっても，解析する対象は電荷が静止している場合の現象，つまり「静電界」を扱ってきた．本章では，電荷の移動する現象，つまり動的な振舞いによってもたらされる**電流**（electric current）の性質を学ぶ．電流は，電界によって電荷にクーロン力が働き移動する電流（**導電電流**（conduction current）），粒子の熱運動が原因で粒子密度の高い場所から低い方向に移動することにより流れる電流（**拡散電流**（diffusion current）），媒質が風などの力によって移動して電荷もそれとともに移動することにより流れる電流（**対流電流**（convection current））などがある．本章は3つの節で構成されている．

第4章 定常電流

4.1 電流とオームの法則

4.1.1 電流とオームの法則

電荷の移動する現象を**電流**（electric current）と呼ぶが，電荷は必ずしも電子だけではなく，媒質によりイオンや正孔（ホール）などがある．これらをまとめて電荷を運ぶ**キャリア**（carrier），あるいは**電荷担体**と呼ぶ．

本章では電流が時間とともに変化しない定常電流を扱う．定常電流としては電流の値も流れる方向も時間とともに変化しない**直流：DC**（Direct Current）に対して，電流の値が時間とともに周期的に変化する**交流：AC**（Alternating Current）に分類できる．なお，交流も実効値を用いれば直流と同じように扱えることは回路理論で学ぶところである．

電流 $I\,[\mathrm{A}]$ とは，ある断面 $S\,[\mathrm{m}^2]$ を単位時間あたりに横切るキャリア数であり，単位面積を通過する電流を**電流密度**（current density）$\boldsymbol{J}\,[\mathrm{A}\cdot\mathrm{m}^{-2}]$ と定義する．電流と電流密度は (4.1) 式の関係になる．

$$I = \int \boldsymbol{J} \cdot d\boldsymbol{S}\,[\mathrm{A}] \tag{4.1}$$

導電電流が流れるのは，電荷が電界によって力を受けるためであり，加速度運動をするはずである．しかし，物質を構成している原子は活発に熱運動しており電荷は図 4.1 に示すように物質の中で頻繁に原子と衝突を繰り返すので，定常的には一定速度で電界方向に移動することになる．この速度を**ドリフト速度**（drift velocity）$\boldsymbol{v}\,[\mathrm{m}\cdot\mathrm{s}^{-1}]$ と定義する．単位体積あたりに存在するキャリア数を $n\,[\mathrm{m}^{-3}]$ とすると電流密度は (4.2) 式で示される．

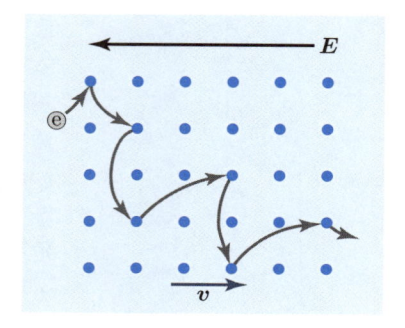

図 4.1　物質中の電子の動き

$$\boldsymbol{J} = qn\boldsymbol{v}\,[\mathrm{A}\cdot\mathrm{m}^{-2}] \tag{4.2}$$

電界とドリフト速度との比例係数を**移動度** $\mu\,[\mathrm{m}^2\cdot\mathrm{V}^{-1}\cdot\mathrm{s}^{-1}]$ と定義すれば，$\boldsymbol{v} = \mu\boldsymbol{E}$ と表現でき

$$J = qnv = qn\mu E = \sigma E = \frac{1}{\rho} E \, [\text{A} \cdot \text{m}^{-2}] \tag{4.3}$$

とまとめられ，電流密度は電界に比例することになる．これが電気磁気学的な表現による**オームの法則**（Ohm's law）である．ここで

$$\sigma = qn\mu \, [\text{S} \cdot \text{m}^{-1}] \tag{4.4}$$

を**導電率**（conductivity）と呼び，単位にはジーメンス [S] を用いる．導電率の逆数を**抵抗率**（resistivity）$\rho \, [\Omega \cdot \text{m}]$ と呼ぶ．導電率の値を表 4.1 に示す．なお，導体内を電流が流れているときの電子のドリフト速度は $10^{-2} \, \text{m} \cdot \text{s}^{-1}$ 以下であるのに対して，電子の熱運動の速度は室温で $10^4 \, \text{m} \cdot \text{s}^{-1}$ 以上ある．したがって，図 4.1 のように導体内の電子の運動は熱運動に支配されて衝突を繰り返しながら電界方向に移動していることになる．

表 4.1 物質の抵抗率（温度 $T = 293 \, [\text{K}]$（$20 \, [°\text{C}]$））

銀	$1.6 \times 10^{-8} \, \Omega \cdot \text{m}$	抵抗体のニクロム	$10^{-6} \, \Omega \cdot \text{m}$ 程度
銅	$1.7 \times 10^{-8} \, \Omega \cdot \text{m}$	絶縁物のポリエチレン	$10^{14} \, \Omega \cdot \text{m}$ 以上
金	$2.4 \times 10^{-8} \, \Omega \cdot \text{m}$	ポリ四フッ化エチレン	$10^{16} \, \Omega \cdot \text{m}$
アルミニウム	$2.7 \times 10^{-8} \, \Omega \cdot \text{m}$		

ところで，回路理論で学ぶオームの法則では，回路に流れる電流は印加電圧に比例し $I = \frac{1}{R} V$ と表現される．ここで，図 4.2 に示すように電流は太さ $S \, [\text{m}^2]$ の導体中を一様に流れ，導体の長さ $l \, [\text{m}]$ に $V \, [\text{V}]$ の電位差を印加したことによって流れるとすれば

$$I = JS = \frac{1}{R} V = \frac{1}{R} El$$

図 4.2 電流と抵抗

と式を変形できるから，(4.3) 式より

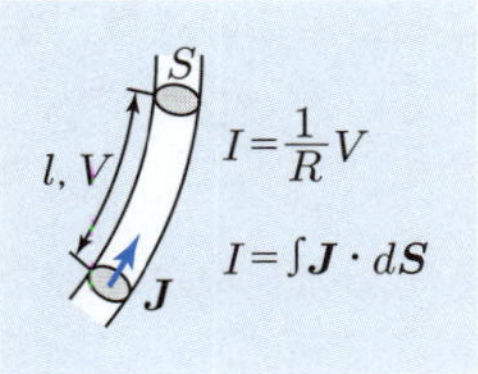

$$R = \frac{V}{I} = \frac{El}{JS} = \rho \frac{l}{S} \, [\Omega] \tag{4.5}$$

と関係付けられる．なお，すべての物質で電流と電圧との関係が比例になるわけではなく，半導体や絶縁体の電流–電圧特性は大きく異なる．

4.1.2 電荷の保存則とキルヒホフの法則

電流は電荷の移動現象であるから，電流が流れるためには，電荷の存在している場所の電荷の数は時間とともに減少することになる．そこで，図 4.3 に示すように電荷が分布している空間を囲う閉曲面を考えガウスの法則を当てはめて考えると

$$I = -\frac{dQ}{dt} = -\frac{\partial}{\partial t}\int \rho dv$$

と表せる．ここで，(4.1) 式を用い，また 1.5 節で学んだ発散の式（(1.38) 式）を用いると

$$\int \left(\frac{\partial \rho}{\partial t} + \mathrm{div}\, \boldsymbol{J}\right)dv = 0$$

とまとめられ，(4.6) 式が導ける．

$$\mathrm{div}\, \boldsymbol{J} = -\frac{\partial \rho}{\partial t} \tag{4.6}$$

ここで，電荷は時間と場所の関数になりうるので偏微分を用いた表現としてある．この式は電荷の数は不変であることによって導かれたものであり，**電荷の保存**（conservation of charge）**則**と呼ばれる．なお，時間とともに変化をしない定常電流であれば，時間微分の項はゼロになるから

$$\mathrm{div}\, \boldsymbol{J} = 0$$

になる．この式は，電流は発散しない，つまり閉じた経路を流れることを意味している．したがって，回路理論で学ぶ**キルヒホフの第 1 法則**

$$\sum_i I_i = 0$$

と同一の意味になる．

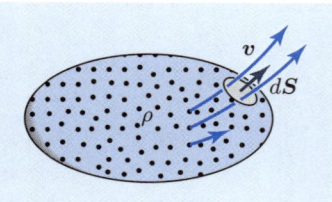

図 4.3　電荷の移動と閉曲面

4.1.3 ジュール熱

電荷は電界によって加速され衝突を繰り返して電界方向に移動する．したがって，衝突のたびに電荷は電界から得たエネルギーを損失し，そのエネルギーは原子の熱振動のエネルギーとなり，材料の温度は上昇する．これが**ジュール熱**（Joule heat）である．電気磁気学では

$$p = \boldsymbol{E} \cdot \boldsymbol{J}\,[\mathrm{W \cdot m^{-3}}]$$

と表現し

$$P = \int p\,dv = \int (\boldsymbol{E} \cdot \boldsymbol{J})dv\,[\mathrm{W}] \tag{4.7}$$

となる．物質の温度が上昇すれば，原子の熱運動は活発になるので電子の衝突頻度が増し，導体の抵抗率は温度とともに増加する．そこで，抵抗率は

$$\rho = \rho_0\{1 + \alpha(T - T_0) + \beta(T - T_0)^2 + \cdots\}$$

と表現され，一般には第 2 項までを用い α を**温度係数**と呼び [ppm・°C^{-1}] で表現する．なお，ρ_0 は T_0 のときの抵抗率で，T_0 には 20°C を用いることが多い．

■ 例題 4.1 ■

直径 1.0 mm の銅でできた電線がある．この電線に 20 A の電流を流した．銅の電子密度は $n = 8.5 \times 10^{28}$ [個・m^{-3}] として電流密度を求めよ．また，電子のドリフト速度を求めよ．

【解答】 (4.1) 式より電流密度は

$$J = \tfrac{I}{\pi a^2} = \tfrac{20}{\pi \times (0.5 \times 10^{-3})^2} = 2.5 \times 10^7\,[\mathrm{A \cdot m^{-2}}]$$

になる．ドリフト速度は (4.3) 式を利用すれば，

$$v = \tfrac{J}{qn} = \tfrac{I}{\pi a^2 qn} = 1.9 \times 10^{-3}\,[\mathrm{m \cdot s^{-1}}]$$

になる．

4.2 起電力と電流

4.2.1 起電力

物質に電流を流すためには物質に電位差を加える必要がある．この電位差を**起電力**（electromotive force）と呼び，起電力を発生させるものが電源である．電源には負荷の状態にかかわらず一定の電圧を供給できる**定電圧電源**と，負荷の状態によらず一定の電流を供給できる**定電流電源**の 2 種類がある．理想的な定電圧電源は内部抵抗がゼロ，定電流電源は内部抵抗が無限大であるが，現実には電源には有限の抵抗が内蔵されている．したがって，負荷の変動によって出力電圧あるいは出力電流は変動する．電源の記号と等価回路を図 4.4 に示す．電源が挿入されている回路に流れる電流と各素子に発生する電位差（電圧降下）との関係は**キルヒホフの第 2 法則** $\sum_i V_i = \sum_j I_j R_j$ で示される．

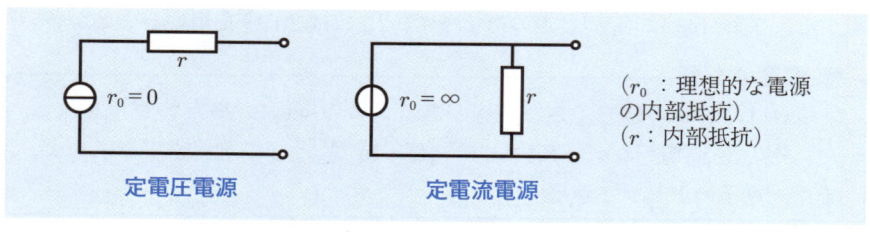

図 4.4 電源と等価回路

■ 例題 4.2 ■

3.0 V の電池がある．この電池の内部抵抗が $0.01\,\Omega$ のとき，この電池から取り出せる最大電力はどのくらいになるか算出せよ．

【解答】 電池に接続する抵抗を $R\,[\Omega]$ とすると，回路に流れる電流は
$$I = \tfrac{3.0}{0.01+R}\,[\text{A}]$$
抵抗で消費する電力は $P = RI^2 = R\left(\tfrac{3.0}{0.01+R}\right)^2\,[\text{W}]$ であるから抵抗で消費する電力の最大値は抵抗で微分することで
$$\tfrac{dP}{dR} = 9.0\tfrac{(0.01+R)^2 - 2R(0.01+R)}{(0.01+R)^4} = 9.0\tfrac{0.01-R}{(0.01+R)^3} = 0$$
より $R = 0.01\,[\Omega]$ のときになり，電池から取り出せる最大電力は $P = 225\,[\text{W}]$ となる． ■

4.2 起電力と電流

例題 4.2 から,負荷で消費できる電力の最大値は電源の内部抵抗の値と同じときである.

4.2.2 過渡電流(準定常電流)

図 4.5 に示すようにキャパシタに蓄えられている電荷が抵抗を通して流れると,電荷量は時間とともに減少するので電流値も変化する.

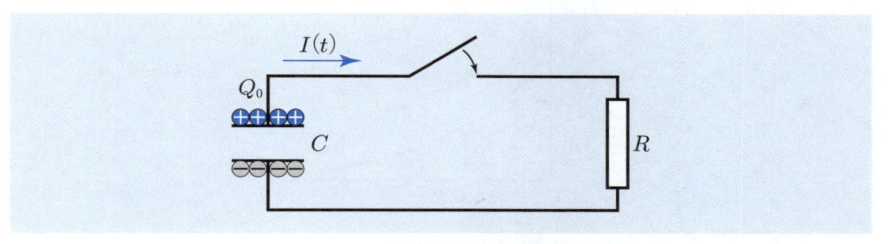

図 4.5 *C-R* 回路

そこで,キャパシタの端子電圧と抵抗の電位差に関してキルヒホフの第2法則を利用すれば $\frac{Q(t)}{C} = RI(t)$ となる.電流は電荷量の時間微分であるから

$$\frac{Q(t)}{C} = -R\frac{dQ(t)}{dt}$$

となる.微分方程式を解くためには微分項を左辺に移動させ,微係数を消去するように式を変形し不定積分をすればよい.したがって

$$\frac{dQ(t)}{dt} = -\frac{Q(t)}{CR}$$

$$\frac{1}{Q(t)}dQ(t) = -\frac{1}{CR}dt$$

の微分方程式を解けば,積分定数を A とすると次式になる.

$$\ln Q(t) = -\frac{t}{CR} + A$$

$t = 0\,[\text{s}]$ のときにキャパシタは $Q_0\,[\text{C}]$ の電荷量を蓄積していたものとし,$Q(t)$ を直接示す式に表記し直せば

$$Q(t) = Q_0 \exp\left(-\frac{t}{CR}\right)\,[\text{C}] \tag{4.8}$$

$$I(t) = -\frac{dQ(t)}{dt}$$
$$= \frac{Q_0}{CR}\exp\left(-\frac{t}{CR}\right)\,[\text{A}] \tag{4.9}$$

となる.

図 4.6 に示すように時間とともに変動する電流を**過渡電流**（transient current）と呼ぶ．現象が変動する現象を**緩和現象**（relaxation phenomena）と呼び，その変動が継続する時間の目安として (4.10) 式を定義し

$$\tau = CR \, [\mathrm{s}] \tag{4.10}$$

時定数（time constant）と呼ぶ．

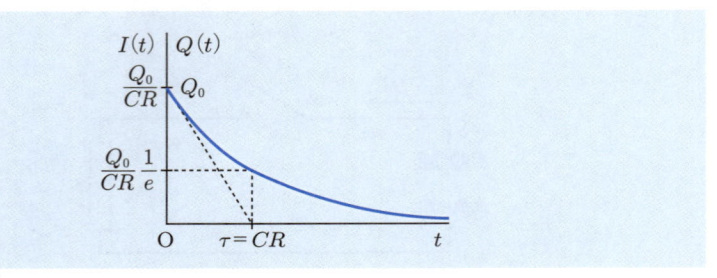

図 4.6　**C-R 回路に流れる電流変化**

なお，$t = \tau$ のときに電流は初期値の $\frac{1}{e}$ 倍の値になる．実用的には τ の 3 から 5 倍の時間が経過すれば過渡現象が終息したものと見なすことが多い．

■ **例題 4.3** ■
　4.2.2 項の条件でキャパシタから放出された電荷により抵抗で消費したエネルギーを求めよ．

【解答】　回路に流れる電流は (4.9) 式で与えられているから抵抗で消費するエネルギーはジュール熱を時間積分すれば求まり

$$W = \int_0^\infty R I^2 dt$$
$$= \int_0^\infty R \left(\frac{Q_0}{CR} \right)^2 \exp\left(-\frac{2t}{CR} \right) dt = \frac{Q_0^2}{2C} \, [\mathrm{J}]$$

となる．　　　　　　　　　　　　　　　　　　　　　　　　　　　■

例題 4.3 の結果は，抵抗で消費したエネルギー（ジュール熱）は $t = 0$ のときにキャパシタに蓄えられていた電界のエネルギーであったことを意味している．

4.3 定常電流場と静電界の場

導電電流は電界によって電荷が力を受け，電界方向に移動することにより発生する．つまり，電流は電源の存在によって発生する．また，電気力線は電界の印加された導体に充電された電荷によって電界方向に流れる．したがって，図 4.7 に示すように電流と電界の性質には**類似性**（analogy）がある．そこで，電流の値を制限する抵抗と電荷を蓄積するキャパシタの定義式を対比すると

$$R = \frac{V}{I}$$
$$= \frac{V}{\int \bm{J}\cdot d\bm{S}} = \frac{V}{\sigma \int \bm{E}\cdot d\bm{S}},$$
$$C = \frac{Q}{V} = \frac{\varepsilon \int \bm{E}\cdot d\bm{S}}{V}$$

であるから，(4.11) 式の関係が得られる．

$$CR = \frac{\varepsilon}{\sigma} = \varepsilon\rho \,[\mathrm{s}] \tag{4.11}$$

この式は，電流の解析に静電界の解析手法を，あるいは静電界の解析のために回路解析の手法が利用でき，その際の係数として $\varepsilon\rho$ を用いればよいことを意味している．

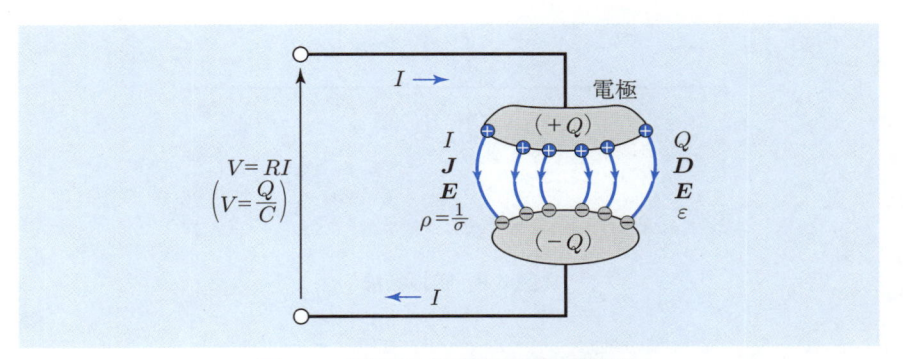

図 4.7 電流の場と電界の場の類似性

■ **例題 4.4** ■

地面（接地面）に半径 $a\,[\mathrm{m}]$ の金属球を半分だけ埋めた場合，大地の抵抗率を $\rho\,[\Omega\cdot\mathrm{m}]$ とすると，金属球から見た接地に対する抵抗の値を求めよ．なお，空気の抵抗率は大地に比べ十分に大きいものとする．

【解答】 半径 $a\,[\mathrm{m}]$ の孤立球の静電容量は 2.3 節の例題 2.6 で $C=4\pi\varepsilon a\,[\mathrm{F}]$ を導いた．ここでは，電流の流れる表面は球の半分だけなので $C=2\pi\varepsilon a$ と考え (4.11) 式を利用すると

$$R = \frac{\varepsilon\rho}{C}$$
$$= \frac{\varepsilon\rho}{2\pi\varepsilon a} = \frac{\rho}{2\pi a}\,[\Omega] \tag{4.12}$$

となる．

(4.5) 式を利用すれば，図 4.8 に示すように電流は断面積 $2\pi r^2\,[\mathrm{m}^2]$ を r 方向に流れるから

$$R = \rho\int_a^\infty \frac{dr}{2\pi r^2} = \frac{\rho}{2\pi a}\,[\Omega]$$

と誘導することもできる．

このような抵抗を**接地抵抗**（earth resistance）と呼ぶ

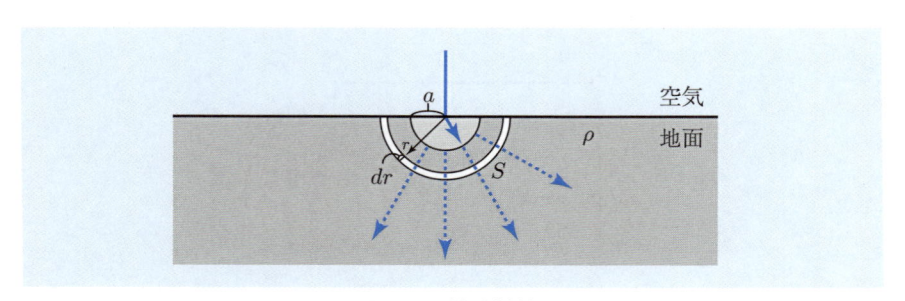

図 4.8 接地抵抗

第 4 章のまとめ

◎電流とは電荷（キャリア）の移動現象である．

電流に関わる重要な関係式を以下にまとめる．

◎電流密度：$\bm{J} = qn\bm{v}$ [A · m^{-2}] $\cdots$ (4.2)

◎電　流：$I = \int \bm{J} \cdot d\bm{S}$ [A] $\cdots$ (4.1)

◎オームの法則

$\quad \bm{J} = qn\bm{v} = qn\mu\bm{E} = \sigma\bm{E} = \frac{1}{\rho}\bm{E}$ [A · m^{-2}] $\cdots$ (4.3)

$\quad$ 導電率（conductivity）　$\sigma = qn\mu$ [S · m^{-1}] $\cdots$ (4.4)

$\quad$ 抵抗率（resistivity）　　$\rho = \frac{1}{\sigma}$ [Ω · m]

$\qquad\qquad\qquad\qquad R = \frac{V}{I} = \frac{El}{JS} = \rho\frac{l}{S}$ [Ω] $\cdots$ (4.5)

◎電荷保存の法則：キルヒホフの第 1 法則 $\sum_i I_i = 0$ を意味する．

$$\mathrm{div}\,\bm{J} = -\frac{\partial \rho}{\partial t} \quad \cdots \text{ (4.6)}$$

キルヒホフの第 2 法則

$$\sum_i V_i = \sum_j I_j R_j$$

◎ジュール熱

$$P = \int p\,dv = \int (\bm{E} \cdot \bm{J})\,dv \text{ [W]} \quad \cdots \text{ (4.7)}$$

◎電源

$\quad$ 定電流源（内部抵抗 $r_0 = 0$）

$\quad$ 定電流源（内部抵抗 $r_0 = \infty$）

◎静電場と定常電流場の類似性

$$CR = \frac{\varepsilon}{\sigma} = \varepsilon\rho \text{ [s]} \quad \cdots \text{ (4.11)}$$

第4章の問題

4.1 図1のような回路において，端子間に V_0 [V] の電圧を印加する．スイッチ S を閉じると電圧計の表示は 120 V，電流計は 2.3 A を示した．次にスイッチ S を開くと電流計は 2.2 A となった．電流計の内部抵抗を 0.10 Ω として，抵抗 R [Ω] と電圧計の内部抵抗の値を求めよ．

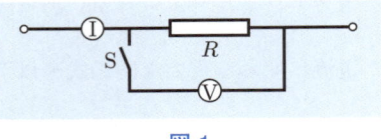

図 1

4.2 断面積が $10\,\mathrm{mm}^2$ で長さ 50 m，抵抗率が $1.8\times 10^{-8}\,\Omega\cdot\mathrm{m}$ の電線の抵抗の値を求めよ．また，電線の両端に 100 V の電位差を加えた場合，電線で消費する電力を求めよ．

4.3 直流 110 V の電源から 1.0 km の配電線を通して負荷に 100 V，50 kW の電力を供給するために必要な電線の太さを求めよ．なお，電線の抵抗率は $1.8\times 10^{-8}\,\Omega\cdot\mathrm{m}$ とする．その場合，電線での電力損失はどのくらいになるか．また，発生電圧を 6.6 kV にして負荷には 6.0 kV，50 kW の電力を供給する場合には，電線の太さはどの程度必要になるか．

4.4 内導体の外半径 a [m]，外導体の内半径が b [m] の十分に長い同軸状円筒電極があり，その導体間に抵抗率 ρ [Ω·m] の物質が詰まっている．なお，この物質の誘電率は ε [F·m^{-1}] とする．電極間の長さ方向における単位長さあたりの抵抗値を求めよ．

4.5 半径 1.0 m の導体球を導電率 $\sigma = 0.020$ [S·m^{-1}] の地中深くに埋め，電線で避雷針につないである．この導体球の接地抵抗を求めよ．あわせて，避雷針を通じて 1.0 kA の落雷による電流が流れた場合，導体球の電位を求めよ．

4.6 内導体の半径 a [m]，外導体の内半径 b [m] の同軸円筒電極があり，この導体間に抵抗率 ρ [Ω·m] の物質が充填されている．導体間に V_0 [V] の電圧を印加した場合，次の問に答えよ．答は単位長さあたりの量で答えよ．
(1) 導体間の抵抗の値を求め，電極間に流れる電流を求めよ．
(2) 半径 r [m] ($a < r < b$) における断面を横切る電流の大きさを求めよ．
(3) 半径 r [m] での電流密度を求めよ．
(4) 物質内の単位体積あたりで消費される電力 p [W·m^{-3}] を求めよ．
(5) 物質内で消費される電力 P [W·m^{-1}] を求めよ．

第5章

電流と静磁界

　第1〜3章では電荷が静止している場合の現象として静電界の性質と振舞いを学び，第4章では電荷の移動現象，つまり電流の性質と振舞いを学んだ．本章では電流が流れることによって発生する磁界の性質と振舞いを学ぶ．なお，本章では定常電流によって発生する磁界，つまり静磁界を取り上げる．

　電流を流した導体の周りの空間に配置した磁針には力が働くことは古くから知られている．また，電流を流した電線間に力が働くことも経験的によく知られたことである．そこで，クーロン力の場合と同様に，電流を流すと周りの空間に力を発生させる場を作ると解釈し，この場を磁界あるいは磁界の場と呼ぶことにし，磁束密度を定義する．

　本章では磁界で発生する力の性質を学び，次いで静磁界の性質と振舞いを学ぶ．本章は4つの節で構成されている．

5.1 磁界において働く力

5.1.1 電流に働く力

十分に長い 2 本の電線が $d\,[\mathrm{m}]$ 離れて平行に張られており，それぞれの電線に $I_1, I_2\,[\mathrm{A}]$ の電流を流すと，電線単位長さあたりに $F \propto \frac{I_1 I_2}{d^2}\,[\mathrm{N \cdot m^{-1}}]$ の力が働くことは実験的に明らかになっている．そこで，1.2 節のクーロン力の場合に電界を定義したのと同様に，電流を流した周りの空間に力を発生させる場を**磁界**あるいは**磁界の場**（magnetic field）と呼ぶことにし，**磁束密度**（magnetic flux density）$\boldsymbol{B}\,[\mathrm{T}]$ を定義する．ここで，1 m 離れた電線間に $2 \times 10^{-7}\,\mathrm{N \cdot m^{-1}}$ の力が働く電流の大きさを 1 A と定義する．また，1 A の電流が流れる電線から 1 m 離れた場所の磁束密度を $2 \times 10^{-7}\,\mathrm{T}$ と定義する．磁束密度の性質と振舞いは次節で学ぶこととし，本節では磁界において発生する力の性質を学ぶ．

電流が流れている周りの空間に発生する磁界の振舞いを表現するために**磁力線**の概念を用いる．電流と磁力線には「**右ねじの法則**」と呼ばれる関係がある．電流の流れる方向と垂直な平面上を，電流の流れる方向から見ると時計回りに電流の位置を中心に渦を巻くように磁力線が発生する．2 本の平行な電線に働く力は電流の向きが同一方向の場合には引力，逆方向の場合には斥力になる．そこで，一方の電流が作る磁力線と別の電流に発生する力および電流の流れる方向の関係を図示すると，それぞれが直角の関係になる．このような関係を数学的に表現するためにはベクトルの直角成分の掛け算，つまり「外積」を利用すればよい．外積は 1.1 節の面積素ベクトルで学んだが，直角座標系で外積の関係の一例を示すと

$$\boldsymbol{a}_x \times \boldsymbol{a}_y = \boldsymbol{a}_z, \quad \boldsymbol{a}_y \times \boldsymbol{a}_z = \boldsymbol{a}_x, \quad \boldsymbol{a}_z \times \boldsymbol{a}_x = \boldsymbol{a}_y,$$

$$\boldsymbol{a}_y \times \boldsymbol{a}_x = -\boldsymbol{a}_z, \quad \boldsymbol{a}_x \times \boldsymbol{a}_x = 0$$

となる．この表記法を利用すると磁界の中を流れる電流に働く力の方向は**図 5.1** のようになり，大きさは (5.1) 式で示せる．

$$\boldsymbol{F} = I\,d\boldsymbol{s} \times \boldsymbol{B}\,[\mathrm{N}] \tag{5.1}$$

それぞれの力の方向は**フレミング**（Fleming）**の左手の法則**と呼ばれる，人差し指を磁束密度の方向，中指を電流の向きにした場合，親指の方向が力の向きの関係になっている．

5.1 磁界において働く力

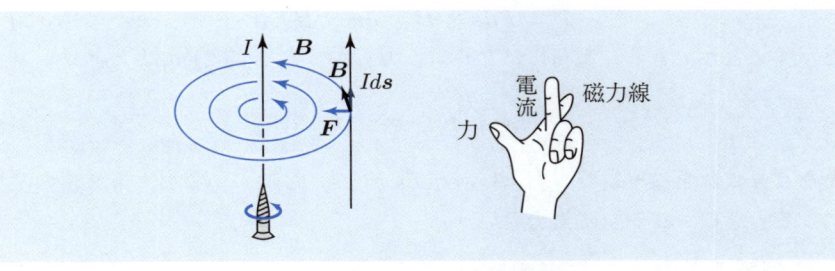

図 5.1 磁界の方向と力の向き

例題 5.1

一様な磁束密度 B [T] の中に細い電線で作った矩形の断面 ($a \times b$ [m^2]) を有するコイルが図 5.2 のように置かれ I [A] の電流が流れている場合，このコイルにはどのような力が働くか考えよ．

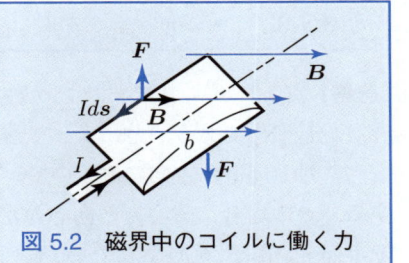

図 5.2 磁界中のコイルに働く力

【解答】 (5.1) 式より磁界の中を流れる電流には $F = I\,ds \times B$ [N] の力が働くから，1本の電線に働く力は $F = IBb$ [N] になる．図 5.2 にあるように，コイルに流れる電流は左右で逆になるから力は偶力になる．

コイルの中央を中心に回転できるようにすると，図 5.2 のようにコイルは回転しようとする．これがモータの原理である．その際，電線に働く力は同一であるが，コイルの位置によって回転を支援する力の大きさに違いが生じる．そこで，回転半径に回転に有効に寄与する力の積を**トルク** (torque) T [N·m] と定義すると，$T = 2F \times \frac{a}{2} = IBab\cos\theta$ [N·m] となる．

5.1.2 ローレンツ力

磁界の中を電荷が運動する場合を考える．電流は 4.1 項の (4.2) 式で学んだように電荷量と速度の積で与えられた．そこで，v [m·s^{-1}] の速度で移動する 1 個の電荷 q [C] に着目すると，電荷に働く力は (5.1) 式より

$$F = I\,ds \times B = qv \times B\,[\text{N}] \tag{5.2}$$

と示すことができる．電荷にはクーロン力も働くので (5.2) 式は

$$F = q(E + v \times B)\,[\text{N}] \tag{5.3}$$

となり，これを**ローレンツ力**（Lorentz's force）と呼ぶ．なお，第 2 項の磁界による力を**ローレンツ磁気力**という．

■ **例題 5.2** ■

一様な磁束密度 $B = B_0 a_z\,[\text{T}]$ のある空間を質量 $m\,[\text{kg}]$, $q\,[\text{C}]$ の電荷が初速度 $v = v_0 a_y\,[\text{T}]$ で移動している場合，この電荷はどのような運動するか考えよ．

【解答】 (5.3) 式よりローレンツ磁気力は $F = qv \times B = qv_0 a_y \times B_0 a_z = qv_0 B_0 a_x\,[\text{N}]$ である．力によって運動方向が変化しても，力は磁束密度と運動方向に対して直角方向に働くので，図 5.3 に示すように x-y 平面上で回転運動する．その場合，遠心力と向心力が釣り合うので $\frac{mv_0^2}{r} = qv_0 B_0$ となるから回転半径 $r\,[\text{m}]$ は (5.4) 式になる．

$$r = \frac{mv_0}{qB_0}\,[\text{m}] \tag{5.4}$$ ■

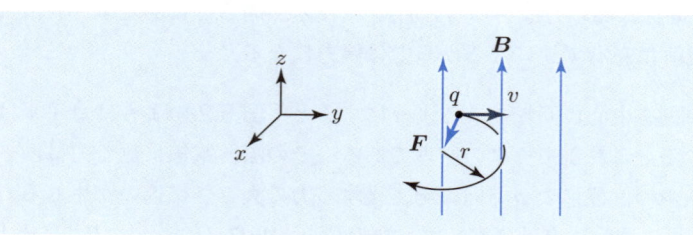

図 5.3 磁界中を運動する電荷に働く力

このような運動を**サイクロトロン運動**（cyclotron motion）と呼び，回転半径を**ラーマ半径**（Larmor radius）と呼ぶ．電荷の回転周期は $T = \frac{2\pi r}{v_0}\,[\text{s}]$ であるから回転の周波数は $f = \frac{1}{T} = \frac{qB_0}{2\pi m}\,[\text{Hz}]$ となる．これを**サイクロトロン周波数**（cyclotron frequency）と呼ぶ．この現象を利用すると電荷の質量が計測できる．

■ 例題 5.3 ■

断面が $a \times b \,[\mathrm{m}^2]$ の矩形の物質中を $q\,[\mathrm{C}]$ の電荷が $\boldsymbol{v} = v_0 \boldsymbol{a}_x \,[\mathrm{m\cdot s^{-1}}]$ で運動している．この物質に一様な磁束密度 $\boldsymbol{B} = B_0 \boldsymbol{a}_z \,[\mathrm{T}]$ が印加されている場合，物質の特定方向に起電力が発生する．その方向と大きさを求めよ．

【解答】 (5.3) 式より電荷には
$$\boldsymbol{F} = q\boldsymbol{v} \times \boldsymbol{B} = qv_0\boldsymbol{a}_x \times B_0\boldsymbol{a}_z = -qv_0 B_0 \boldsymbol{a}_y \,[\mathrm{N}]$$
の力が働くため，図 5.4 に示すように電荷の偏りが生じる．その結果，y 方向に電界が発生し電荷に働く力は $\boldsymbol{F} = q(\boldsymbol{E} + \boldsymbol{v} \times \boldsymbol{B}) = 0$ となり定常状態が維持される．そのときの電界の大きさと方向は $\boldsymbol{E} = -\boldsymbol{v} \times \boldsymbol{B} = v_0 B_0 \boldsymbol{a}_y \,[\mathrm{V \cdot m^{-1}}]$ となり，幅 $b\,[\mathrm{m}]$ に
$$V = v_0 B_0 b \,[\mathrm{V}] \tag{5.5}$$
の電位差が発生する． ■

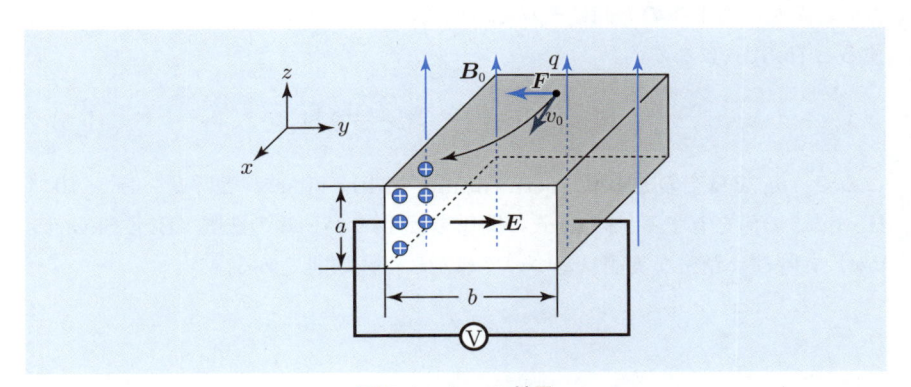

図 5.4　ホール効果

(4.1) 式より $I = \boldsymbol{J} \cdot \boldsymbol{S} = qnv_0 ab \,[\mathrm{A}]$ であるから
$$V = \frac{1}{nq}\frac{IB_0}{a} \,[\mathrm{V}]$$
と (5.5) 式を変形する．$\frac{1}{nq} = R_\mathrm{H}$ と定義し，R_H を**ホール定数**（Hall constant）と呼ぶ．このような電界を発生させる現象を**ホール効果**（Hall effect）と呼ぶ．この効果を利用して磁束密度の計測や，物質内部の電荷密度や移動度を決定することができる．

5.2 ビオ-サバールの法則

前節では電流に働く力を学んだ．また，磁束密度の大きさの定義を示した．本節では磁束密度の性質と誘導方法を学ぶ．電流 I [A] から r [m] 離れた点に生じる磁束密度を導くにあたり，クーロンの法則と同様の考え方をする．つまり，分布する電荷が作る電界は，点電荷が作る電界の合成ととらえ

$$E = \int dE$$
$$= \int \frac{dQ}{4\pi\varepsilon_0 r^2} r_0 \; [\text{V} \cdot \text{m}^{-1}]$$

と表現することを 1.2 節で学んだ．電流によって発生する**磁束密度 B** [T] もこれに倣い，微小な電流片が距離ベクトル r [m] 離れた点に作る微小な磁束密度 dB [T] の集合ととらえる．その際，電流は連続しなければ流れないことを 4.1 節で学んだので，図 5.5 のように電流経路を短く区切り $I\,ds$ と表現する．ところで，電界は距離ベクトルの延長方向に発生するのに対して，磁力線は電流の方向と距離ベクトルの方向にそれぞれ直角になる．そこで，外積を用いて表現すると (5.6) 式になる．

$$B = \int dB = \frac{\mu_0}{4\pi} \int \frac{I\,ds \times r_0}{r^2} \; [\text{T}] \tag{5.6}$$

ここで，μ_0 を**真空の透磁率**（permeability of free space）と呼び，$4\pi \times 10^{-7}$ $\text{H} \cdot \text{m}^{-1}$ の値を有する．(5.6) 式の関係を**ビオ-サバールの法則**（Biot-Savart's law）と呼び，精密な実測に基づいて導かれた経験則である．

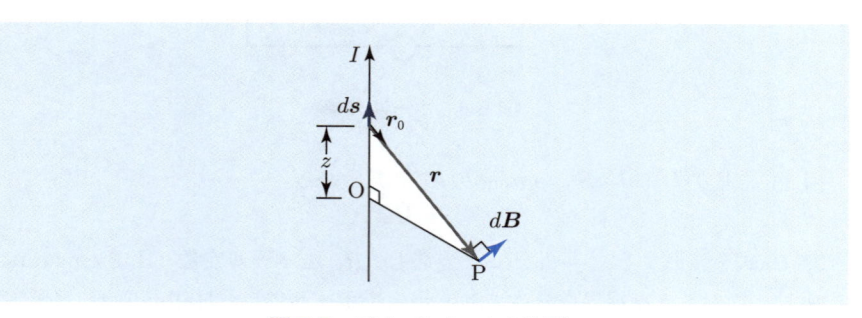

図 5.5　ビオ-サバールの法則

例題 5.4

z 軸上に原点を中心に $\pm h\,[\mathrm{m}]$ の長さの間を電流 $I\,[\mathrm{A}]$ が流れている場合，電流から $a\,[\mathrm{m}]$ 離れた $z=0$ の x-y 平面上の点の磁束密度を求めよ．

【解答】 軸対称形状の問題を解析する場合には円柱座標系が便利であり，$\mathrm{P}(a,\theta,0)$ と表示する．図 5.6 に示すように電流を長さ $dz\,[\mathrm{m}]$ に細分化し，原点から $z\,[\mathrm{m}]$ 離れた点 $(0,0,z)$ の電流片 $I\,dz\,\boldsymbol{a}_z$ から点 P の方向を示す距離ベクトルは $\boldsymbol{r}=(a-0)\boldsymbol{a}_r+(0-z)\boldsymbol{a}_z\,[\mathrm{m}]$ になる．これらを (5.6) 式に代入し，電流が流れる範囲にわたり積分すれば

$$\boldsymbol{B}=\int \frac{\mu_0 I\,dz\,\boldsymbol{a}_z\times\boldsymbol{r}_0}{4\pi r^2}=\int_{-h}^{h}\frac{\mu_0 I\,dz\,\boldsymbol{a}_z\times(a\boldsymbol{a}_r-z\boldsymbol{a}_z)}{4\pi(a^2+z^2)^{3/2}}=\int_{-h}^{h}\frac{\mu_0 I\,dz\,a\boldsymbol{a}_\theta}{4\pi(a^2+z^2)^{3/2}}\,[\mathrm{T}]$$

となる．この積分は例題 1.4 と同一の計算であり，$z=a\tan\theta$ と変数変換すれば $a^2+z^2=a^2\frac{1}{\cos^2\theta}$，$dz=\frac{a\,d\theta}{\cos^2\theta}$ となる．積分範囲をとりあえず θ_1 から θ_2 として演算を進めると

$$\boldsymbol{B}=\int_{-h}^{h}\frac{\mu_0 I a\,dz}{4\pi(a^2+z^2)^{3/2}}\boldsymbol{a}_\theta\,dz=\int_{\theta_1}^{\theta_2}\frac{\mu_0 I a\,\boldsymbol{a}_\theta}{4\pi\left(\frac{a^2}{\cos^2\theta}\right)^{3/2}}\frac{a\,d\theta}{\cos^2\theta}=\int_{\theta_1}^{\theta_2}\frac{\mu_0 I\cos\theta\,\boldsymbol{a}_\theta}{4\pi a}d\theta\,[\mathrm{T}]$$

となる．ここで，$z=a\tan\theta$ と変数変換したのだから，図を参考にすれば，$\sin\theta_2=\frac{h}{\sqrt{a^2+h^2}}$，$\sin\theta_1=\frac{-h}{\sqrt{a^2+h^2}}$ になるので

$$\boldsymbol{B}=\frac{\mu_0 I}{4\pi\varepsilon_0 a}\frac{2h}{\sqrt{a^2+h^2}}\boldsymbol{a}_\theta=\frac{\mu_0 I}{2\pi a}\frac{h}{\sqrt{a^2+h^2}}\boldsymbol{a}_\theta\,[\mathrm{T}] \tag{5.7}$$

となる．h が無限長の場合には (5.8) 式になる．

$$\boldsymbol{B}=\frac{\mu_0 I}{2\pi a}\boldsymbol{a}_\theta\,[\mathrm{T}] \tag{5.8}$$

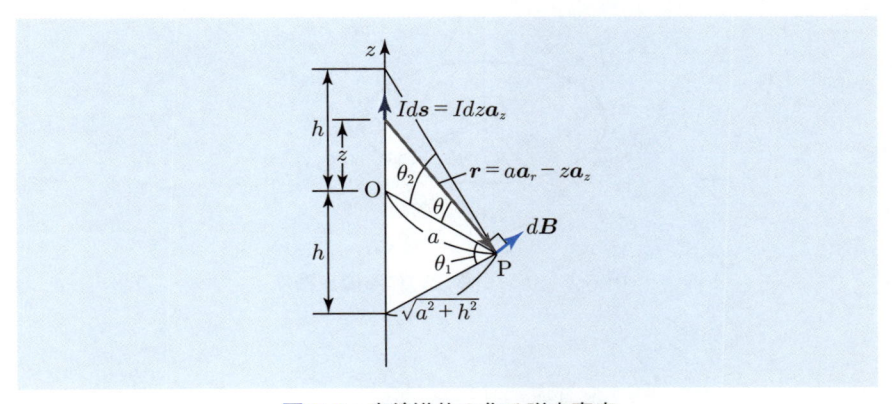

図 5.6　直線導体の作る磁束密度

■ **例題 5.5** ■
半径 $a\,[\mathrm{m}]$ の円形コイルに $I\,[\mathrm{A}]$ の電流が流れている．このコイルの中心軸上 z の点 P における磁束密度を求めよ．

【解答】 例題 5.4 と同様であるが，図 5.7 に示すように電流片 $Iad\theta\boldsymbol{a}_\theta$，距離ベクトル $r=(0-a)\boldsymbol{a}_r+(z-0)\boldsymbol{a}_z=-a\boldsymbol{a}_r+z\boldsymbol{a}_z$ となり，(5.6) 式に代入して電流が流れる範囲にわたり積分すれば

$$\boldsymbol{B}(z)=\int_0^{2\pi}\frac{\mu_0 Ia\,d\theta\,\boldsymbol{a}_\theta\times(-a\boldsymbol{a}_r+z\boldsymbol{a}_z)}{4\pi(a^2+z^2)^{3/2}}$$
$$=\frac{\mu_0 Ia(a\boldsymbol{a}_z+z\boldsymbol{a}_r)}{2(a^2+z^2)^{3/2}}\,[\mathrm{T}]$$

となる．ここで，r 方向成分は電流を一周積分するとベクトルの総和はゼロになる．これは，図 5.7 の矢印を見れば判断できるであろう．また，直角座標に変換すれば

$$\boldsymbol{a}_r=\cos\varphi\,\boldsymbol{a}_x+\sin\varphi\,\boldsymbol{a}_y$$

となり，φ を一周（$0\to 2\pi$）積分すればゼロになることから納得できよう．したがって，リング状に流れている電流の作る磁束密度は (5.9) 式になる．

$$\boldsymbol{B}(z)=\frac{\mu_0 Ia^2\boldsymbol{a}_z}{2(a^2+z^2)^{3/2}}\,[\mathrm{T}] \tag{5.9}$$

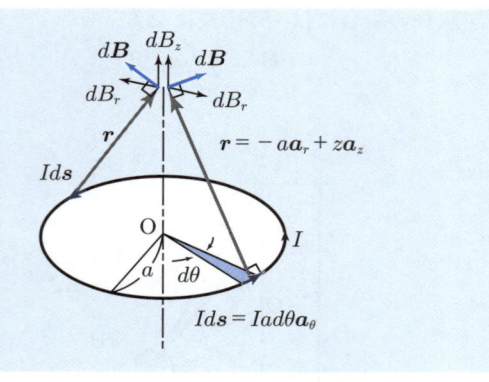

図 5.7 リング電流の作る磁束密度

5.3 アンペールの法則

5.3.1 アンペールの法則

実験に基づいたクーロンの法則に対応するのがビオ-サバールの法則である．そこで，ガウスの法則に対応する磁界における法則を考えてみよう．

電荷は電気力線（電束）を生じ，発散する性質がある．ガウスの法則は，電荷を包むような閉曲面を考え，電荷と電界の関係を導いたものである．そこで，磁力線を生み出す電流を包むような磁力線に沿って計算をすれば，電流と磁束密度の関係が導かれる可能性がある．その際，磁力線は閉じているので，電流を囲むように点 P の磁束密度を計算するために磁力線に沿った積分をすれば次式のようになる．

$$\int \boldsymbol{B} \cdot d\boldsymbol{l} = \iint \frac{\mu_0 I (d\boldsymbol{s} \times \boldsymbol{r}) \cdot d\boldsymbol{l}}{4\pi r^3}$$

ここで，図 5.8 に示すように $d\boldsymbol{s}$ は電流に沿う経路であり電流経路に沿う一周の積分は点 P を固定して計算することになる．一方 $d\boldsymbol{l}$ は磁力線に沿って一周積分するが，その場合には点 P を移動させる計算になる．そこで，いずれの計算も点 P を固定して扱うことにして，ベクトルの計算を行う際に次式のように変形すると

$$\frac{(d\boldsymbol{s} \times \boldsymbol{r}) \cdot d\boldsymbol{l}}{r^3} = \frac{(-d\boldsymbol{s} \times d\boldsymbol{l})}{r^2} \cdot \frac{-\boldsymbol{r}}{r}$$

上の式は点 P から見た 2 つの積分経路によって形成される面積素の立体角を意味する表現となる．積分経路はいずれも一周するから点 P を取り囲む面が構成される．観測点を囲んだ面の立体角は 4π であり (5.10) 式になる．

$$\int \boldsymbol{B} \cdot d\boldsymbol{l} = \frac{\mu_0 I}{4\pi} \iint \frac{(d\boldsymbol{s} \times \boldsymbol{r}) \cdot d\boldsymbol{l}}{r^3} = \frac{\mu_0 I}{4\pi} 4\pi = \mu_0 I \quad (5.10)$$

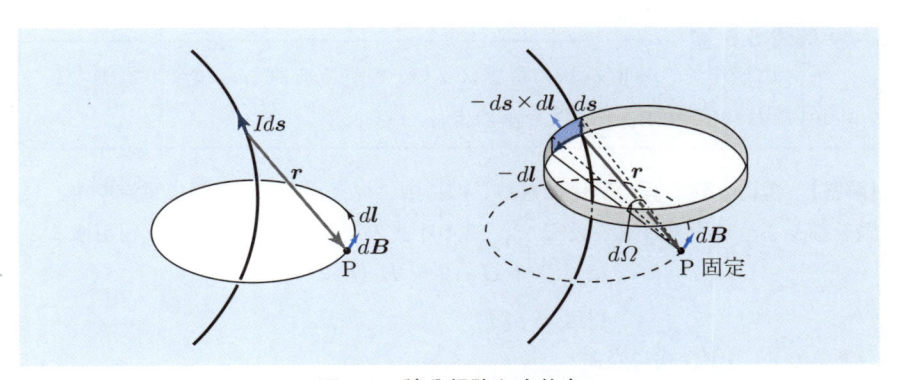

図 5.8 積分経路と立体角

この関係をアンペールの法則（Ampere's law），あるいはアンペールの周回積分の法則（Ampere's circuital law）と呼ぶ．

ところで，この計算は磁力線に沿う積分経路によって形成される面が電流ループの作る面と1回交叉する場合である．磁力線は閉じているから1回だけの周回積分をすることが条件として必要である．そこで，1回だけ周回積分することを強調するために $\oint$ の記号を用いる場合がある．一方，コイルのように電流経路が磁力線に対して複数回積分経路を交わる場合がある．その場合には発生する磁束密度の大きさが巻数倍になる．また，交叉しない場合があるとすれば立体角はゼロとなる．そこで，磁力線の経路で囲まれる面と電流経路により形成される面が交わることを**鎖交**（interlink）と呼び，図 5.9 に示すように鎖交する回数（鎖交数）N を定義し，(5.11) 式で表現する．

$$\oint \boldsymbol{B} \cdot d\boldsymbol{l} = \mu_0 N I \tag{5.11}$$

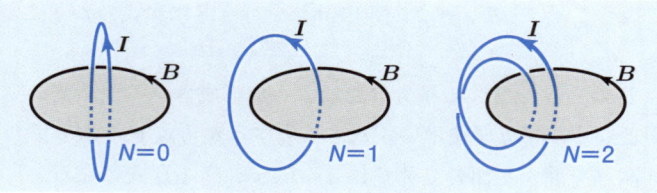

図 5.9 鎖交数

■ **例題 5.6** ■

太さの無視できる直線状の電線に $I\,[\mathrm{A}]$ の電流を流した場合，電線から $r\,[\mathrm{m}]$ 離れた位置の磁束密度を求めよ．

【解答】 電流と磁力線の関係は右ねじの法則に従うから，磁力線は電流を中心に渦を描くように発生する．そこで，(5.10) 式のアンペールの法則を利用すると

$$左辺 = \oint \boldsymbol{B} \cdot d\boldsymbol{l} = B_\theta(r) 2\pi r$$

$$右辺 = \mu_0 I$$

であるから (5.12) 式になる．

$$B_\theta(r) = \frac{\mu_0 I}{2\pi r}\,[\mathrm{T}] \tag{5.12}$$

5.3 アンペールの法則

■ **例題 5.7** ■

図 5.10 のように半径 a [m] の円柱状の導体に I [A] の電流が一様に流れている場合，磁束密度を求めよ．

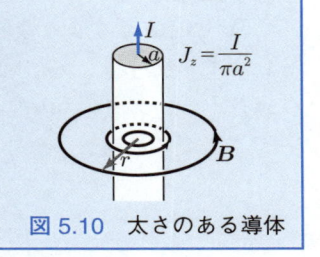

図 5.10 太さのある導体

【解答】 右ねじの法則から，磁力線は電流を中心に渦を描くように発生する．そこで，(5.10) 式のアンペールの法則の左辺は
$$\oint \boldsymbol{B} \cdot d\boldsymbol{l} = B_\theta(r)\, 2\pi r$$
である．右辺は積分経路によって違いがあるので場合分けをする．

$a > r$ では積分経路で囲まれた断面の中を流れる電流は $\oint \boldsymbol{J} \cdot d\boldsymbol{S}$ [A] であり，$J_z = \frac{I}{\pi a^2}$ [A·m^{-2}] であるから
$$右辺 = \mu_0 \int_0^r \frac{I}{\pi a^2} 2\pi r\, dr = \mu_0 \frac{r^2}{a^2} I$$
となり左辺 = 右辺から
$$B_\theta(r) = \mu_0 \frac{r}{2\pi a^2} I \ [\text{T}] \tag{5.13}$$

$a < r$ では
$$右辺 = \mu_0 \int_0^a \frac{I}{\pi a^2} 2\pi r\, dr = \mu_0 I$$
となり左辺 = 右辺から
$$B_\theta(r) = \mu_0 \frac{I}{2\pi r} \ [\text{T}] \tag{5.14}$$
となる．磁束密度分布を図 5.11 に示す．　■

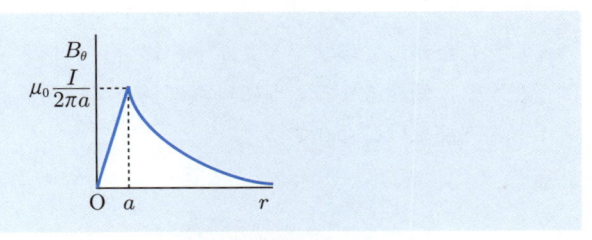

図 5.11 太さのある導体の磁束密度分布

■ 例題 5.8 ■

図 5.12 に示すような断面が円形のコイルをドーナツ状に巻いた環状ソレノイドがある．コイルの巻数を N とし，コイルに I [A] の電流を流した場合，ソレノイドの内部の磁束密度を求めよ．

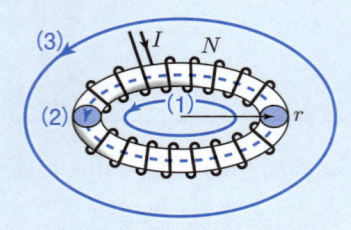

図 5.12 環状ソレノイド

【解答】 磁力線はソレノイドの内部にドーナツの中心軸に対して同軸状にできるから図 5.12(2) のように軸から r [m] の位置の磁力線を考えれば (5.11) 式のアンペールの法則を利用すると

$$左辺 = \oint \boldsymbol{B} \cdot d\boldsymbol{l} = B_\theta(r)\, 2\pi r$$

$$右辺 = \mu_0 N I$$

であるから左辺 = 右辺より (5.15) 式が求まる．

$$B_\theta(r) = \frac{\mu_0 N I}{2\pi r}\ [\text{T}] \tag{5.15}$$

なお図 5.12(1) のように，積分経路をドーナツの内半径よりも小さい経路を想定してアンペールの法則を用いると右辺は $N = 0$ である．また図 5.12(3) のように，ドーナツの外半径よりも大きな経路で右辺を計算すると

$$NI - NI = 0$$

である．したがって環状ソレノイドの場合，ソレノイドの内部だけに磁束密度は存在する．例題 5.9 のように無限に長いソレノイドの場合も磁束密度はソレノイドの内部だけに存在する．

例題 5.9

図 5.13 に示すような断面が円形のコイルを直線状に巻いた無限長ソレノイドがある．コイルの単位長さあたりの巻数を $n\,[\text{回}\cdot\text{m}^{-1}]$ とし，コイルに $I\,[\text{A}]$ の電流を流した場合，ソレノイドの内部の磁束密度を求めよ．

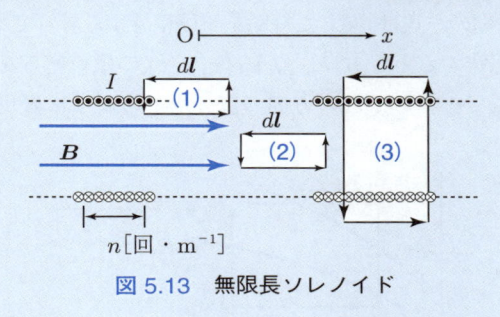

図 5.13　無限長ソレノイド

【解答】 例題 5.8 を参考にすれば，磁力線はソレノイドの内部を直線状に発生する．アンペールの法則を利用するには，磁力線に沿ってコイルを囲む積分経路を設定する際に，有限な長さにする必要がある．そこで，コイルを囲む積分経路を図 5.13(1) に示すように磁力線と垂直の経路は内積がゼロになるようにとる．また，例題 5.8 を参考にすれば，ソレノイドの外部は磁束密度がゼロであるから (5.11) 式のアンペールの法則を利用すると，

$$左辺 = \oint \boldsymbol{B}\cdot d\boldsymbol{l} = B_x l$$

$$右辺 = \mu_0 n l I$$

となり (5.16) 式が得られる．

$$B_x = \mu_0 n I\,[\text{T}] \qquad (5.16)$$

例題 5.9 で，積分経路を図 5.13(2) のようにソレノイドの内部にとる．積分経路の下側部分の磁束密度を B_{x1}，上部を B_{x2} とすれば左辺は $B_{x1}l - B_{x2}l$，右辺はゼロより $B_{x1} = B_{x2}$，つまり磁束密度は一様であることがわかる．また，コイル全体を囲むような図 5.13(3) の積分経路にすれば右辺は $nlI - nlI = 0$ であり，積分経路の中に電流が流れているにもかかわらず右辺はゼロになるので，外側の磁束密度はゼロであることが再確認できる．

5.3.2 アンペールの法則の微分形

3.4 節の電界ではガウスの法則とポテンシャルを微分形で表現することによりラプラス-ポアソンの方程式を導いた．そこで，(5.10) 式のアンペールの法則を微分形で表現してみる．

アンペールの法則の左辺は，閉じた経路を一周積分する計算であるから，図 5.14 のような経路を想定するとともに，点 $P_1(x,y,z)$ の磁束密度を基準とし，微小距離変位した位置でのそれぞれの方向の値を以下のように表現する．

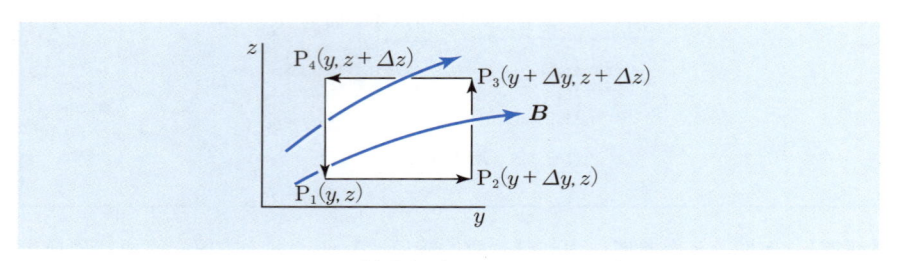

図 5.14　積分経路とベクトルの回転

$B_x(x, y+\Delta y, z+\Delta z) = B_{x0} + \frac{\partial B_x}{\partial y}\Delta y + \frac{\partial B_x}{\partial z}\Delta z$　（y, z 成分も同様とする）

これを用いて積分経路に沿った計算を一辺ごとに行う．先ず，Δy 移動させる $P_1 \to P_2$ の経路では y 成分だけの計算になる．また移動距離は短いので，磁束密度の変化分は移動経路間の平均値を用いれば次式で表現できる．

$$\int \boldsymbol{B} \cdot d\boldsymbol{l} = \int \left(B_{y0} + \frac{\partial B_y}{\partial y}\Delta y \right) dy$$

$$\simeq B_{y0}\,\Delta y + \frac{\partial B_y}{\partial y}\frac{(\Delta y)^2}{2}$$

$P_2 \to P_3$ の経路では z 成分の計算を行えば次式となる．

$$\int \boldsymbol{B} \cdot d\boldsymbol{l} = \int \left(B_{z0} + \frac{\partial B_z}{\partial y}\Delta y + \frac{\partial B_z}{\partial z}\Delta z \right) dz$$

$$\simeq B_{y0}\,\Delta z + \frac{\partial B_z}{\partial y}\Delta y\,\Delta z + \frac{\partial B_z}{\partial z}\frac{(\Delta z)^2}{2}$$

$P_3 \to P_4$，$P_4 \to P_1$ の経路では磁束密度の方向と積分経路が逆行するので内積は負になることを考慮して一周の経路の計算をまとめると次式になる．

$$\int \boldsymbol{B} \cdot d\boldsymbol{l} = \left(\frac{\partial B_z}{\partial y} - \frac{\partial B_y}{\partial z} \right) \Delta y\,\Delta z$$

アンペールの法則の右辺は，電流が広がりを持って流れている場合には例題 5.7 を参考にすれば $\mu_0 \int \boldsymbol{J} \cdot d\boldsymbol{S}$ と表現する必要がある．これまでの計算から左辺 = 右辺は

5.3 アンペールの法則

$$\left(\frac{\partial B_z}{\partial y} - \frac{\partial B_y}{\partial z}\right) \Delta y \, \Delta z = \mu_0 \int J_x \, \Delta y \, \Delta z$$

となる．図 5.15 に示すように電流密度は微小グループの集合として考えることができ，また 3 方向の成分が存在するから，y, z 成分に関しても同様にまとめられる．ここで，次式に示す**ストークスの定理**（Stokes' theorem）

$$\lim_{\Delta S \to 0} \frac{1}{\Delta S} \oint \boldsymbol{B} \cdot d\boldsymbol{l} = \mathrm{rot}\, \boldsymbol{B}$$
$$= \nabla \times \boldsymbol{B} \tag{5.17}$$

は次式のように変形できるから，これまでの式を整理すると

$$\int (\mathrm{rot}\, \boldsymbol{B}) \cdot d\boldsymbol{S} = \int (\nabla \times \boldsymbol{B}) \cdot d\boldsymbol{S} = \mu_0 \int \boldsymbol{J} \cdot d\boldsymbol{S}$$
$$\left(\frac{\partial B_z}{\partial y} - \frac{\partial B_y}{\partial z}\right) \boldsymbol{a}_x + \left(\frac{\partial B_x}{\partial z} - \frac{\partial B_z}{\partial x}\right) \boldsymbol{a}_y + \left(\frac{\partial B_y}{\partial x} - \frac{\partial B_x}{\partial y}\right) \boldsymbol{a}_z$$
$$= \mathrm{rot}\, \boldsymbol{B} = \mu_0 \boldsymbol{J}$$

とまとめられアンペールの法則の微分形の表現になる．この演算は

$$\mathrm{rot}\, \boldsymbol{B} = \nabla \times \boldsymbol{B} = \begin{vmatrix} \boldsymbol{a}_x & \boldsymbol{a}_y & \boldsymbol{a}_z \\ \frac{\partial}{\partial x} & \frac{\partial}{\partial y} & \frac{\partial}{\partial z} \\ B_x & B_y & B_z \end{vmatrix} = \mu_0 \boldsymbol{J} \tag{5.18}$$

を実行すればよい．

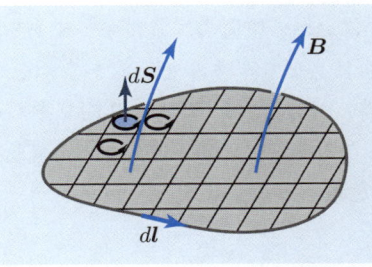

図 5.15　ストークスの定理

5.4 磁界の場のポテンシャル

5.4.1 磁束の保存性

第 5 章の初めに磁束密度を定義したが，電流密度と電流の関係にあるように，磁束密度 B の面積積分を**磁束**φ と定義し単位を [Wb] と表現する．

$$\varphi = \int B \cdot dS \text{ [Wb]} \tag{5.19}$$

ところで，磁力線は回転する性質を持っている．したがって，ガウスの法則のように面積積分を閉曲面にまで拡張すると，閉曲面から出る磁力線と入る磁力線の総和は等しくなるから

$$\int_S B \cdot dS = 0 \tag{5.20}$$

になる．微分形で表現すれば

$$\text{div } B = 0 \tag{5.21}$$

と表現でき，これを**磁束の保存性**あるいは**磁束の連続性**と呼び，磁界の性質を表現する式となる．

5.4.2 ベクトルポテンシャル

ポテンシャルとは，場における位置のエネルギーである．つまり，力に逆らって物体を運動させる場合に必要なエネルギーである．その力の根源として重力や電界あるいは磁界の違いがある．そこで，1.3 節で学んだ電界の電位の定義に準じ，また 5.2 節で学んだ電荷に対応する物理量として図 5.16 のように電流片 Ids を考え (5.22) 式を定義することにする．

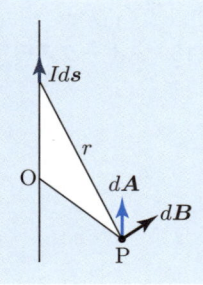

図 5.16 電流片とポテンシャル

5.4 磁界の場のポテンシャル

$$A = \frac{\mu_0}{4\pi} \int \frac{Ids}{r} \, [\text{Wb} \cdot \text{m}^{-1}] \tag{5.22}$$

ここで，磁界の中では力の働く電流の方向が限定される．また場を作る電流もベクトル量である．そこで，この A をベクトルポテンシャル (vector potential) と呼ぶ．磁束密度 B との関係は (5.23) 式になり

$$\text{rot}\,A = \nabla \times A = B \, [\text{T}] \tag{5.23}$$

A を微分すると B になる．ところで，重力や電界は発散の性質があるからポテンシャルを一義的に定義できた．しかし，(5.23) 式を満足する A は B を積分すれば求まるが，積分定数の与え方で一義的には定まらない．(5.23) 式の両辺をさらに微分すると

$$\nabla \times (\nabla \times A) = \nabla(\nabla \cdot A) - \nabla^2 A$$

の関係が成立するので

$$\text{rot}(\text{rot}\,A) = \nabla^2 A = -\mu_0 J \tag{5.24}$$

が成立する．そこで，一義的な関係にするためには $\nabla \cdot A = 0$ などの条件が必要になる．

例題 5.10

半径 $a\,[\text{m}]$ の円柱状の電線に $I\,[\text{A}]$ の電流が流れている場合のベクトルポテンシャルを求めよ．

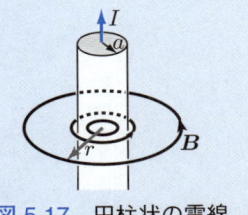

図 5.17 円柱状の電線

【解答】 例題 5.7 の結果から，(5.13), (5.14) 式が得られた．

$r < a$ では $\quad B_\theta(r) = \mu_0 \frac{r}{2\pi a^2} I \, [\text{T}] \quad \cdots \quad (5.13)$

$a < r$ では $\quad B_\theta(r) = \mu_0 \frac{I}{2\pi r} \, [\text{T}] \quad \cdots \quad (5.14)$

磁束密度は θ 方向だから (5.18) 式を円柱座標系で表現し

$$\mathrm{rot}\,\boldsymbol{A} = \begin{vmatrix} \boldsymbol{a}_r & \boldsymbol{a}_\theta & \boldsymbol{a}_z \\ \frac{\partial}{\partial r} & \frac{\partial}{r\partial \theta} & \frac{\partial}{\partial z} \\ A_r & A_\theta & A_z \end{vmatrix} = \left(\frac{\partial A_r}{\partial z} - \frac{\partial A_z}{\partial r}\right)\boldsymbol{a}_\theta$$

$$= B_\theta \boldsymbol{a}_\theta \, [\mathrm{T}] \tag{5.25}$$

となる.また,(5.22) 式よりベクトルポテンシャルは電流の流れる方向にのみ定義されるから

$$-\frac{\partial A_z}{\partial r} = B_\theta$$

を実行すればよい.その際,一義的にポテンシャルを定めるために $A_z(r) = 0$ となる $r = r_0$ を基準点と定めると (5.13), (5.14) 式から

$a < r$ では $\quad A_z(r) = -\int_{r_0}^{r} \mu_0 \frac{I}{2\pi r} dr$

$$= \frac{\mu_0 I}{2\pi} \ln \frac{r_0}{r} \, [\mathrm{Wb} \cdot \mathrm{m}^{-1}] \tag{5.26}$$

$r < a$ では $\quad A_z(r) = -\left(\int_a^r \mu_0 \frac{r}{2\pi a^2} I\, dr + \int_{r_0}^{a} \mu_0 \frac{r}{2\pi r} dr\right)$

$$= \frac{\mu_0 I}{2\pi}\left(\frac{a^2 - r^2}{2a^2} + \ln \frac{r_0}{a}\right) [\mathrm{Wb} \cdot \mathrm{m}^{-1}] \tag{5.27}$$

となる.磁束密度分布とベクトルポテンシャル分布を図 5.18 に示す.

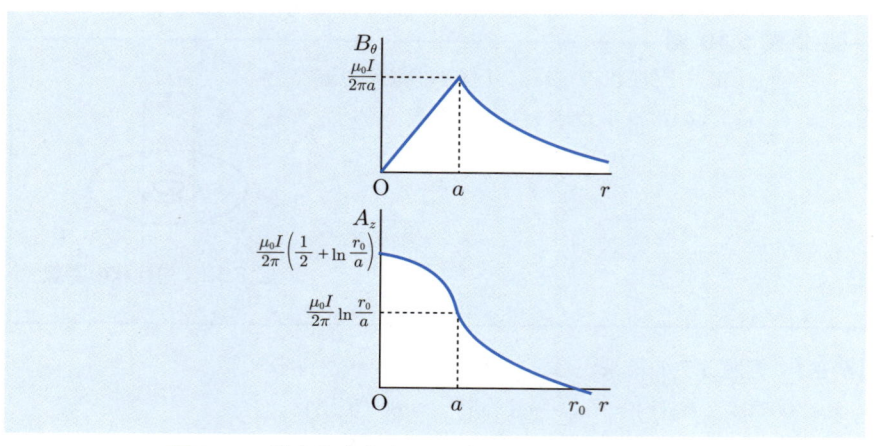

図 5.18 磁束密度分布とベクトルポテンシャル分布

第 5 章のまとめ

◎電流間に働く力　$\bm{F} = I\,d\bm{s} \times \bm{B}\,[\text{N}]$　… (5.1)

◎運動している電荷に働く力　$\bm{F} = q(\bm{E} + \bm{v} \times \bm{B})\,[\text{N}]$　… (5.3)

◎静磁界の性質
- 磁力線は電流に対して右ねじの法則を満たす関係で発生する
- 磁力線は電流を中心に渦を描くように回転する

$$\int_S \bm{B} \cdot d\bm{S} = 0 \quad \cdots (5.20)$$

微分形で表現すれば

$$\operatorname{div} \bm{B} = 0 \quad \cdots (5.21)$$

◎静磁界の誘導
- ビオ-サバールの法則

$$\bm{B} = \int d\bm{B} = \frac{\mu_0}{4\pi} \int \frac{I\,d\bm{s} \times \bm{r}_0}{r^2}\,[\text{T}] \quad \cdots (5.6)$$

- アンペールの法則

　コイルの場合

$$\oint \bm{B} \cdot d\bm{l} = \mu_0 N I \quad (N：鎖交数) \quad \cdots (5.11)$$

　電流が広がりを持って流れている場合

$$\oint \bm{B} \cdot d\bm{l} = \mu_0 \int \bm{J} \cdot d\bm{S}$$

　微分形の表現

$$\operatorname{rot} \bm{B} = \nabla \times \bm{B} = \mu_0 \bm{J} \quad \cdots (5.18)$$

◎ベクトルポテンシャル

$$\bm{A} = \frac{\mu_0}{4\pi} \int \frac{I\,d\bm{s}}{r} \quad \cdots (5.22)$$

$$\operatorname{rot} \bm{A} = \nabla \times \bm{A} = \bm{B} \quad \cdots (5.23)$$

$$\nabla^2 \bm{A} = -\mu_0 \bm{J} \quad \cdots (5.24)$$

第5章の問題

☐ **5.1** 2本の長い導体が角度 θ で交差して配置されている．交点では電線を絶縁されているものとし，図1のような方向に電流を流した場合，交点から l [m] の間の導体に働くトルクを計算せよ．

☐ **5.2** 電荷 q [C] のイオンを電位差 V [V] で加速し，z 軸方向を向いている $\boldsymbol{B}$ [T] の磁界中に，原点から y 軸方向に入射させたものとする．イオンは半円を描いて x 軸上 $2a$ の点に到達した．イオンの質量を求めよ．速度 v は $qV = \frac{mv^2}{2}$ を満たす．

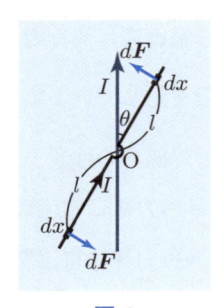

図1

☐ **5.3** z 軸方向に一様な磁束密度 B_z [T] の存在する空間に，質量 m [kg] で $+q$ [C] の電荷が V_0 [V] で加速され座標の原点から x 軸方向に発射されたものとする．なお，この空間は真空とする．この電荷の回転半径と1周する時間を求めよ．あわせて，回転運動を抑え直進運動させるためには，どちらの方向に，どの程度の大きさの電界を加えればよいか．

☐ **5.4** 図2に示されるような長さ $2l$ [m] の電線に流れている電流 I [A] が点Pに作る磁束密度の大きさは次式で表される．

$$B_\theta = \frac{\mu_0 I l}{2\pi\sqrt{a^2+z^2}\sqrt{a^2+z^2+l^2}} \text{ [T]}$$

この電線が，O点を中心軸とした正八角形の一辺を構成しているものとした場合，八角形全体が点Pに作る磁束密度の大きさと方向を求めよ．

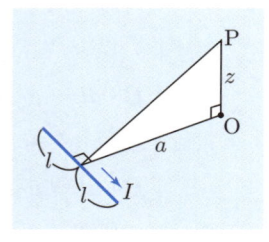

図2

☐ **5.5** 図3のように，円の中心を原点とし，x-y 平面上に半径 a [m] の円弧と中心に向かう十分に長い2本の直線状部分からなる電線がある．この電線に電流 I [A] が流れている．原点における磁束密度を求めよ．

☐ **5.6** 図4に示すように，半径 a [m] の円形コイルが a [m] 離れて平行に2つ置かれている．2つのコイルの中心を通る軸を x 軸とする．それぞれのコイルに電流を I [A] 流した場合，x 軸上の磁束密度分布を求めよ．

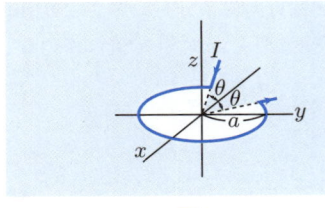

図 3

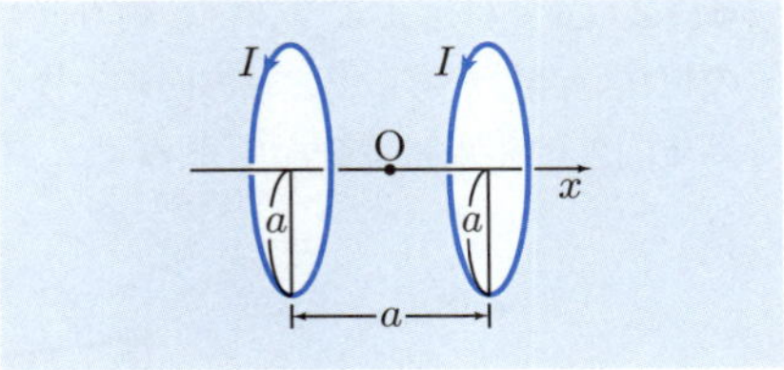

図 4

- **5.7** 図 5 に示すような半径 a [m]，総巻き数が N [回] の単層円筒型ソレノイドに電流が I [A] 流れているものとする．電線の太さは無視できるものとして，この筒の中心軸上の任意の点 $(0,0,z)$ における磁束密度を求めよ．

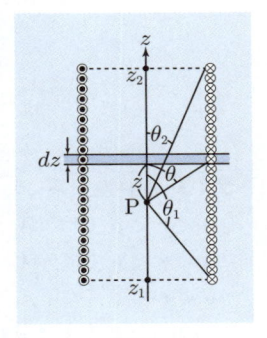

- **5.8** 半径 a [m] の十分に長い円柱状の導体がある．この導体には電流が断面を一様に，全体で I [A] 流れている．この導体内外における磁束密度分布を求めよ．

- **5.9** 内半径 a [m]，外半径 b [m] の中空の円筒導体がある．この導体には I [A] の電流が導体内を一様に流れている．導体内外の磁束密度分布を求めよ．

図 5

- **5.10** 半径 a [m] の円柱導体の断面内を電流密度 $J_z(r) = kr$ [A·m^{-2}] で電流が分布して流れている場合，磁束密度分布を求めよ．なお，k は電流密度の係数とする．

- **5.11** 図 6 に示すように，断面が円形でその半径が a [m]，コイルの全巻き数が N の環状ソレノイドがある．ソレノイドの半径は R [m] とする．このコイルに I [A] の電流を流した場合，ソレノイド内の点 P における磁束密度分布を求めよ．

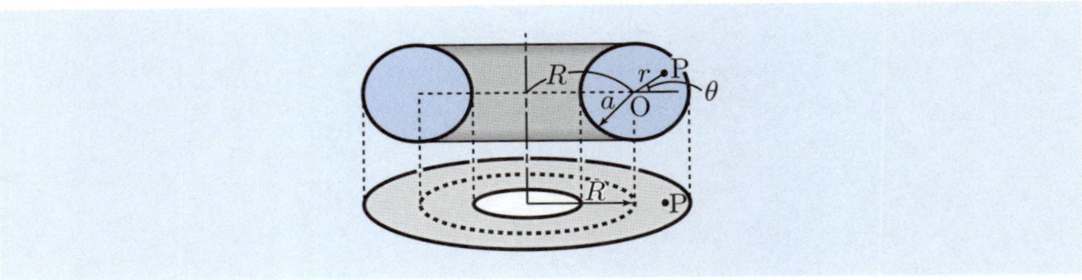

図 6

第5章 電流と静磁界

☐ **5.12** 図7に示すように，y軸方向に十分広く，z軸方向に十分長い厚さ $2w$ [m] の板状の導体がある．z軸方向に一様な電流が電流密度 $\boldsymbol{J}$ [A·m^{-2}] で流れている．導体内外の磁束密度分布を求めよ．

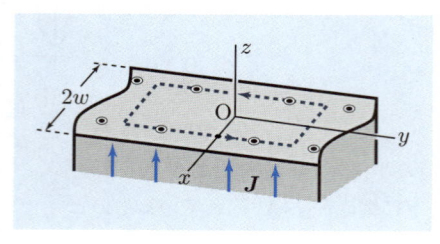

図7

☐ **5.13** 円柱座標系において，ベクトルポテンシャルが次のように与えられている．
$0 < r < a$ では　　$A_r = 0, \quad A_\varphi = 0, \quad A_z = \frac{\mu_0 I}{2\pi} \ln \frac{b}{a}$
$a < r < b$ では　　$A_r = 0, \quad A_\varphi = 0, \quad A_z = \frac{\mu_0 I}{2\pi} \ln \frac{b}{r}$
$b < r$ では　　　　$A_r = 0, \quad A_\varphi = 0, \quad A_z = 0$

この場合，磁束密度分布と電流密度分布を求めよ．

第6章

磁性体と静磁界

　電界の中に物質を置くと物質は分極して誘電体としての性質を示すことを第3章で学んだ．同様に，物質を磁界の中に置いた場合には磁性体としての振舞いを示す．つまり，磁石の性質を有することになる．第5章で磁界中を流れる電流には力が発生し，これを利用した機器としてモータがあることを学んだ．モータに大きな力を発生させるためには磁性体を用いて強い磁界を発生させることが有効である．また，情報を記録する媒体にも磁性体の存在が有効である．ところで，磁性体には電磁石と永久磁石が存在することを知っているであろう．

　本章では，物質の磁界に対する振舞いとその性質を学ぶ．本章は3つの節で構成されている．

6.1 磁化と磁性体

6.1.1 磁性体

物質の近くに磁石を置くと，引き寄せられる材料がある．引き寄せられないまでもわずかに磁界の影響を受ける材料は多く存在する．このような材料を**磁性体**（magnetic material）と総称する．

6.1.2 磁気モーメント

第 3 章では誘電体の性質を理解するために，電界によって原子あるいは分子内での電荷の偏りが生じる分極現象を微視的にとらえ，「双極子モーメント」を定義した．ところで，磁界は電流が流れることによって発生することを第 5 章で学んだ．原子のスケールで磁界の発生源を考えれば，電子の軌道運動と電子の自転運動（スピン）が考えられる．本テキストでは基本的なとらえ方を理解するために電子の軌道運動で磁性体の振舞いを考えることにする．

電子が軌道運動している状態をモデル化するために，リング状の電流を仮定すると，例題 5.5 を参考にできる．リングの中心を通り，リング電流の流れている面に対して垂直な方向を z 軸ととれば，z 軸上の磁束密度は $\boldsymbol{B} = \frac{\mu_0 I \pi a^2 \boldsymbol{a}_z}{2\pi(a^2+z^2)^{3/2}}$ [T] と示せる．任意の位置における磁束密度を解析すると，いずれも $I\pi a^2$ が式に含まれる．そこで，双極子モーメントの定義と同様に図 6.1 のような**磁気モーメント**（magnetic moment）$\boldsymbol{m} = IS\boldsymbol{a}_z$ [A・m^2] を定義する．ベクトルの方向は電流と磁束密度との間に存在する「右ねじの法則」を満たすように定義する．S [m^2] は電流ループで囲まれた面積である．磁性体の磁界に対する振舞いは磁気モーメントを用いることによって解析することができる．

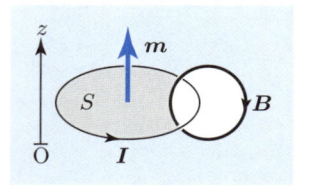

図 6.1 磁気モーメント

6.1.3 磁化と磁化電流

物質の中には多数の原子が存在する．原子の中では電子がそれぞれ軌道運動しており，磁気モーメントが物質中に多数存在していることになる．通常は熱運動のために，それぞれの磁気モーメントの向きはランダムであり，物質全体とし

6.1 磁化と磁性体

ては磁気モーメントの存在は打ち消されている．しかし，磁界を加えると，電子の軌道運動によるリング電流に力が働き磁気モーメントの向きが印加した磁界の方向にそろうようになる．このような状態になることを**磁化**（magnetization）と呼ぶ．誘電体の場合と同様，10^{28} 個・m^{-3} 以上も存在する個々の原子に対して磁気モーメントを計算するのは容易ではない．そこで，(6.1) 式のように物質全体の磁気モーメントの総和を**磁化の強さ M**（magnetization）と定義する．単位は $[\mathrm{A} \cdot \mathrm{m}^{-1}]$ になる．

$$M = \frac{\sum_{i=1}^{N} \bm{m}_i}{v} \ [\mathrm{A} \cdot \mathrm{m}^{-1}] \tag{6.1}$$

ここで，N は体積 $v\,[\mathrm{m}^3]$ の内部に存在する原子の数である．

磁化の用語は，磁気モーメントの向きがそろう現象を意味するとともに，(6.1) 式で定義される物理量をも意味するので，分極と同様に注意を要する．

磁気モーメントの向きがそろえば，多数のリング電流の向きがそろうことになる．その際，リング電流が接する電流成分はベクトル的に打ち消されるので，図 6.2 に示すように物質全体で観測すると，物質表面にだけ一定方向に電流が流れているように観測できる．この電流を**磁化電流**（magnetization current）$I_M\,[\mathrm{A}]$ と呼ぶ．断面が $S\,[\mathrm{m}^2]$ で高さが $h\,[\mathrm{m}]$ の円柱状の磁性体を考えると，磁気モーメントの定義と (6.1) 式とを照らし合わせると

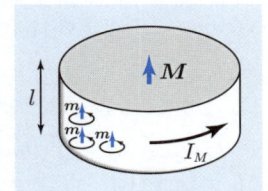

図 6.2　磁化と磁化電流

$$\bm{M} = \frac{I_M S \bm{a}_z}{Sh}$$
$$= \frac{I_M \bm{a}_z}{h} \ [\mathrm{A} \cdot \mathrm{m}^{-1}]$$

と表現できる．したがって，(6.2) 式のように磁化電流を表現できる．

$$I_M = \int \bm{M} \cdot d\bm{l} \ [\mathrm{A}] \tag{6.2}$$

磁性体の振舞いは，磁化電流が物質の表面に流れることによって発生する磁界を解析すればよい．

■ 例題 6.1 ■

半径 a [m] の球の表面に面電荷密度 σ [C·m^{-2}] で一様に電荷が帯電しているものとする．この球が中心軸の周りに角周波数 ω [rad·s^{-1}] で回転している場合，この帯電球の磁化の強さ M [A·m^{-1}] を求めよ．

【解答】 球座標系を用いると，図 6.3 のように球表面上の微小面積 $dS = a\sin\theta d\varphi a d\theta$ [m^2]（付録参照）には
$$dQ = \sigma a\sin\theta d\varphi a d\theta \text{ [C]}$$
の電荷が存在する．この微小面積を φ 方向に一周して構成される幅 $d\theta$ の帯状に存在する電荷量は $dQ = 2\pi\sigma a^2 \sin\theta d\theta$ [C] となる．この電荷が角速度 ω で回転することによって観測される電流は
$$dI = dQ\frac{\omega}{2\pi} \text{ [A]}$$
となり，この電流が作る磁気モーメントは
$$dm = \pi(a\sin\theta)^2 dI$$
になるから (6.3) 式で表せる．
$$m = \int dm = \int_0^\pi \sigma\omega\pi a^4 \sin^3\theta d\theta = \frac{4\pi\sigma\omega a^4}{3} \text{ [A·m}^2\text{]} \tag{6.3}$$
磁化の強さは (6.4) 式で表せる．
$$M = \frac{\int dm}{\frac{4\pi a^3}{3}} = \frac{\int_0^\pi \sigma\omega\pi a^4 \sin^3\theta d\theta}{\frac{4\pi a^3}{3}}$$
$$= \sigma\omega a \text{ [A·m}^{-1}\text{]} \tag{6.4}$$
この考え方は電子のスピンにより発生する磁化の説明となる．■

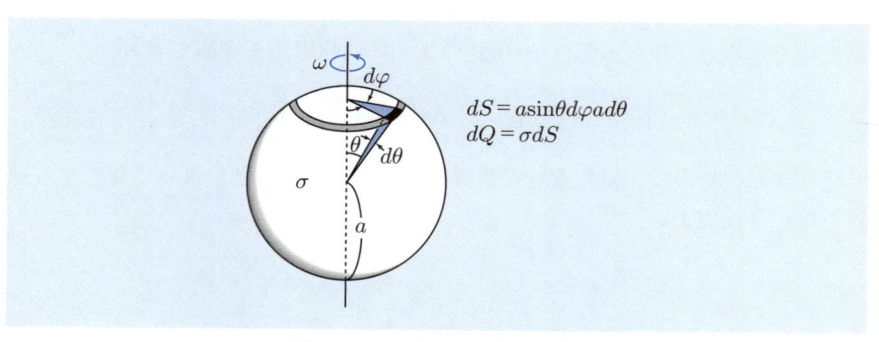

図 6.3 帯電球の回転と磁化

6.2 磁性体の存在する場における静磁界

6.2.1 アンペールの法則

前節で磁化電流を定義したので，これまで用いてきた電流（導電電流）を**真電流**（true current）あるいは**自由電流**（free current）と呼び区別することにする．磁界 B は導電電流（真電流）が作り出すものであることを第5章で学んだ．前節で磁化電流が定義されたので，真電流 I と磁化電流 I_M とが流れている場，つまり磁性体の存在する場では (5.10) 式のアンペールの法則を (6.5) 式のように修正する必要がある．

$$\int \boldsymbol{B} \cdot d\boldsymbol{l} = \mu_0 (I + I_M) \tag{6.5}$$

ここで，磁化電流は (6.2) 式で定義されたので次式にまとめられる．

$$\int (\boldsymbol{B} - \mu_0 \boldsymbol{M}) \cdot d\boldsymbol{l} = \mu_0 I = \mu_0 \int \boldsymbol{J} \cdot d\boldsymbol{S}$$

ここで両辺を μ_0 で割り $\boldsymbol{H}\,[\mathrm{A \cdot m^{-1}}]$ を**磁界の強さ**（intensity of magnetic field）

$$\boldsymbol{H} = \frac{\boldsymbol{B}}{\mu_0} - \boldsymbol{M} \quad (\boldsymbol{B} = \mu_0(\boldsymbol{H} + \boldsymbol{M})) \tag{6.6}$$

と定義すれば

$$\int \boldsymbol{H} \cdot d\boldsymbol{l} = I = \int \boldsymbol{J} \cdot d\boldsymbol{S} \tag{6.7}$$

となり，これを**磁界に関するアンペールの法則**と呼ぶ．つまり，真電流が作るのは磁界の強さであり，磁性体が存在する空間における磁界を解析するためには磁界の強さを誘導する必要がある．なお，コイルを巻いて作る電磁石の解析を行うためには 5.3 節で扱ったように鎖交数 N を導入し (6.8) 式を用いる．

$$\int \boldsymbol{H} \cdot d\boldsymbol{l} = NI \tag{6.8}$$

6.2.2 磁化率と透磁率

前項で真電流が作るのは磁界の強さ $\boldsymbol{H}\,[\mathrm{A \cdot m^{-1}}]$ であると解釈できたので，磁化の強さ $\boldsymbol{M}$ は $\boldsymbol{H}$ によって発生すると考えるべきである．そこで，無次元の量 χ_m を**磁化率**（magnetic susceptibility）と定義して $\boldsymbol{M} = \chi_\mathrm{m} \boldsymbol{H}$ とすれば

$$\boldsymbol{B} = \mu_0 (\boldsymbol{H} + \boldsymbol{M}) = \mu_0 (1 + \chi_\mathrm{m}) \boldsymbol{H} = \mu_0 \mu_\mathrm{r} \boldsymbol{H} = \mu \boldsymbol{H} \tag{6.9}$$

と式を変形でき，無次元の量である μ_r を**比透磁率**（relative permeability）および，μ を**透磁率**（permeability）と定義する．ここで透磁率の単位は $[\mathrm{H \cdot m^{-1}}]$ である．この定義により，アンペールの法則を用いて先ず H を誘導し，次いで B や M を算出できることになる．

6.2.3 磁性体における境界条件

透磁率 μ_1 と $\mu_2\,[\mathrm{H \cdot m^{-1}}]$ の 2 つの磁性体が接している状態を考える．磁性体内部の磁束密度をそれぞれ $B_1, B_2\,[\mathrm{T}]$ として図 6.4 のように境界に法線方向に対して θ_1, θ_2 で交わっている場合の磁束密度の関係を明らかにする．磁束密度は回転する性質のある物理量であるから (1.33) 式のガウスの法則を用いれば右辺はゼロになる．そこで，境界を含む厚さの非常に薄い閉曲面を考えると

$$\int \boldsymbol{B} \cdot d\boldsymbol{S} = \boldsymbol{B}_1 \cdot \boldsymbol{S} + \boldsymbol{B}_2 \cdot \boldsymbol{S} = B_1 S \cos\theta_1 - B_2 S \cos\theta_2 = 0$$

であり，(6.10) 式が成立する．

$$B_1 \cos\theta_1 = B_2 \cos\theta_2 \tag{6.10}$$

つまり，境界と垂直な磁束密度の大きさが等しい（連続する）．

次に，磁界の関係を導くために，(5.10) 式のアンペールの法則を用いる．境界面には真電流が流れている訳ではないので右辺はゼロである．したがって

$$\oint \boldsymbol{H} \cdot d\boldsymbol{l} = \boldsymbol{H}_1 \cdot \boldsymbol{l} + \boldsymbol{H}_2 \cdot \boldsymbol{l} = H_1 l \sin\theta_1 - H_2 l \sin\theta_2 = 0$$

であり，(6.11) 式が成立する．

$$H_1 \sin\theta_1 = H_2 \sin\theta_2 \tag{6.11}$$

つまり，境界と平行な磁界の大きさが等しい（連続する）．

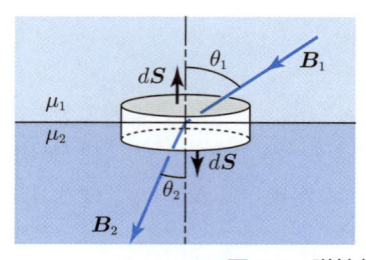

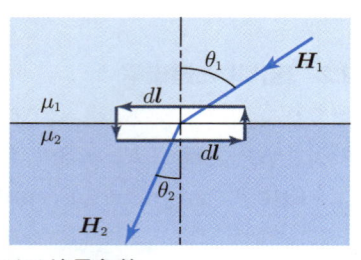

図 6.4 磁性体における境界条件

6.2 磁性体の存在する場における静磁界

■ 例題 6.2 ■

透磁率 $\mu\,[\mathrm{H \cdot m^{-1}}]$ で長さ $l\,[\mathrm{m}]$ の磁性体がリング状に配置され，図 6.5 のようにエアギャップ $l_0\,[\mathrm{m}]$ が設けられている．この磁性体の周りに N 巻きのコイルを巻いた環状ソレノイドがある．このコイルに $I\,[\mathrm{A}]$ の電流を流した場合，磁性体内外の磁界の強さと磁性体の磁化の強さを求めよ．なお，エアギャップ内の透磁率は $\mu_0\,[\mathrm{H \cdot m^{-1}}]$ であり，磁界の乱れは無視できるものとする．

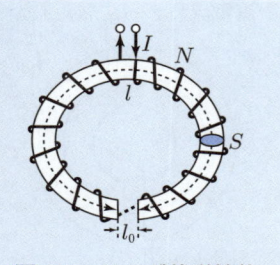

図 6.5 リング状磁性体

【解答】 (6.7) 式の磁界に関するアンペールの法則を用いればよい．その際，磁性体の内部とエアギャップ内の磁界の強さをそれぞれ $H_\mathrm{m}, H_\mathrm{g}\,[\mathrm{A \cdot m^{-1}}]$ とすれば

$$\oint \boldsymbol{H} \cdot d\boldsymbol{l} = H_\mathrm{m} l + H_\mathrm{g} l_0 = NI\,[\mathrm{A}]$$

となる．また境界条件より磁束密度が磁性体の内部とギャップ内で等しくなるから $B\,[\mathrm{T}]$ と置けば，(6.5) 式より

$$\frac{B}{\mu}l + \frac{B}{\mu_0}l_0 = NI$$

となり

$$B = \frac{NI\mu_0\mu}{\mu l_0 + \mu_0 l}\,[\mathrm{T}] \tag{6.12}$$

$$H_\mathrm{m} = \frac{NI\mu_0}{\mu l_0 + \mu_0 l}, \quad H_\mathrm{g} = \frac{NI\mu}{\mu l_0 + \mu_0 l}\,[\mathrm{A \cdot m^{-1}}] \tag{6.13}$$

磁化の強さは (6.6) 式より (6.14) 式となる．

$$M = \frac{B}{\mu_0} - H_\mathrm{m} = \frac{NI}{\mu l_0 + \mu_0 l}(\mu - \mu_0)\,[\mathrm{A \cdot m^{-1}}] \tag{6.14}$$ ■

例題 6.2 においてエアギャップにおける磁界の強さは磁性体中の磁界の強さの比透磁率倍になる．これは磁性体が磁化したためと理解できる．磁力線の関係を図 6.6 に示す．

ここで，磁力線の長さはソレノイド内の位置によってわずかに異なるため，厳密には磁界の強さも位置によってわずかに変化する．したがって，磁性体の断面積が小さいと仮定した場合の近似解（平均値）と理解すればよい．

第 6 章 磁性体と静磁界

真電流によって発生した H

磁化による H

B は連続

磁界の強さ H　　磁化の強さ $M = \chi_\mathrm{m} H$　　磁束密度 $B = \mu_0(H+M)$

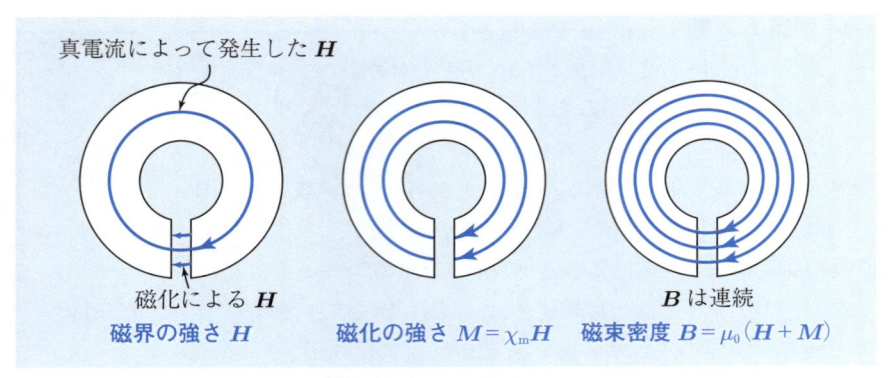

図 6.6　磁性体内外の磁力線のイメージ図

6.2.4 磁気回路

強い磁界を発生させるためには磁性体を用いることが有効である．その際，磁界の解析に回路の知識を用いる方法がある．それは，磁力線が渦を描く性質があることを学んだが，電流も閉じた経路がなければ流れず，電流との類似性を利用した解析手法である．つまり，電流密度を $\boldsymbol{J}\,[\mathrm{A\cdot m^{-2}}]$ と定義すると，電流は

$$I = \int \boldsymbol{J} \cdot d\boldsymbol{S}\,[\mathrm{A}]$$

となるのに対して磁束密度は $\boldsymbol{B}\,[\mathrm{T}]$ であり，磁束を

$$\varphi = \int \boldsymbol{B} \cdot d\boldsymbol{S}\,[\mathrm{Wb}]$$

と定義するのに対応する．電流は起電力 $V\,[\mathrm{V}]$ によって流れ，電流値は抵抗 $R = \frac{\rho l}{S}\,[\Omega]$ によって支配される．一方，磁束はコイルに流す電流によって発生

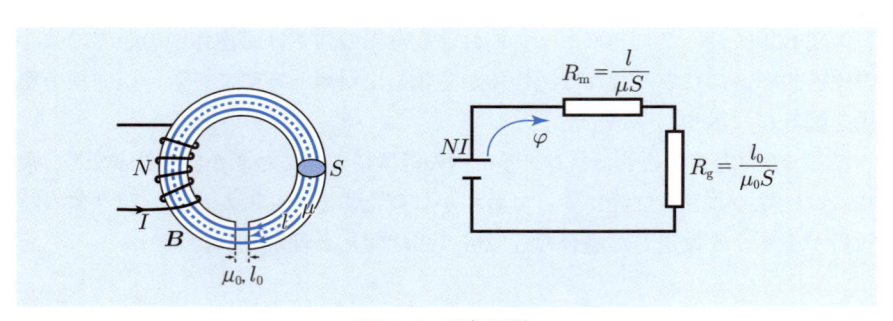

図 6.7　磁気回路

6.2 磁性体の存在する場における静磁界

するので，起磁力を $NI\,[\mathrm{A}]$ と定義し，流れる磁束の大きさは磁気抵抗によって支配されると考え，**磁気抵抗**（magnetic reluctance）を

$$R_\mathrm{m} = \frac{l}{\mu S}\,[\mathrm{H}^{-1}] \tag{6.15}$$

と定義する．このような物理量の類似性から，図 6.7 に示すようにコイルに流した電流が作る磁界（起磁力）によって回路中を磁束が流れると解釈して電気回路のオームの法則を利用することができる．このように等価的に置き換えた回路を**磁気回路**（magnetic circuit）と呼ぶ．

■ 例題 6.3 ■

例題 6.2 の問題において磁気回路の考えを利用して磁束密度を求めよ．なお，磁性体の断面積を $S\,[\mathrm{m}^2]$ とする．

【解答】 等価回路を図 6.7 に示す．磁束の流れる場所の磁気抵抗は

$$\begin{aligned}R_\mathrm{m} &= \frac{l}{\mu S}, \\ R_\mathrm{g} &= \frac{l_0}{\mu_0 S}\,[\mathrm{H}^{-1}]\end{aligned} \tag{6.16}$$

であり，これが直列に接続され，NI の起磁力によって流れる磁束 φ はオームの法則を利用して

$$\begin{aligned}\varphi &= \frac{NI}{R_\mathrm{m}+R_\mathrm{g}} = \frac{NI}{\frac{l}{\mu S}+\frac{l_0}{\mu_0 S}} \\ &= \frac{NIS\mu\mu_0}{\mu_0 l + \mu l_0}\,[\mathrm{Wb}]\end{aligned} \tag{6.17}$$

となり，磁束密度は

$$B = \frac{\varphi}{S}$$

より (6.12) 式と同一になる． ■

なお，前述のように磁力線の長さはソレノイド内の位置によってわずかに異なるため，厳密には磁束は面積積分する必要がある．したがって，磁性体の断面積が小さいと仮定した場合の平均値と理解すればよい．

6.3 ヒステリシス特性と永久磁石

6.3.1 磁性体の磁化特性

前節で磁界の強さと磁化の強さは比例関係にあるとして磁化率を定義した．ところが，厳密には磁性体はこの関係が線形ではない．磁性体の一般的な B と H の関係を図に示すと図 6.8 に示すような**ヒステリシス**（hysteresis）**特性**を示す．つまり，磁界の強さを強くする場合の磁束密度の変化と，弱くするときの変化が違う特性を示し，$H = 0$ にしたときの磁束密度 B_r を**残留磁気**（residual magnetization），

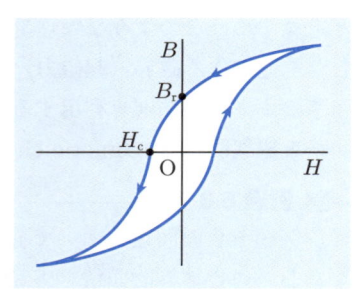

図 6.8 ヒステリシス特性

$B = 0$ における磁界の強さ H_c を**保磁力**（coercive force）と呼ぶ．B と H が比例しないため，(6.9) 式で透磁率を定義したが，その値は厳密には定数として扱うことはできない．したがって，透磁率の扱いには注意を要する．そこで B の H に対する変化率を**微分透磁率**と定義して用いることがある．

■ 例題 6.4 ■

図 6.9 に示すような B-H 特性を有する磁性体で例題 6.2 と同様の電磁石を作り，エアギャップの部分の磁束密度を 0.4 T にする場合，磁性体内外の磁界の強さを求めるとともに，コイルに流す電流の値を求めよ．

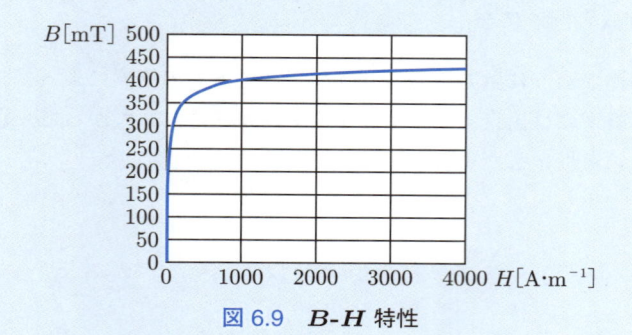

図 6.9 B-H 特性

【解答】 例題 6.2 と同様に磁性体の内部とエアギャップ内の磁界の強さをそれぞれ H_m, H_g [A·m^{-1}] とする．ここでは，磁性体は非線形の特性を有しているためグラフから必要な情報を読み取る必要がある．境界条件から磁束密度が連続するので $B = 0.4$ [T] にするためにはグラフから $H_m = 1 \times 10^3$ [A·m^{-1}] と読み取れる．また，エアギャップ内は

$$H_g = \frac{B}{\mu_0} = \frac{0.4}{4\pi \times 10^{-7}} = 3.2 \times 10^5 \text{ [A·m}^{-1}\text{]}$$

である．したがって，アンペールの法則を利用すれば電流値は次式で求められる．

$$I = \frac{H_m l + H_g l_0}{N} \text{ [A]}$$

ここで $l = 100$ [mm], $l_0 = 1.0$ [mm], $N = 100$ とすれば $I = 4.2$ [A] となる．

6.3.2 永久磁石

永久磁石（permanent magnet）とは真電流を流さなくても磁石の性質を帯びている物質のことである．つまり，物質があらかじめ磁化しており，磁化電流が物質の表面に流れていることにより，磁界が発生していると理解すればよい．つまり，M が永久磁石の源であり，前節の磁化特性における B_r の存在が必要であるとともに，以下に示すように B-H 特性の第二象限の特性が重要になる．つまり，永久磁石の特性を解析する上では透磁率を用いた扱いはできないことに注意が必要である．

永久磁石の振舞いを理解するために，掘り下げて考えてみよう．図 6.10 のような磁性体の形状で考えてみる．永久磁石であるから真電流を流す必要はなく，アンペールの法則，つまり (6.8) 式の右辺はゼロである．

$$\oint \boldsymbol{H} \cdot d\boldsymbol{l} = H_m l + H_g l_0 = 0 \tag{6.18}$$

境界条件より磁束密度は磁性体の内部とエアギャップ内で等しく B [T] と置く．しかし，磁性体の特性は非線形なので透磁率 μ を用いることはできない．そこで，$H_m l + \frac{B}{\mu_0} l_0 = 0$ より $B = -\mu_0 \frac{l}{l_0} H_m$ の関係式を B-H 特性に図 6.11 のように記入すれば，磁性体の特性と理論式が一致するのは，ヒステリシス曲線における第二象限において $B = -\mu_0 \frac{l}{l_0} H_m$ で示される直線との交点になる．つまり，交点が永久磁石となっている磁性体の内部の磁界の強さと磁束密度の大きさを示している．

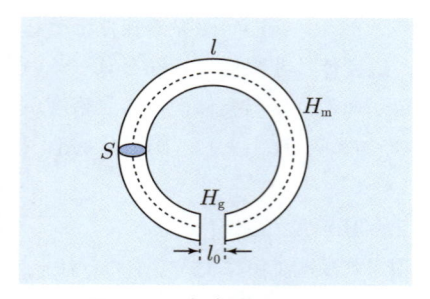

図 6.10　永久磁石の形状

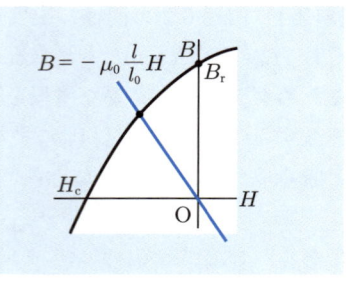

図 6.11　永久磁石の B-H 特性

ここで，(6.18) 式と (6.6) 式を用いると
$$B = -\mu_0 \frac{l}{l_0} H_{\mathrm{m}} = \mu_0 (H_{\mathrm{m}} + M)$$
となり
$$H_{\mathrm{m}} = -M \frac{l_0}{l+l_0}, \quad H_{\mathrm{g}} = M \frac{l}{l+l_0} \,[\mathrm{A}\cdot\mathrm{m}^{-1}], \qquad (6.19)$$
$$B = -\mu_0 M \frac{l}{l+l_0} \,[\mathrm{T}]$$
が導かれる．例題 6.2 では真電流が磁界の源になり，磁性体が磁化して磁束密度が決定されるのに対して，永久磁石では磁化が磁界の源になり，磁束密度が決定される．これらの磁力線の関係を図 6.12 に示す．ここで，磁性体内部では磁界の向きが磁化の方向と逆になることが (6.19) 式の符号から判断できる．このような磁化を打ち消す磁界を**減磁界**（demagnetizing field）と呼ぶ．(6.19) 式より磁性体内部の磁界と磁化の強さの比 N を**減磁率**（demagnetizing factor）と定義し (6.20) 式で表す．

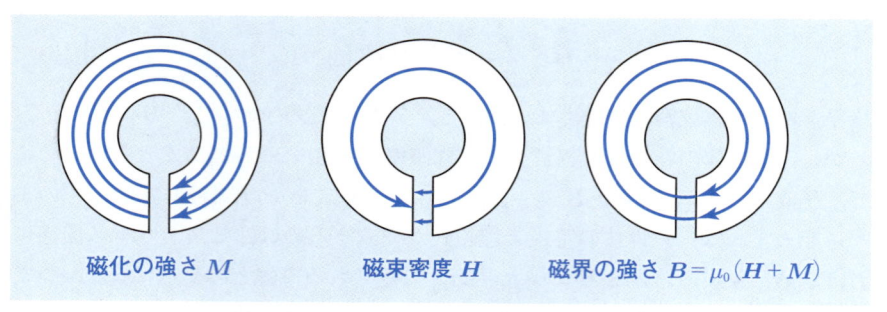

図 6.12　永久磁石内外の磁力線

6.3 ヒステリシス特性と永久磁石

$$N = -\frac{H_\mathrm{m}}{M} = -\frac{l_0}{l+l_0} \tag{6.20}$$

永久磁石を放置しても「磁石を弱くさせない」ためには，N を小さくして保管すればよいことがわかる．馬蹄形磁石の場合には N, S 極間に鉄片を，棒磁石は N, S 極を互いに反対にして並べて保管するのはこのためである．

■ **例題 6.5** ■

図 6.13 に示すような B-H 特性を有する磁性体を用い，磁性体内部の長さが $l\,[\mathrm{m}]$，エアギャップの長さを $l_0\,[\mathrm{m}]$ とした場合，エアギャップの磁束密度を $0.4\,\mathrm{T}$ にするために $\frac{l}{l_0}$ をどのような値にすればよいか求めよ．

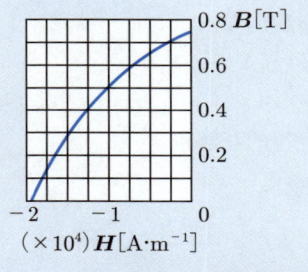

図 6.13　第二象限の B-H 特性

【解答】 (6.18) 式を用い，境界条件を利用すれば

$$B = -\mu_0 H_\mathrm{m} \frac{l}{l_0}$$

の関係が導ける．ここで，$B = 0.4\,[\mathrm{T}]$ にするためには B-H 特性から

$$H_\mathrm{m} = -1.25 \times 10^4\,[\mathrm{A \cdot m^{-1}}]$$

と読み取れるから

$$\begin{aligned}\frac{l}{l_0} &= -\frac{B}{\mu_0 H_\mathrm{m}} \\ &= \frac{0.4}{4\pi \times 10^{-7} \times 1.25 \times 10^4} = 25.5\end{aligned}$$

が求まる．

第6章のまとめ

◎磁界の中に置かれた物質の振舞いを理解するために磁性体の性質を学んだ．誘電体のとらえ方と対比してまとめると

〔磁性体〕 〔誘電体〕

◎微視的な解釈：ループ電流　　　双極子

● 磁気モーメント　　　　　　● 双極子モーメント

$$\boldsymbol{m} = IS\boldsymbol{a}_z \, [\mathrm{A \cdot m^2}] \qquad Q\boldsymbol{l} = \boldsymbol{p} \, [\mathrm{C \cdot m}] \quad \cdots (3.1)$$

◎巨視的な解釈

● 磁化　　　　　　　　　　　● 分極

$$\boldsymbol{M} = \frac{\sum_{i=1}^{N} \boldsymbol{m}_i}{v} \, [\mathrm{A \cdot m^{-1}}] \cdots (6.1) \qquad \boldsymbol{P} = \frac{\sum_{i=1}^{N} \boldsymbol{p}_i}{v} \, [\mathrm{C \cdot m^{-2}}] \cdots (3.3)$$

● 磁化電流　　　　　　　　　● 分極電荷

$$I_M = \int \boldsymbol{M} \cdot d\boldsymbol{l} \, [\mathrm{A}] \cdots (6.2) \qquad Q_P = -\int \boldsymbol{P} \cdot d\boldsymbol{S} \, [\mathrm{C}] \cdots (3.6)$$

◎新たな物理量の定義

● 磁界の強さ　　　　　　　　● 電束密度

$$\boldsymbol{H} = \frac{\boldsymbol{B}}{\mu_0} - \boldsymbol{M} \, [\mathrm{A \cdot m^{-1}}] \cdots (6.6) \qquad \boldsymbol{D} = \varepsilon_0 \boldsymbol{E} + \boldsymbol{P} \, [\mathrm{C \cdot m^{-2}}] \cdots (3.9)$$

$$\boldsymbol{B} = \mu_0 \mu_\mathrm{r} \boldsymbol{H} = \mu \boldsymbol{H} \cdots (6.9) \qquad \boldsymbol{D} = \varepsilon_0 \varepsilon_\mathrm{r} \boldsymbol{E} = \varepsilon \boldsymbol{E} \cdots (3.11)$$

● $\boldsymbol{H}$ に関するアンペールの法則　● $\boldsymbol{D}$ に関するガウスの法則

$$\int \boldsymbol{H} \cdot d\boldsymbol{l} = I = \int \boldsymbol{J} \cdot d\boldsymbol{S} \cdots (6.7) \qquad \int \boldsymbol{D} \cdot d\boldsymbol{S} = \int \rho dv \cdots (3.10)$$

◎境界条件

$$B_1 \cos\theta_1 = B_2 \cos\theta_2 \cdots (6.10) \qquad D_1 \cos\theta_1 = D_2 \cos\theta_2 \cdots (3.31)$$

$$H_1 \sin\theta_1 = H_2 \sin\theta_2 \cdots (6.11) \qquad E_1 \sin\theta_1 = E_2 \sin\theta_2 \cdots (3.32)$$

◎回路としての扱い

● 流れ：磁束　$\varphi = \int \boldsymbol{B} \cdot d\boldsymbol{S} \, [\mathrm{Wb}]$　　● 電流　$I = \int \boldsymbol{J} \cdot d\boldsymbol{S} \, [\mathrm{A}] \cdots (4.1)$

● 起磁力　$NI \, [\mathrm{A}]$　　　　　　　● 起電力　$V \, [\mathrm{V}]$

● 磁気抵抗　$R_\mathrm{m} = \frac{l}{\mu S} \, [\mathrm{H^{-1}}]$　　● 抵抗　$R = \frac{\rho l}{S} \, [\Omega] \quad \cdots (4.5)$

◎磁石の扱い

● 電磁石　$\oint \boldsymbol{H} \cdot d\boldsymbol{l} = NI \cdots (6.8)$

● 永久磁石　$\oint \boldsymbol{H} \cdot d\boldsymbol{l} = 0 \cdots (6.18)$

（透磁率での扱いはできない）

第6章の問題

6.1 半径 10 mm で高さ 10 mm の円柱状の磁性体が 2.0×10^4 A·m^{-1} に磁化している場合，磁化電流の大きさを求めよ．

6.2 z 軸を中心とする内半径 a [m]，外半径 b [m] の無限長で円筒状の磁性体がある．磁性体の比透磁率は μ_r であり，磁性体以外の部分での透磁率は真空の透磁率 μ_0 とする．z 軸上に線電流 I [A] を流したとき，磁界の強さ分布と磁束密度分布を求めよ．あわせて，磁性体内部での磁化の強さ分布を求めよ．

6.3 無限長で半径 a [m] の非磁性体でできた円柱導体に，電流 I [A] が断面に一様に分布して流れている．その導体の外側に導体と同軸で内半径 a [m]，外半径 b [m] の円筒状の磁性体があり，その透磁率が μ [H·m^{-1}] であるとき，磁界の強さ分布と磁束密度分布を求めよ．あわせて，磁性体内部での磁化の強さ分布を求めよ．

6.4 図1に示すような長方形の断面を持ち，内半径 a [m]，外半径 b [m]，厚さ c [m] のドーナツ形で，透磁率が μ [H·m^{-1}] の磁性体がある．この磁性体に N 巻きのコイルを巻き，無端ソレノイドを作り，電流 I [A] を流した．磁性体の中心半径 r [m]（$a < r < b$）での磁界の強さ分布と磁束密度分布を求めよ．あわせて，磁性体内部の磁束を求めよ．

図1

6.5 全長 l [m] でリング状をした透磁率 μ [H·m^{-1}] の磁性体がある．このリングの一部には長さが l_0 [m] のエアギャップが設けてある．この磁性体に N 巻きのコイルを巻き，電流 I [A] を流した．磁性体内部とエアギャップの磁界の強さと磁束密度をそれぞれ求めよ．また磁性体の磁化の強さを求めよ．

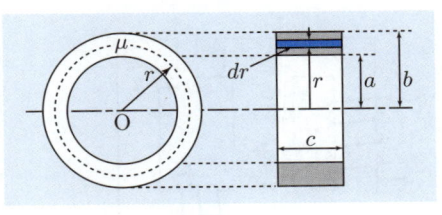

6.6 図2に示すような断面積 S [m^2]，磁路長 l_1 [m]，透磁率 μ_1 [H·m^{-1}] の磁性体と磁路長 l_2 [m]，透磁率 μ_2 [H·m^{-1}] の磁性体とがエアギャップ l_0 [m] 離れて置かれている．これに N 巻きのコイルを巻き，I [A]

図2

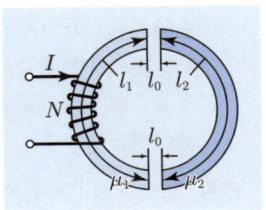

の電流を流した場合の各部の磁界の強さと磁束密度を求めよ．アンペールの法則を利用する方法と磁気回路を用いる方法とで解いてみよ．

☐ **6.7** 図3に示すような2つのコイルと2つのエアギャップがある磁気回路を考える．なお，磁性体の透磁率 μ は無限大と仮定する．また，エアギャップの長さと磁性体の断面積は図中に記す通りである．エアギャップでの磁力線の乱れは無視できるものとして次の問に答えよ．

(1) コイル1に I_1 [A] の電流を流し，コイル2には電流は流さない場合，それぞれのエアギャップにおける磁束密度を求めよ．

(2) コイル2に I_2 [A] の電流を流し，コイル1には電流は流さない場合，それぞれのエアギャップにおける磁束密度を求めよ．

(3) コイル1に I_1 [A] の電流を流し，コイル2には I_2 [A] の電流を流した場合，それぞれのエアギャップにおける磁束密度を求めよ．

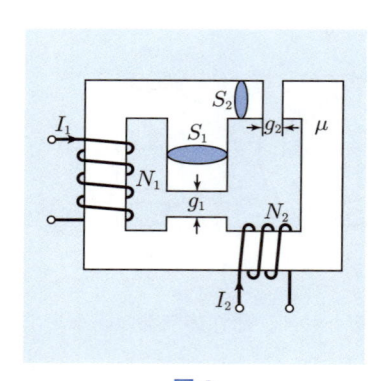

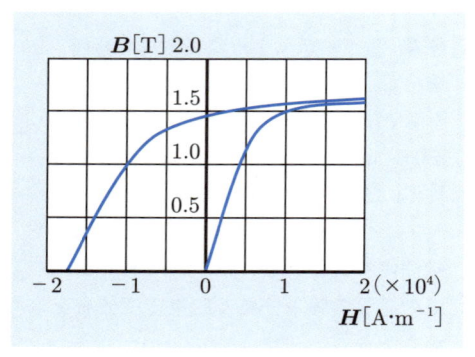

図 3

図 4

☐ **6.8** 半径 20 mm の円形の断面を有する長さ 1.0 m の磁性体がある．この磁性体をリング状に丸め，エアギャップが 10 mm になるような磁気回路を構成し，1000回の巻線を施した．なお，エアギャップにおける磁力線のふくらみは無視できるものとし，磁性体の B-H 特性が図4のような場合，磁化されていない状態からコイルに電流を流し始める場合，エアギャップでの磁束密度を 1.5 T にするために必要な電流の値を求めよ．

☐ **6.9** 前問と同一の条件において，コイルに 8 A の電流を流した場合，エアギャップの磁束密度の値を求めよ．

☐ **6.10** 図 5 のような B-H 特性を持つ磁性体のリングがある．このリングに 200 回コイルを巻き，$30\sin 100\pi$ [A] の電流を流した．磁路長が $0.1\,\mathrm{m}$ のとき，電流がゼロになった瞬間，磁性体中の磁束密度 B_r [T] の値を求めよ．

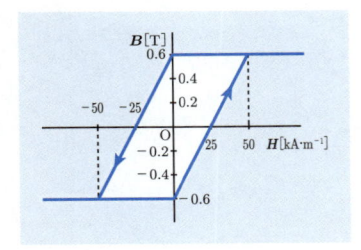

☐ **6.11** 問題 6.8 と同一の条件で永久磁石を作った．エアギャップの磁束密度を $1.3\,\mathrm{T}$ にするために必要なエアギャップの長さ l_0 の値を求めよ．

図 5

☐ **6.12** 図 6 のような磁気特性の磁性体で永久磁石を作成した．磁性体の磁路長 l [m]，エアギャップの長さ l_0 [m] として，次の問に答えよ．なお，漏れ磁束やエアギャップでの磁力線の広がりはないものとする．
  (1) 磁性体中の磁束密度 B_m [T] と磁界 H_m [A·m^{-1}] の関係式を導け．
  (2) $\frac{l}{l_0}$ を $\frac{2}{\pi}\times 10^2$ にした場合のエアギャップの磁束密度 B_g [T] の値を求めよ．
  (3) このときの磁化の強さ M [A·m^{-1}] を求めよ．
  (4) この場合の減磁率の値を求めよ．

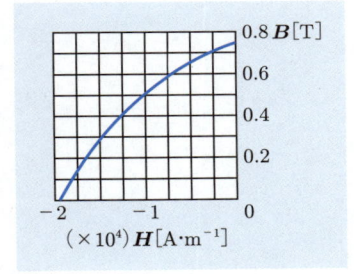

図 6

☐ **6.13** 図 7 に示すような長さ l [m] のリング状の磁性体の一部に l_0 [m] のエアギャップが設けてある．磁性体内，外の磁界の強さをそれぞれ H_m, H_g [A·m^{-1}]，磁性体の断面積は S [m^2] とする．磁性体ははじめから M [A·m^{-1}] に磁化しているものとして次の問に答えよ．
  (1) 磁性体内および外の磁界の強さを，M を用いて示せ．
  (2) この場合の減磁率 N を求めよ．
  (3) 減磁率をゼロにする工夫を簡潔に述べよ．

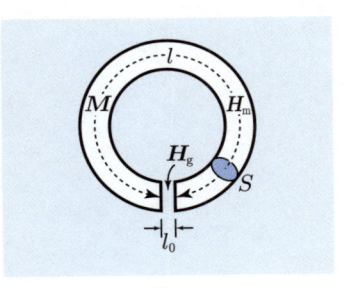

図 7

第7章
電磁誘導とインダクタンス

　第1～3章では静止した電荷の周りに発生する静電界の性質とその扱いを勉強した．第4章では電荷が移動することによって引き起こされる電流を学んだ．また，第5, 6章では電流が流れることによって引き起こされる静磁界を学んだ．第4章以降は移動現象を伴うが，時間に対しては基本的には定常状態における現象であった．

　ところで，コイルの近くで磁石を動かす，あるいはコイル自体を動かすとコイルに起電力が発生することは経験的に古くから知られている．また，コイルが静止していてもコイルに流す電流が時間とともに変化する，いわゆる交流電流を流す場合にもコイルに起電力が発生することが実験的に明らかになっている．本章以降は，時間と共に変動する動的な現象を学ぶ．本章は4つの節で構成されている．

7.1 電磁誘導と誘導起電力

7.1.1 電磁誘導

磁界の中を電荷が横切るように移動すると，その電荷にはローレンツ力 $\boldsymbol{F} = q\boldsymbol{v} \times \boldsymbol{B}$ [N] が働くことを 5.1 節の (5.2) 式で学んだ．ここでは，磁界の中で導体を移動させることを考える．導体とは自由電子の存在する物質であり，導体を動かせば導体内に存在する自由電子も導体と一緒に移動する．そのため電子にはローレンツ力が働き導体内を変位することになる．

図 7.1 に示すように z 方向に磁束密度 B_z [T] が存在し，y 軸上に置かれた直線導体が x 方向に v [m·s^{-1}] で移動している場合，自由電子には $\boldsymbol{F} = -qvB_z\boldsymbol{a}_y$ [N] の力が働き，y 方向に $E_y = vB_z$ [V·m^{-1}] の電界が発生する，いわゆるホール効果が観測される．この導体を図 7.2 に示すように x 方向に伸びた l [m] 離れている 2 本の平行導体の上を運動させることを考える．この 2 本の導体の終端には抵抗 R [Ω] が接続されているとすれば，導体には図 7.2 の方向に電流が流れる．つまり，運動している直線導体が起電力を発生して負荷に電流を流す電源として振舞うことになる．その場合の起電力 U は

$$U = \int (\boldsymbol{v} \times \boldsymbol{B}) \cdot d\boldsymbol{l} = vB_z l \text{ [V]} \quad (7.1)$$

となる．静電界における電位の定義では負符号が必要であったが，運動している導体が電源として外部に電流を流す場合には，図に示す方向に電流は流れるので符号は正になる．そこで，本テキストではこの起電力の記号を U として静電界に

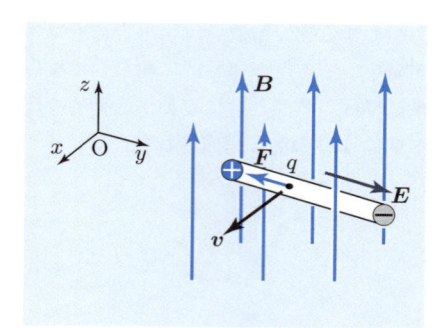

図 7.1　磁界中での導体の運動と起電力　　図 7.2　閉回路中での起電力

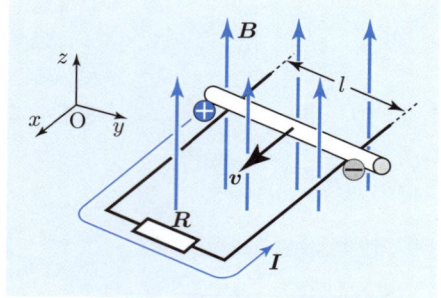

おける電位あるいは電位差 V との違いを区別して表現する．このように導体の運動によって起電力の発生する現象を**電磁誘導**（electromagnetic induction），発生した起電力を**誘導起電力**（induced electromotive force）と呼び，このような起電力を**速度起電力**（motional electromotive force）と呼ぶことがある．

■ **例題 7.1** ■

一様な磁束密度 B_z [T] の中に，磁束密度と同一方向を軸とする半径 a [m] の円柱状導体が軸を中心に角周波数 ω [rad·s^{-1}] で回転している．この導体に発生する起電力の大きさと方向を求めよ．

【**解答**】 (7.1) 式を利用する上で，図 7.3 に示すように導体中の半径 r [m] の位置に着目すると，その点は $v_\theta = r\omega$ [m·s^{-1}] で運動していることになるから

$$U = \int (\boldsymbol{v} \times \boldsymbol{B}) \cdot d\boldsymbol{l} = \int_0^a v B_z (\boldsymbol{a}_\theta \times \boldsymbol{a}_z) \cdot dr\, \boldsymbol{a}_r$$
$$= \int_0^a r\omega B_z \, dr = \omega B_z \frac{a^2}{2} \, [\text{V}] \tag{7.2}$$

となり，径方向に $\omega B_z \frac{a^2}{2}$ [V] の起電力が発生する． ■

例題 7.1 の現象を**単極誘導**（unipolar induction）と呼ぶ．

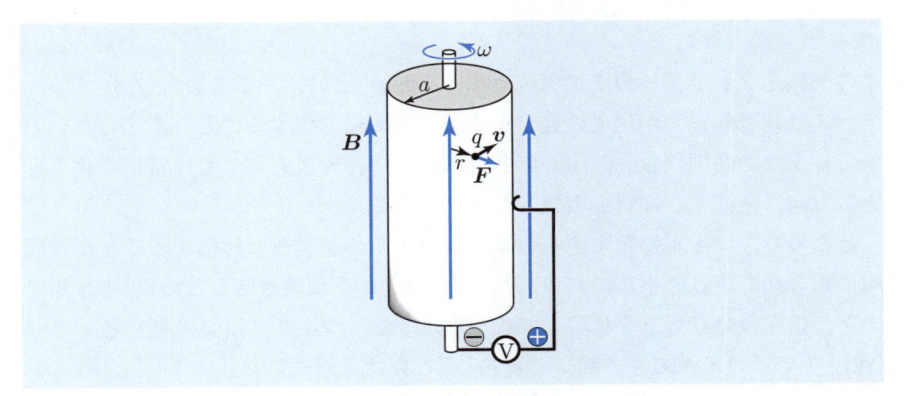

図 7.3 単極誘導

7.1.2 ファラデーの法則

前項では，電磁誘導を移動している導体内部での電荷の偏りが原因となって発生する現象としてとらえたが，電流が流れる回路全体としてとらえてみる．

図7.4 に示すように電流の流れる経路で囲まれる断面積に着目すると，断面積は導体の運動によって時間とともに変化する．その結果，断面を横切る磁束 $\varphi(t)$ が時間とともに変化する．これを式で表現すれば，初期状態の断面積を S_0 [m^2] とすれば $S(t) = S_0 - lvt$ なので (5.19) 式より次式となる．

$$\varphi(t) = \int \boldsymbol{B} \cdot d\boldsymbol{S} = \int B_z \, dS(t) = B_z(S_0 - lvt) \text{ [Wb]}$$

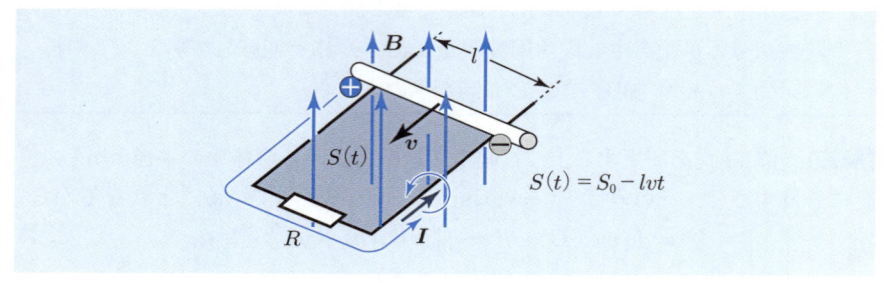

図 7.4 閉回路中の磁束変化と起電力

発生する起電力は (7.1) 式になるから，両式を比較すれば (7.3) 式になる．

$$U = -\frac{\partial \varphi}{\partial t} = -\frac{\partial}{\partial t} \int \boldsymbol{B} \cdot d\boldsymbol{S} \text{ [V]} \tag{7.3}$$

この関係を**ファラデーの法則**（Faraday's law）と呼ぶ．ここで，(7.3) 式のマイナスは誘導起電力が磁束の変化を抑える方向に発生することを意味し，いわゆる**レンツの法則**（Lenz's law）と呼ばれる．物理現象としては常に変化を抑える方向に応答する性質を表現したものである．

ところで，コイルに発生する起電力はコイルの巻き数に比例することが経験的に知られている．そこで (7.3) 式にこの経験則を反映させるために，5.3節で学んだ鎖交数の考え方を利用して式を表現する．つまり，鎖交磁束を $\Phi = N\varphi$ [Wb]（N はコイルの巻き数）と定義し (7.3) 式を次式に修正する．

$$U = -\frac{\partial \Phi}{\partial t} = -N \frac{\partial}{\partial t} \int \boldsymbol{B} \cdot d\boldsymbol{S} \text{ [V]} \tag{7.4}$$

ここで，(7.4) 式は起電力が導体の運動によって断面積が変化することによって発生するだけではなく，磁束密度が時間とともに変化する場合にも発生することを意味している．

誘導起電力は閉回路に電流を流すように発生する．つまり，閉回路を一周に

7.1 電磁誘導と誘導起電力

わたって発生した電界を積分すると有限の値になる．1.3 節で電界を一周積分するとゼロになることが静電界の性質であることを学んだ．つまり

$$\oint \boldsymbol{E} \cdot d\boldsymbol{l} = 0$$

となる．ところが，時間とともに変化する動的な現象の場合，一周積分すると有限な値を有する．このような性質のある電界を**誘導電界**（induced electric field）と呼び，(7.5) 式のように表現できる．

$$U = \oint \boldsymbol{E} \cdot d\boldsymbol{l} = -N \frac{\partial}{\partial t} \int \boldsymbol{B} \cdot d\boldsymbol{S} \, [\text{V}] \tag{7.5}$$

5.3 節で学んだ回転の定義を用いると，微分形は (7.6) 式で表現できる．

$$\text{rot}\, \boldsymbol{E} = \nabla \times \boldsymbol{E} = -\frac{\partial \boldsymbol{B}}{\partial t} \tag{7.6}$$

■ 例題 7.2 ■

図 7.5 に示すように断面積 $S\,[\text{m}^2]$ で N 巻きのコイルがあり，コイルと垂直に交わるように一様な磁束密度が時間とともに $B(t) = B_0 \sin \omega t\,[\text{T}]$ で変動しているものとした場合，コイルに発生する起電力を求めよ．

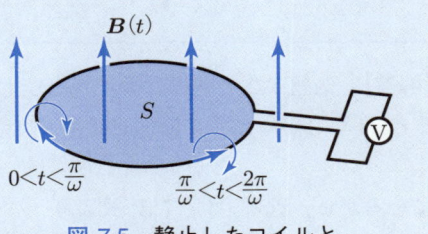

図 7.5 静止したコイルと磁束変化による起電力

【解答】 コイルは運動していないから，ファラデーの法則の (7.4) 式を用いれば

$$U(t) = -N \frac{\partial}{\partial t} \int \boldsymbol{B} \cdot d\boldsymbol{S} = -N \frac{\partial B(t)}{\partial t} S$$
$$= -N\omega B_0 S \cos \omega t \, [\text{V}]$$

となる．符号は，変化を抑える方向であるから，起電力の方向は図中に示す通りである． ■

このような磁束の変化による起電力を**変圧器起電力**（transformer electromotive force）と呼ぶことがある．

■ 例題 7.3 ■

図 7.6 に示すように一様な磁束密度 $B\,[\mathrm{T}]$ の中を，1 巻きで断面積が $a \times b\,[\mathrm{m}^2]$ の矩形コイルが軸を中心に角周波数 $\omega\,[\mathrm{rad \cdot s^{-1}}]$ で回転している．コイルに発生する起電力を求めよ．

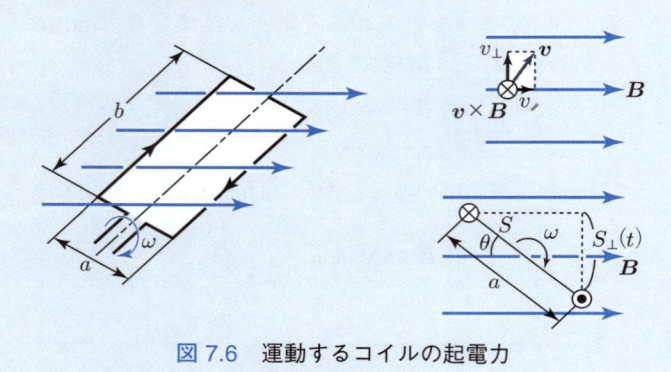

図 7.6 運動するコイルの起電力

【解答】 例題 7.2 と同様にコイルと交わる磁束を求めファラデーの法則を用いると，$t = 0$ でコイルの断面と磁束密度が平行な状態から回転を始めたとすれば

$$\varphi(t) = \int \boldsymbol{B} \cdot d\boldsymbol{S} = Bab\sin\omega t\,[\mathrm{Wb}]$$

になるから，起電力は (7.3) 式より

$$U(t) = -\frac{\partial \varphi}{\partial t} = -\omega Bab\cos\omega t\,[\mathrm{V}]$$

となる． ■

この例題ではコイルが運動しているから，一辺の導体に着目すれば導体の運動速度は $v = \frac{a}{2}\omega\,[\mathrm{m \cdot s^{-1}}]$ であるから，速度起電力の考え方でも解ける．つまり，(7.1) 式より

$$U = \int (\boldsymbol{v} \times \boldsymbol{B}) \cdot d\boldsymbol{l}$$
$$= \tfrac{a}{2}\omega Bb\cos\omega t\,[\mathrm{V}]$$

になり，コイル全体では 2 つの辺で同様の起電力が発生するからこの 2 倍になり，ファラデーの法則によって求めた解と同一になる．なお，起電力の方向は図 7.6 中に示す通りである．これが発電機の原理である．

7.2 インダクタンス

7.2.1 自己インダクタンス

鎖交する磁束が時間とともに変動することで導体に起電力が発生する現象が電磁誘導である．ところで，磁束の源は真電流であることを第5，6章で学んだ．したがって，起電力と磁束を作る電流との関係として現象をとらえたほうが本質的な解釈になる．また実用上も回路解析を行う上で電流と電圧の関係として式を扱うほうが有用である．そこで (7.4) 式を参考にして**自己インダクタンス** (self-inductance) $L\,[\mathrm{H}]$ を次式のように定義する．

$$\Phi = N\varphi = LI\,[\mathrm{Wb}] \tag{7.7}$$

$$L = \frac{\Phi}{I}\,[\mathrm{H}] \tag{7.8}$$

自己インダクタンスを用いれば，導体に発生する起電力は

$$U(t) = -L\frac{\partial I(t)}{\partial t} \tag{7.9}$$

と表現できることになる．

■ 例題 7.4 ■

図 7.7 のような十分に長い太さ $a\,[\mathrm{m}]$ の電線が 2 本，$d\,[\mathrm{m}]$ の距離を隔て平行に張られている．この電線の単位長さあたりの自己インダクタンスを求めよ．

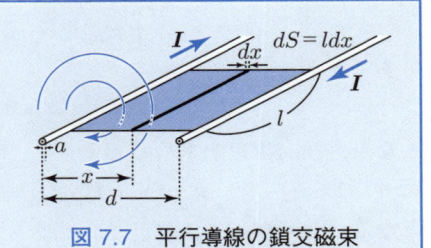

図 7.7 平行導線の鎖交磁束

【解答】 電流は閉じた経路に流れるから，それぞれの電線には逆方向に $I\,[\mathrm{A}]$ 流れているものと考えられる．この場合，導体間に形成される平面上で一方の電線の中心軸から $x\,[\mathrm{m}]$ 離れた点の磁界の強さは (6.7) 式のアンペールの法則を用いれば

$$H = \frac{I}{2\pi x} + \frac{I}{2\pi(d-x)}\,[\mathrm{A\cdot m^{-1}}]$$

となるから，往復電流との鎖交磁束は

$$\Phi = l\int \boldsymbol{B}\cdot d\boldsymbol{S} = \int_a^{d-a} \mu_0 \left\{\frac{I}{2\pi x} + \frac{I}{2\pi(d-x)}\right\} l\, dx$$
$$= \frac{\mu_0 I l}{2\pi}\left[\ln x - \ln(d-x)\right]_a^{d-a} \text{[Wb]}$$

となる．したがって，単位長さあたりであるから $l=1$ として (7.7) 式より

$$L = \frac{\Phi}{I} = \frac{\mu_0}{\pi}\ln\frac{d-a}{a}\ \text{[H}\cdot\text{m}^{-1}\text{]} \tag{7.10}$$

例題 7.5

図 7.8 に示すような断面積 $S\,[\text{m}^2]$，長さが $l\,[\text{m}]$，透磁率 $\mu\,[\text{H}\cdot\text{m}^{-1}]$ でできたリング状の磁性体に密接して N 巻きのコイルが巻かれている．このコイルに $I(t) = I_0\sin\omega t\,[\text{A}]$ の電流を流した場合に発生する起電力の大きさとコイルの自己インダクタンスを求めよ．なお，$l > \sqrt{S}$ であり，磁性体の飽和や非線形性は無視できるものとする．

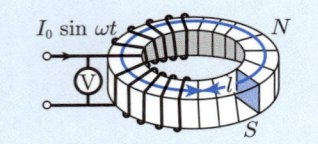

図 7.8 環状ソレノイドの起電力

【解答】 N 巻きのコイルに流した電流により発生する磁界の強さ $H\,[\text{A}\cdot\text{m}^{-1}]$ は (6.8) 式のアンペールの法則を用いれば

$$\oint H_\theta\, dl = H_\theta l = NI_0\sin\omega t$$

であるから

$$H_\theta = \frac{NI_0\sin\omega t}{l}\ [\text{A}\cdot\text{m}^{-1}]$$

となり，鎖交磁束を求めると

$$\Phi = N\int \boldsymbol{B}\cdot d\boldsymbol{S} = N\mu\frac{NI_0\sin\omega t}{l}S\ [\text{Wb}]$$

となる．したがって，自己インダクタンス L は (7.8) 式より

$$L = \frac{\Phi}{I_0\sin\omega t} = \frac{N^2\mu S}{l}\ [\text{H}] \tag{7.11}$$

となる．6.2 節の磁気抵抗の考え方を利用すると，$R_\text{m} = \frac{l}{\mu S}\ [\text{H}^{-1}]$ であったから，鎖交磁束は

$$\Phi = N\varphi = N\frac{NI_0\sin\omega t}{R_\text{m}}$$
$$= \frac{N^2\mu S}{l}I_0\sin\omega t\ [\text{Wb}]$$

となり同一の答となる．発生する起電力は (7.4) 式あるいは (7.9) 式を利用すれば

$$U(t) = -\frac{N^2\mu S}{l}\omega I_0\cos\omega t\ [\text{V}]$$

となり，起電力には負符号がつく．

起電力は，電流が流れ込むのを抑制する方向に発生するので，この起電力を**逆起電力**と呼ぶ．コイルは導体を巻いて作られるため，その抵抗成分は小さいにもかかわらず，交流電流を流した場合には大きな電流が流れないのは逆起電力が発生するためである．ここで，電流に掛かる係数は回路理論で学ぶインピーダンス $|Z| = \omega L$ と対応することが納得できよう．なお，回路理論ではインピーダンスに j を用いるが，これは複素平面の考え方を受け止めれば位相が 90° ずれることを意味していることが理解できるはずである．

7.2.2 相互インダクタンス

コイルが複数存在する場合，磁界を発生させるコイルと起電力を測定するコイルが別の場合がある．その場合には**相互インダクタンス**（mutual inductance）M [H] を定義する．つまり，図 7.9(a) の状態においてコイル 1 に I_1 [A] の電流を流した場合に発生する磁界がコイル 1 と鎖交する磁束 Φ_{11} は

$$\Phi_{11} = L_1 I_1 \text{ [Wb]} \tag{7.12}$$

となり，コイル 2 との鎖交磁束 Φ_{21} は次式で表せる．

$$\Phi_{21} = M_{21} I_1 \text{ [Wb]} \tag{7.13}$$

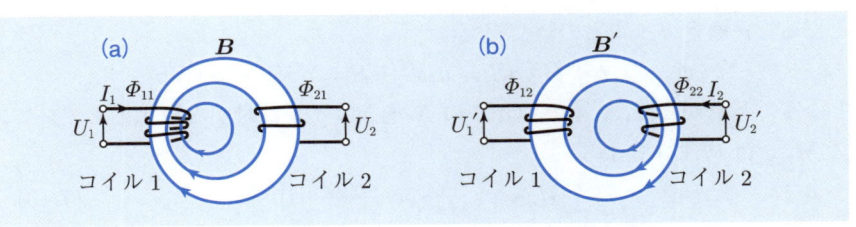

図 7.9　1 対のコイル

それぞれのコイルに発生する起電力は

$$U_1(t) = -L_1 \frac{\partial I_1(t)}{\partial t}, \quad U_2(t) = -M_{21} \frac{\partial I_1(t)}{\partial t} \text{ [V]} \tag{7.14}$$

となる．図 7.9(b) の状態においてコイル 2 に I_2 [A] の電流を流した場合に発生する磁界がコイル 1 と鎖交する磁束 Φ_{12} は

$$\Phi_{12} = M_{21} I_2 \text{ [Wb]} \tag{7.15}$$

となり，コイル2との鎖交磁束 Φ_{22} は次式で表せる．

$$\Phi_{22} = L_2 I_2 \, [\text{Wb}] \tag{7.16}$$

それぞれのコイルに発生する起電力は

$$U_1'(t) = -M_{12}\frac{\partial I_2(t)}{\partial t}, \quad U_2'(t) = -L_2\frac{\partial I_2(t)}{\partial t} \, [\text{V}] \tag{7.17}$$

となる．

■ **例題 7.6** ■

図 7.10 のような断面積 $S\,[\text{m}^2]$，長さが $l\,[\text{m}]$，透磁率 $\mu\,[\text{H}\cdot\text{m}^{-1}]$ でできたリング状の磁性体に密接して N 巻きと n 巻きのコイルが一対巻かれている．それぞれのコイルの自己インダクタンスと相互インダクタンスを求めよ．なお，磁性体の飽和や非線形性は無視できるものとする．

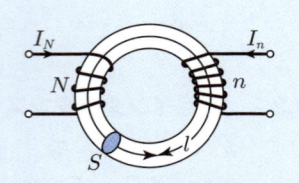

図 7.10 環状ソレノイドと1対のコイル

【解答】 N 巻きコイルに $I_N\,[\text{A}]$ の電流を流したものとすれば，例題 7.5 と同様に $H_{N\theta} = \frac{NI_N}{l}\,[\text{A}\cdot\text{m}^{-1}]$ となり，鎖交磁束は

$$\Phi_{NN} = N\int \boldsymbol{B}\cdot d\boldsymbol{S} = N\mu\frac{NI_N}{l}S = N^2\mu\frac{I_N}{l}S\,[\text{Wb}]$$

となる．したがって，N 巻きコイルの自己インダクタンス L_N は

$$L_N = \frac{\Phi_{NN}}{I_N} = \frac{N^2\mu S}{l}\,[\text{H}] \tag{7.18}$$

となる．n 巻きコイルとの鎖交磁束は

$$\Phi_{nN} = n\int \boldsymbol{B}\cdot d\boldsymbol{S} = n\mu\frac{NI_N}{l}S = nN\mu\frac{I_N}{l}S\,[\text{Wb}]$$

となる．したがって，n 巻きコイルの N 巻きコイルに対する相互インダクタンス M_{nN} は (7.13) 式より

$$M_{nN} = \frac{\Phi_{nN}}{I_N} = \frac{nN\mu S}{l}\,[\text{H}] \tag{7.19}$$

となる．同様に n 巻きコイルに $I_n\,[\text{A}]$ の電流を流したものとすれば $H_{n\theta} = \frac{nI_n}{l}\,[\text{A}\cdot\text{m}^{-1}]$ となり，n 巻きコイルの自己インダクタンス L_n は

$$L_n = \frac{\Phi_{nn}}{I_n} = \frac{n^2\mu S}{l}\,[\text{H}] \quad \cdots (7.11)$$

となる．相互インダクタンス M_{Nn} は

$$M_{Nn} = \frac{\Phi_{Nn}}{I_n} = \frac{Nn\mu S}{l}\,[\text{H}] \tag{7.20}$$

となる．

7.2 インダクタンス

例題 7.6 から $M_{nN} = M_{Nn}$ であることがわかる．キャパシタンスと同様，インダクタンスも配置と形状および材質だけで決まり，相互作用は同一になる性質がある．各コイルの起電力の比は，(7.14), (7.17) 式を参考にすれば

$$\frac{U_n}{U_N} = \frac{U'_n}{U'_N} = \frac{n}{N} \tag{7.21}$$

となる．これが**変圧器**の原理である．

7.2.3 コイルの接続

複数のコイルにそれぞれ電流が流れている場合を考える．例題 7.6 と同一の状況で考えれば，それぞれのコイルと鎖交する磁束は，それぞれのコイルに流した電流によって発生する磁界による磁束の和になるから

$$\Phi_n = \Phi_{nn} + \Phi_{nN} = L_n I_n + M_{nN} I_N \tag{7.22}$$

$$\Phi_N = \Phi_{Nn} + \Phi_{NN} = M_{Nn} I_n + L_N I_N \tag{7.23}$$

となる．ここで，2 つのコイルを図 7.11 のように接続した場合，電流は同一になるから，コイル全体が鎖交する磁束は (7.24) 式となる．

$$\Phi = \Phi_n + \Phi_N = (L_n + L_N + M_{nN} + M_{Nn}) I_N \tag{7.24}$$

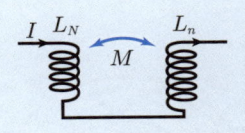

図 7.11 コイルの接続

ここで，例題 7.4 の結果から相互インダクタンスの値は等しい．また接続の仕方によっては互いの磁束が加算される場合と減算される場合が生じるので，相互インダクタンスが和になる場合と差になる場合が生じる．したがって，2 つのコイルを接続した場合の合成インダクタンスは (7.25) 式となる．

$$L = L_n + L_N \pm 2M \tag{7.25}$$

抵抗やキャパシタの接続の場合の合成値と異なっていることに注意が必要である．

7.2.4 漏れ磁束

例題 7.6 の結果を見れば
$$L_N L_n = M^2$$
になっていることがわかる．ところで，6.2 節で電気抵抗が
$$R = \frac{\rho l}{S} = \frac{l}{\sigma S} \ [\Omega]$$
であるのに対応させて磁気抵抗
$$R_\mathrm{m} = \frac{l}{\mu S} \ [\mathrm{H}^{-1}]$$
を定義した．つまり，透磁率は磁力線の流れやすさを示す物理量と理解できる．ここで，電気回路の導体と周りの空間あるいは絶縁物との導電率の差は 20 桁も違うのに対して，磁性体と空間の透磁率の差は 4 桁程度しかない．したがって，磁力線は必ずしも磁性体内部を流れるわけではなく，図 7.12 に示すように空間に漏れ出すことがある．その結果，一方のコイルで発生した磁力線が他方のコイルと鎖交しない場合が生じ，相互インダクタンスは小さくなる．そこで，**結合係数** k（coupling coefficient）を (7.26) 式のように定義すると，$k \leq 1$ になる．

$$k = \frac{M}{\sqrt{L_n L_N}} \tag{7.26}$$

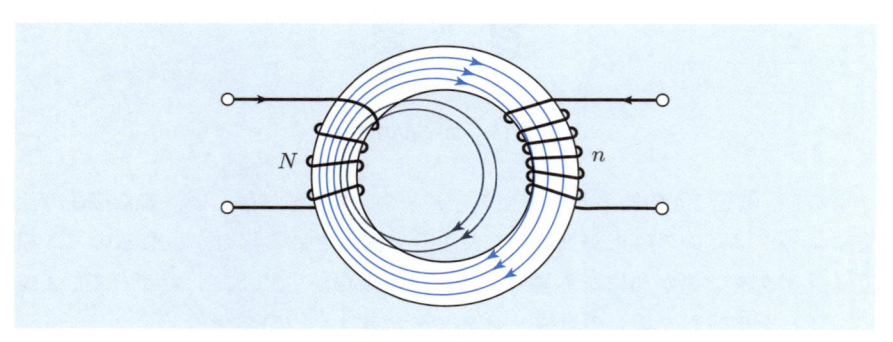

図 7.12 漏れ磁束

7.3 インダクタンスに蓄えられるエネルギー

7.3.1 インダクタンスに蓄えられるエネルギー

7.2 節では電線を巻いて作る素子をイメージしやすくするためコイルという表現を用いた．しかし，物理量として定義したインダクタンスが "電気・電子回路" を扱う上でも広く用いられている．そこで本節以降はインダクタンスを用いて表現するとともに，本章のタイトルもインダクタンスとしてある．

インダクタンスに電流を流し込むと，例題 7.5 で取り上げたように逆起電力が発生する．このとき，この電圧に逆らって電流 I_0 を流すためにはエネルギーを必要とする．その値を (7.9) 式より導くと (7.27) 式になる．

$$W = \int P\,dt = \int \left(L\frac{dI}{dt}\right) I\,dt = \int_0^{I_0} LI\,dI = \frac{1}{2}LI_0^2 = \frac{1}{2}\Phi I_0 \,[\text{J}] \quad (7.27)$$

つまり，インダクタンスは (7.27) 式で示されるエネルギーを蓄える素子であることがわかる．

■ 例題 7.7 ■

図 7.13 に示す R-L 直列回路に流れている電流を $t = 0\,[\text{s}]$ でスイッチを切り替えた場合に流れる電流の変化を求めよ．あわせて，抵抗で消費するエネルギーを求めよ．

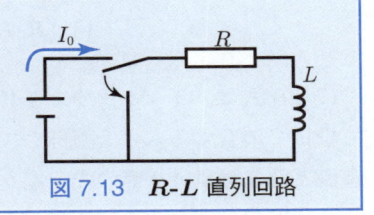

図 7.13　**R-L 直列回路**

【解答】　各素子の両端の電位差の和は回路に含まれる起電力に等しくなる，いわゆるキルヒホフの第 2 法則をあてはめると次式の微分方程式が成立する．

$$RI(t) + L\frac{dI(t)}{dt} = 0$$

微分方程式を解くために，微分項を左辺に移動させ，微係数を消去してまとめると次式になる．

$$\frac{1}{I(t)}dI(t) = -\frac{R}{L}dt$$

この両辺を不定積分し，積分定数を C とすれば

$$\ln I(t) = -\frac{R}{L}t + C \quad \text{となり} \quad I(t) = \exp\left(-\frac{R}{L}t\right)\exp C \,[\text{A}]$$

とまとめられ，$t = 0$ で $I = I_0\,[\text{A}]$ とすれば

$$I(t) = I_0 \exp\left(-\frac{R}{L}t\right) \text{ [A]} \tag{7.28}$$

が求まり，電流は図7.14に示すような時間変化をする．抵抗で消費するジュール熱は次式で示せるから

$$P(t) = RI^2 = RI_0^2 \exp\left(-\frac{2R}{L}t\right) \text{ [W]}$$

これを時間積分すると抵抗で消費するエネルギーは

$$W(t) = \int RI^2 dt = \int_0^\infty RI_0^2 \exp\left(-\frac{2R}{L}t\right) dt$$
$$= \frac{LI_0^2}{2}\left[-\exp\left(-\frac{2R}{L}t\right)\right]_0^\infty = \frac{L}{2}I_0^2 \text{ [J]} \tag{7.29}$$

となる．

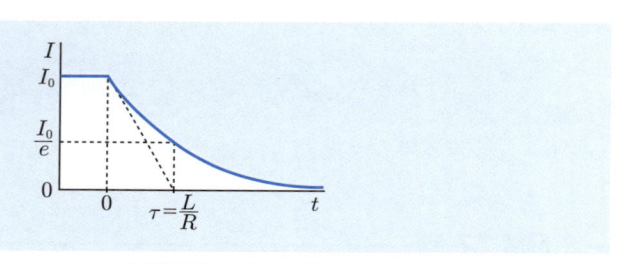

図7.14 **R-L** 直列回路に流れる電流変化

(7.29)式は，インダクタンスに蓄えられていたエネルギーがジュール熱として抵抗で消費することを意味している．このように一時的に流れる電流を過渡電流と呼ぶのは4.2節のキャパシタンスの場合と同様であり，過渡現象の継続する時間の目安とする**時定数**は $\tau = \frac{L}{R}$ [s] と定義できる．

7.3.2　磁界のエネルギー密度

ここで(7.27)式を，(7.7)式の磁束の定義と(6.7)式のアンペールの法則を用いて次式のように変形してみよう．

$$W = \int \left(L\frac{dI}{dt}\right) I\, dt = \int \frac{d\varphi}{dt} I\, dt = \int \frac{d}{dt}\left(\iint \boldsymbol{B}\cdot d\boldsymbol{S}\right)\left(\int \boldsymbol{H}\cdot d\boldsymbol{l}\right) dt$$
$$= \iiint \left(\int \boldsymbol{H}\cdot d\boldsymbol{B}\right) dv \text{ [J]}$$

面積積分は磁力線と垂直に交わる面を，線積分は磁力線の方向に沿う積分となる．そのため図7.15に示すように両者の内積は磁力線の存在する空間の体積を算出することになり，3.3節でエネルギー密度を定義したのと同様である．そこで

7.3 インダクタンスに蓄えられるエネルギー

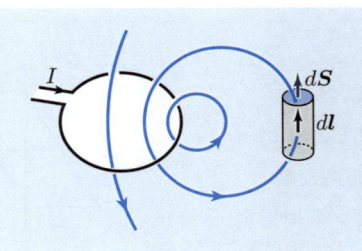

図 7.15 磁力線と積分経路

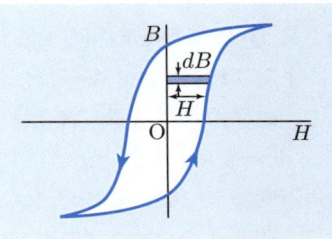

図 7.16 ヒステリシス損失

$$w = \int \boldsymbol{H} \cdot d\boldsymbol{B} = \frac{\mu H^2}{2} = \frac{B^2}{2\mu}\,[\mathrm{J \cdot m^{-3}}], \quad W = \int w\,dv\,[\mathrm{J}] \quad (7.30)$$

を**磁界のエネルギー密度**（magnetic energy density）と定義する．この式は，エネルギーは磁界の中，つまり空間あるいは磁性体内部に蓄えられることを意味している．

ところで，6.3 節では磁性体の B-H 特性はヒステリシス特性を示すことを学んだ．(7.30) 式は図 7.16 に示すような微小面積を求めることになる．したがって，磁界を発生させる電流を交流とし，一周期にわたって電流を変化させるとヒステリシス曲線で囲まれた面積になる．つまり，磁界のエネルギーが磁性体に注入されることになる．f [Hz] であれば，面積の f 倍のエネルギーが 1 秒間に注入され，注入されたエネルギーは磁化するための運動エネルギーとして消費され，磁性体を加熱することになる．そこで，このような電力損失を**ヒステリシス損失**（hysteresis loss）と呼ぶ．

例題 7.8

図 7.17 に示すような B-H 特性を有する磁性体にコイルを巻いて $H = 2 \times 10^4 \sin 100\pi t$ $[\mathrm{A \cdot m^{-1}}]$ の磁界を加えた場合，この磁性体のヒステリシス損失を求めよ．

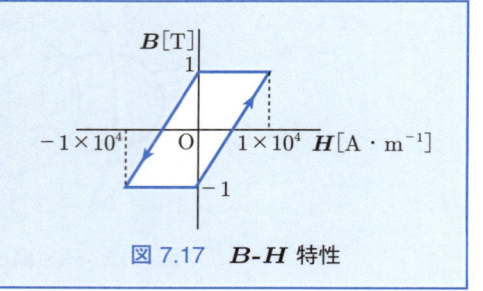

図 7.17　B-H 特性

【解答】　加えた磁界の強さは B-H 特性を飽和させる以上の強い磁界であるから，1 周期の間に磁性体に注入されるエネルギーはヒステリシス曲線で囲まれた面積になる．したがって，磁界のエネルギー密度は

$$w = 2 \times 10^4 \, [\mathrm{J \cdot m^{-3}}]$$

になる．印加した磁界の角速度 $\omega = 100\pi = 2\pi f$ なので，周波数 $f = 50\,[\mathrm{Hz}]$ であることが式から判断できる．そのため 1 秒間に 50 回このエネルギーが注入されることになり，ヒステリシス損失は

$$p = 2 \times 10^4 \times 50 = 1 \times 10^6 \, [\mathrm{W \cdot m^{-3}}]$$

になる．

例題 7.9

半径 $a\,[\mathrm{m}]$ の円柱状の銅でできた電線に断面内を一様に $I\,[\mathrm{A}]$ の電流が流れている．この電線内部の単位長さあたりに蓄えられるエネルギーを求めよ．なお銅は非磁性体である．

【解答】　電流は (6.7) 式のアンペールの法則を用いれば

$$\text{左辺} = \oint H_\theta(r)\,dl = H_\theta(r)\,2\pi r$$

$$\text{右辺} = \int_0^r \frac{I}{\pi a^2}\,2\pi r\,dr = \frac{Ir^2}{a^2}$$

より磁界の強さは $H_\theta(r) = \frac{Ir}{2\pi a^2}\,[\mathrm{A \cdot m^{-1}}]$ となる．ここで，銅は非磁性体であるから真空の透磁率を用いエネルギー密度を求めると (7.30) 式より

$$w(r) = \frac{\mu_0 H_\theta(r)^2}{2} = \frac{\mu_0}{2}\left(\frac{Ir}{2\pi a^2}\right)^2 \, [\mathrm{J \cdot m^{-3}}]$$

であり，電線全体のエネルギーは (7.30) 式より

7.3 インダクタンスに蓄えられるエネルギー

$$W = \int w(r)\, dv = \int_0^a \frac{\mu_0}{2} \left(\frac{Ir}{2\pi a^2}\right)^2 \cdot 2\pi r\, dr = \frac{\mu_0 I^2}{4\pi a^4} \int_0^a r^3 dr$$
$$= \frac{\mu_0 I^2}{4\pi a^4} \frac{a^4}{4} = \frac{\mu_0 I^2}{16\pi}\ [\mathrm{J \cdot m^{-1}}]$$

になる.

ここで, (7.27) 式より $W = \frac{LI_0^2}{2}$ [J] であるから, 2つの式を比較すれば

$$L = \frac{\mu_0}{8\pi}\ [\mathrm{H \cdot m^{-1}}] \tag{7.31}$$

が決定できる. ■

例題 7.9 のように, 導体はコイル状にしなくてもインダクタンスとして振る舞うことがわかる. このようなインダクタンスを**内部インダクタンス**（internal inductance）と呼ぶ.

次に, 例題 7.8 で導出した内部インダクタンスを鎖交磁束の考えで誘導する. $H_\theta(r) = \frac{Ir}{2\pi a^2}\ [\mathrm{A \cdot m^{-1}}]$ であり, 磁束密度を図 7.18 の面積で積分すればよい. その際に, 半径 r [m] の磁力線を想定すれば, その磁力線と鎖交する電流は磁力線より内側に流れている量だけである. したがって

$$\Phi = 1 \cdot \int \boldsymbol{B} \cdot d\boldsymbol{S} = \int_0^a \mu_0 \left(\frac{Ir}{2\pi a^2}\right) \frac{\pi r^2}{\pi a^2} 1\, dr = \frac{\mu_0 I}{2\pi a^4} \int_0^a r^3 dr$$
$$= \frac{\mu_0 I}{2\pi a^4} \frac{a^4}{4} = \frac{\mu_0 I}{8\pi}\ [\mathrm{Wb}]$$

となり, (7.8) 式より $L = \frac{\Phi}{I}$ [H] であり (7.31) 式と同一になる.

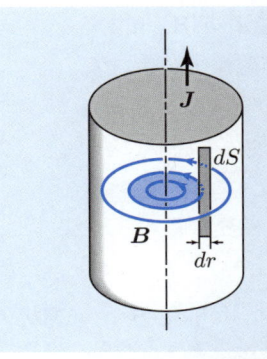

図 7.18　内部インダクタンス

7.4 磁界の場に蓄えられるエネルギーと力

7.4.1 磁界のエネルギー

インダクタンスに蓄えられるエネルギーは (7.27) 式で $W = \frac{LI_0^2}{2}$ [J] と表現したが，このエネルギーは (7.30) 式が示すように，磁界つまり，空間あるいは磁性体内部に蓄えられることを学んだ．

$$w = \int \boldsymbol{H} \cdot d\boldsymbol{B} = \frac{\mu H^2}{2} = \frac{B^2}{2\mu} \, [\text{J} \cdot \text{m}^{-3}], \quad W = \int w \, dv \, [\text{J}] \quad \cdots (7.30)$$

磁界により蓄えられるエネルギーは非常に大きく，実用的に広く利用される．また，大きなエネルギーが蓄積されると大きな力が発生することになる．

■ 例題 7.10 ■
> 磁性体は 1.5 T 程度の磁束密度で飽和する．比透磁率 1000 の磁性体に蓄えられる最大の磁界のエネルギー密度の大きさを求めよ．

【解答】 磁界のエネルギー密度は $w = \frac{\mu H^2}{2} = \frac{B^2}{2\mu}$ [J·m^{-3}] であるから

$$w = \frac{B^2}{2\mu_0 \mu_r} = \frac{1.5^2}{2 \times 4\pi \times 10^{-7} \times 10^3} \simeq 900 \, [\text{J} \cdot \text{m}^{-3}]$$

この値は電界のエネルギー密度よりも 1 桁以上大きい．

■ 例題 7.11 ■
> 図 7.19 に示すような透磁率 μ [H·m^{-1}] で太さ S [m^2]，長さ l [m] の磁性体がリング状に配置され，図のようにエアギャップ l_0 [m] が設けられている．この磁性体の周りに N 巻きのコイルが巻かれている．このコイルに I [A] の電流を流した場合，磁界に蓄えられるエネルギーを求めよ．なお，エアギャップの部分の透磁率は μ_0 [H·m^{-1}] であり，エアギャップでの磁界の乱れは無視できるものとする．なお，この例題は例題 6.2 と同一の条件である．

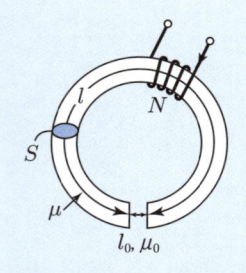

図 7.19 エアギャップのある環状ソレノイド

【解答】 磁性体の内部とエアギャップ内の磁界の強さをそれぞれ H_m, $H_\mathrm{g}\,[\mathrm{A\cdot m^{-1}}]$ としてアンペールの法則と境界条件を利用すれば (6.12), (6.13) 式より

$$B = \frac{NI\mu_0\mu}{\mu l_0 + \mu_0 l}\,[\mathrm{T}], \quad H_\mathrm{m} = \frac{NI\mu_0}{\mu l_0 + \mu_0 l}, \quad H_\mathrm{g} = \frac{NI\mu}{\mu l_0 + \mu_0 l}\,[\mathrm{A\cdot m^{-1}}]$$

となることを例題 6.2 で導いた．エネルギーを算出するには，インダクタンスを求める方法と磁界のエネルギー密度を用いる方法とがある．

先ず，インダクタンスを導くと $L = \frac{\Phi}{I} = \frac{N\varphi}{I} = \frac{NBS}{I}\,[\mathrm{H}]$ になるから

$$W = \tfrac{1}{2}LI^2 = \frac{I^2}{2}\frac{N^2\mu_0\mu}{\mu l_0 + \mu_0 l}S\,[\mathrm{J}]$$

となる．

磁界のエネルギー密度を利用すると (7.30) 式より

$$W = \int w_m\,dv_m + \int w_g\,dv_g = \frac{B^2}{2\mu}Sl + \frac{B^2}{2\mu_0}Sl_0$$
$$= \frac{B^2 S}{2}\frac{\mu_0 l + \mu l_0}{\mu_0 \mu} = \frac{I^2}{2}\frac{N^2\mu_0\mu}{\mu l_0 + \mu_0 l}S\,[\mathrm{J}]$$

となり，同一の答が誘導される． ■

7.4.2 磁界の場で発生する力

磁界のエネルギーが蓄えられると，磁性体界面やコイルに力が発生する．磁界のエネルギー密度は非常に大きく，発生する力を求めることは実用上重要である．力を求める方法として 2.3 節では仮想変位法の考え方を学んだ．磁界においても同様の考え方が成立する．つまり，境界面に力が働いて変位したとすれば力学的なエネルギーが費やされ，力が働いた結果距離が変化するために磁界のエネルギーが変化する．その際，エネルギーは保存され，永久磁石や超電導磁石であれば電源を必要としないから $F\Delta x + \Delta W = 0$ が成立する．電磁石の場合には電源とのエネルギーの出入りがあるから $F\Delta x + \Delta W = I\Delta\Phi$ となるが，(7.25) 式で示したように $W = \frac{\Phi I}{2}$ になるから，まとめて表現すると次式となり

$$F = \pm\left(\frac{\partial W}{\partial x}\right)\begin{matrix}+:\ I\,\text{一定（電源接続）}\\-:\ \Phi\,\text{一定（電源なし）}\end{matrix}\,[\mathrm{N}] \qquad (7.32)$$

仮想変位法が磁界においても利用できる．

■ 例題 7.12 ■

図 7.20 に示すような一周の長さ $l\,[\mathrm{m}]$ で円形の断面を有し，その半径 $r\,[\mathrm{m}]$ のリング状の磁性体があり，N 巻きのコイルを巻いた環状ソレノイドがある．このソレノイドに $I\,[\mathrm{A}]$ の電流を流した場合，コイルに働く力を求めよ．なお，磁性体の透磁率は $\mu\,[\mathrm{H\cdot m^{-1}}]$ とする．また，$l > r$ とし，磁性体内部の磁界の強さは一様と見なせるものとする．

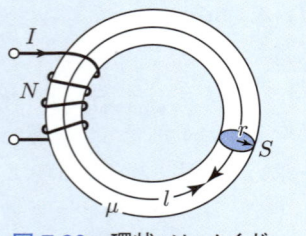

図 7.20 環状ソレノイド

【解答】 アンペールの法則から $H_\theta = \frac{NI}{l}\,[\mathrm{A\cdot m^{-1}}]$ となる．エネルギー密度を求め，磁界のエネルギーを算出すると $W = \int w\,dv = \frac{\mu H^2}{2}\pi r^2 l = \frac{\mu(NI)^2}{2}\frac{\pi r^2}{l}\,[\mathrm{J}]$ となる．仮想変位法を用いる場合，変数として l と r があるので，それぞれ

$$F_l = +\frac{\partial W}{\partial l} = -\frac{\mu(NI)^2}{2l^2}\pi r^2\,[\mathrm{N}]$$

$$F_r = +\frac{\partial W}{\partial r} = \frac{\mu(NI)^2}{2l}2\pi r\,[\mathrm{N}]$$

が求まる．符号から，磁性体の長さ方向には縮まる力が，リングの半径方向には伸びる力になることがわかる． ■

例題 7.12 で得られた式を変形すると

$$F_l = -\frac{\mu(NI)^2}{2l^2}\pi r^2 = -\frac{\mu H^2}{2}\pi r^2,\quad F_r = \frac{\mu(NI)^2}{2l}2\pi r = \frac{\mu H^2}{2}2\pi rl\,[\mathrm{N}]$$

となる．πr^2 と $2\pi rl$ はいずれも力の働く方向に対して垂直な面，つまり断面積になる．したがって，誘電体の場合と同様に**マクスウェルのひずみ力**の解釈が成立することを示している．つまり

$$f = \frac{\mu H^2}{2} = \frac{B^2}{2\mu}\,[\mathrm{N\cdot m^{-2}}] \tag{7.33}$$

で示される場のひずむ力が発生する．その際，力の向きは式が 2 乗の項になっているため符号では判断できない．そこで，磁力線の長さ方向には場が縮む力，磁力線と垂直断面方向には場が広がろうとする力が働くと解釈する必要がある．エネルギー密度に差がある境界面には，それぞれの場に働く力の差が発生することになる．

例題 7.13

図 7.21 に示すような透磁率 μ [H・m^{-1}] で断面積 S [m^2]，長さ l_1 [m] の磁性体と，同一の材質で断面積 S [m^2]，長さ l_2 [m] の磁性体がエアギャップ l_0 [m] を隔てて対向して配置されている．長さ l_1 [m] の磁性体の周りに N 巻きのコイルが密接して巻かれている．このコイルに I [A] の電流を流した場合，l_2 [m] の磁性体を引き付ける力を求めよ．なお，エアギャップの部分の透磁率は μ_0 [H・m^{-1}] であり，エアギャップでの磁界の乱れは無視できるものとする．また，引き付けられることにより l_0 が変化しても磁束密度の変化は無視できるものとする．

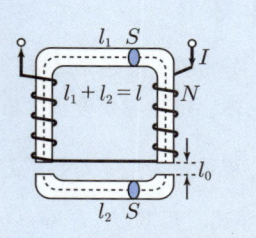

図 7.21　電磁石と吸引力

【解答】 例題 6.2 と同様の条件であり，磁性体の内部とエアギャップ内の磁界の強さをそれぞれ H_m, H_g [A・m^{-1}] としてアンペールの法則と境界条件を利用すれば (6.12), (6.13) 式より

$$B = \frac{NI\mu_0\mu}{\mu 2l_0 + \mu_0(l_1+l_2)} \text{ [T]}, \quad H_\mathrm{m} = \frac{NI\mu_0}{\mu 2l_0 + \mu_0(l_1+l_2)}, \quad H_\mathrm{g} = \frac{NI\mu}{\mu 2l_0 + \mu_0(l_1+l_2)} \text{ [A・m}^{-1}\text{]}$$

となる．エネルギーを算出するには，磁界のエネルギー密度を用いる方法と，インダクタンスを求める方法とがある．磁界のエネルギー密度を利用すると

$$W = \int w_\mathrm{m}\, dv_1 + \int w_\mathrm{m}\, dv_2 + \int w_\mathrm{g}\, dv_\mathrm{g} = \frac{B^2}{2\mu}Sl_1 + \frac{B^2}{2\mu}Sl_2 + \frac{B^2}{2\mu_0}S\,2l_0$$

$$= \frac{B^2 S}{2}\frac{\mu_0(l_1+l_2)+\mu 2l_0}{\mu_0\mu} = \frac{I^2}{2}\frac{N^2\mu_0\mu}{\mu 2l_0+\mu_0(l_1+l_2)}S \text{ [J]}$$

となる．長さ l_2 の磁性体を引き付ける力を求めるには，力が働くと l_0 が変化することになり，仮想変位法を用いて l_0 で偏微分すれば

$$F = \frac{\partial W}{\partial l_0} = \frac{\partial}{\partial l_0}\frac{I^2}{2}\frac{N^2\mu_0\mu}{\mu 2l_0+\mu_0(l_1+l_2)}S$$

$$= \frac{I^2}{2}\frac{-2N^2\mu_0\mu}{\{\mu 2l_0+\mu_0(l_1+l_2)\}^2}S \text{ [N]}$$

となり，負符号がつくことから引力であることがわかる．

例題 7.13 の式を変形すると $F = 2fS = 2\frac{1}{2\mu_0}B^2S$ [N] とまとめられる．この問では磁性体表面に働く力ではなく，l_2 の磁性体を引き付ける力であり，エアギャップの長さが縮まる力として求まったことになる．

第7章のまとめ

静電界，静磁界に対して動的な現象，つまり磁界の中で導体が運動する場合，あるいは磁界が変動する場合には電磁誘導が観測される．

◎導体に発生する起電力

- 速度起電力　$U = \int (\boldsymbol{v} \times \boldsymbol{B}) \cdot d\boldsymbol{l} = vB_z l\,[\mathrm{V}]$　　　・・・ (7.1)
- ファラデーの法則　$U = -\frac{\partial \Phi}{\partial t} = -N\frac{\partial}{\partial t}\int \boldsymbol{B} \cdot d\boldsymbol{S}\,[\mathrm{V}]$　　・・・ (7.4)

  誘導電界　$\oint \boldsymbol{E} \cdot d\boldsymbol{l} = -N\frac{\partial}{\partial t}\int \boldsymbol{B} \cdot d\boldsymbol{S}$　⇔　静電界　$\oint \boldsymbol{E} \cdot d\boldsymbol{l} = 0$

◎インダクタンス

- 自己インダクタンス　$L = \frac{\Phi_{ii}}{I_i}\,[\mathrm{H}]$　　　・・・ (7.8)

  $U_i = -L\frac{\partial I_i}{\partial t}\,[\mathrm{V}]$
- 相互インダクタンス　$M = \frac{\Phi_{ji}}{I_i}\,[\mathrm{H}]\quad (i \neq j)$　　・・・ (7.13)

  $U_j = -M\frac{\partial I_i}{\partial t}\,[\mathrm{V}]\quad (i \neq j)$　　・・・ (7.14)
- 結合係数　$k = \frac{M}{\sqrt{L_n L_N}}$　（漏れ磁束があると $k < 1$）　・・・ (7.26)
- インダクタンスの接続　$L = L_n + L_N \pm 2M$　　　・・・ (7.25)

◎磁界に蓄えられるエネルギー

- 磁界のエネルギー密度　$w = \int \boldsymbol{H} \cdot d\boldsymbol{B} = \frac{\mu H^2}{2} = \frac{B^2}{2\mu}\,[\mathrm{J} \cdot \mathrm{m}^{-3}]$　・・・ (7.30)

  $W = \iiint w\,dv = \frac{1}{2}LI^2 = \frac{1}{2}\Phi I\,[\mathrm{J}]$　　・・・ (7.27)

（磁性体の場合，ヒステリシス損失として熱エネルギーになる）

◎境界面に働く力

- 仮想変位法　$F = \pm \left(\frac{\partial W}{\partial x}\right)\begin{matrix}+ : I\text{一定（電源接続）}\\ - : \Phi\text{一定（電源なし）}\end{matrix}\,[\mathrm{N}]$　・・・ (7.32)
- マクスウェルのひずみ力

  磁界の場がひずむ力：$f = \frac{\mu H^2}{2} = \frac{B^2}{2\mu}\,[\mathrm{N} \cdot \mathrm{m}^{-2}]$　・・・ (7.33)

  磁力線の方向：圧縮力

  磁力線と垂直方向：膨張力

第 7 章の問題

7.1 一様な磁束密度 B [T] の中に，断面積が S [m²] で 1 巻きの円形コイルが置かれている．このコイルは図 1 に示すように，その直径を回転軸として，磁力線と垂直な平面上に軸が固定されている状態で回転できるようになっている．次の問に答えよ．

(1) このコイルを $t=0$ で断面が磁力線と平行な状態から角速度 ω [rad·s⁻¹] で回転させた．このコイルに発生する起電力の時間変化を求めよ．

(2) このコイルの断面を磁力線と垂直にして固定し，磁束密度を時間とともに $B_0 \sin \omega t$ で変化させた．コイルに発生する起電力の時間変化を求めよ．

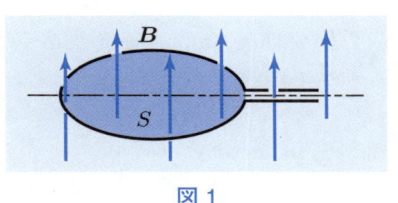

(3) このコイルの断面を磁力線に対し 30° 傾けて固定し，磁束密度を時間とともに $B_0 \sin \omega t$ で変化させた．コイルに発生する起電力の時間変化を求めよ．

7.2 図 2 に示すように，一様な磁界 H [A·m⁻¹] の中で，巻数 N [回]，面積 S [m²] の長方形コイルの 1 辺を磁界と垂直方向に固定し，その辺を中心にして $t=0$ で磁界と垂直にコイルが交わる状態から，角速度 ω [rad·s⁻¹] で回転するときコイルに発生する起電力の時間変化を求めよ．

7.3 変圧器の一次側巻線の自己インダクタンスが 50 mH，二次側の自己インダクタンスが 120 mH で相互インダクタンスが 75 mH の変圧器の一次側に図 3 のような電流を流した場合，それぞれの巻線に発生する起電力を求めよ．

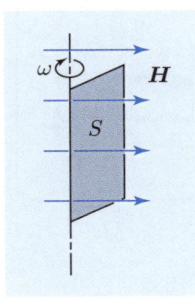

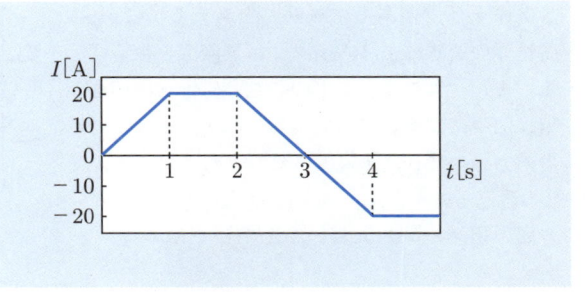

図 2

図 3

第7章 電磁誘導とインダクタンス

☐ **7.4** 一次巻線 N_1 巻き，二次巻線 N_2 巻きのコイルが透磁率 $\mu\,[\mathrm{H\cdot m^{-1}}]$，磁路長 $l\,[\mathrm{m}]$，断面積 $S\,[\mathrm{m^2}]$ の磁性体に巻かれている．以下の問に答えよ．
(1) 各コイルの自己インダクタンスと相互インダクタンスを求めよ．
(2) 一次巻線に $V = V_0 \sin\omega t\,[\mathrm{V}]$ の電圧を印加したとき，一次巻線に流れる電流と二次巻線の両端にあらわれる電圧を求めよ．
(3) 一次電圧を $6.6\,\mathrm{kV}$，二次電圧を $550\,\mathrm{kV}$ にするための巻線比を求めよ．

☐ **7.5** 磁路長 $l\,[\mathrm{m}]$，断面積 $S\,[\mathrm{m^2}]$ のリング状の磁性体に N_1 巻きのコイルと N_2 巻きのコイルがそれぞれ巻かれている．この磁性体の比透磁率 μ_r とし，磁気飽和やヒステリシスは無いものとして，また漏れ磁束も無いものとして次の問に答えよ．なお，$\mu_0 = 4\pi\times 10^{-7}\,[\mathrm{H\cdot m^{-1}}]$ である．
(1) それぞれのコイルの自己インダクタンス $L_1, L_2\,[\mathrm{H}]$ とコイル間の相互インダクタンス $M\,[\mathrm{H}]$ を求めよ．
(2) $l = 2\pi\,[\mathrm{m}]$，$S = 10\,[\mathrm{cm^2}]$，$\mu_\mathrm{r} = 5000$，$N_1 = 100$，$N_2 = 200$ とした場合，各インダクタンスの値を算出せよ．
(3) 互いのコイルの作る磁束が打ち消されるように直列に接続した場合と，足し合わされるように直列に接続した場合の合成インダクタンスを求めよ．

☐ **7.6** 直線状の導体に $I = I_0 \sin\omega t\,[\mathrm{A}]$ が流れている．この直線導体の軸から半径 $a\,[\mathrm{m}]$ の部分に断面積 $S\,[\mathrm{m^2}]$ の N 巻きの空心のソレノイドがある．なお，$\sqrt{S} \ll a$ としてソレノイドに発生する起電力を求めよ．また，ソレノイドに抵抗 $R\,[\Omega]$ を挿入した場合，流れる電流 $i\,[\mathrm{A}]$ を求めよ．$i \propto I$ となるためには，ソレノイドの自己インダクタンスを L とした場合，$\omega L \gg R$ の条件が必要であることを確認せよ．

☐ **7.7** 図 4 に示すような 2 つのコイルと 2 つのエアギャップがある磁気回路を考える．なお，磁性体の透磁率 $\mu\,[\mathrm{H\cdot m^{-1}}]$ は無限大と仮定する．また，エアギャップの長さと磁性体の断面積は図中に記すとおりである．エアギャップでの磁力線の乱れは無視できるもとしてコイル 1, 2 の自己インダクタンス $L_1, L_2\,[\mathrm{H}]$ およびコイル間の相互インダクタンス $M\,[\mathrm{H}]$ を求めよ．

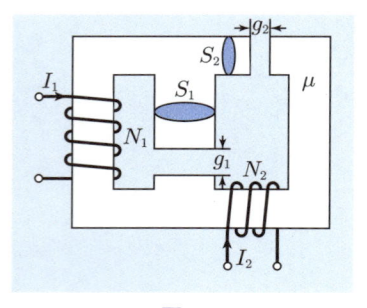

図 4

□ **7.8** 図 5 のような無端ソレノイドがあり，1-2 間の巻線の巻数は n [回] とする．全磁路の磁気抵抗を R [H^{-1}] とした場合，以下の問に答えよ．
1) 1-3 間と 3-2 間の相互インダクタンス M [H] を求めよ．
2) 相互インダクタンスを最大にするためには，3 の位置をどこにすればよいか．

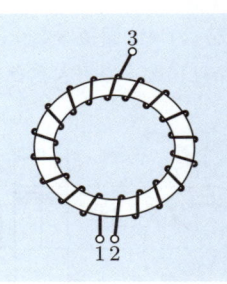

図 5

□ **7.9** 円柱導体の外半径 a [m] と厚さの無視できる内半径 b [m]（$a < b$）の円筒導体で同軸ケーブルが構成されている．この円柱導体に上方向，円筒導体には下方向へ I [A] の電流を流した．導体間は空間とした場合，磁界のエネルギー密度の考え方を利用し同軸ケーブルの単位長さあたりのインダクタンスを求めよ．

□ **7.10** 単位長さあたり n 回巻かれた半径 a [m] の空心の無限ソレノイドに直流電流 I [A] を流した場合，コイルの半径方向と長さ方向に発生する単位面積あたりの力をマクスウェルのひずみ力の考え方を用い求めよ．あわせてその方向を示せ．また，仮想変位法の考えにより求めよ．仮想変位法を用いる場合，長さ方向に力が働くと単位長さあたりの巻数が変化することに注意が必要である．（ヒント $nl = N$ （総巻数は普遍））

□ **7.11** 外半径 a [m] の厚さの無視できる円筒導体と同軸に内半径 b [m]（$a < b$）の厚さの無視できる円筒状の導体がある．この同軸ケーブルに往復電流を流した場合，次の問に答えよ．なお，導体間は空間とする．
(1) ケーブルの単位長さあたりに蓄えられるエネルギー W [J·m^{-1}] を求めよ．
(2) この場合，外側の円筒導体の内側表面の単位面積あたりに働く力とその方向を
(2-1) 仮想変位法の考え方と (2-2) マクスウェルのひずみ力の考え方の二通りにより求めよ．
(3) 内側円筒導体の表面の単位面積あたりに働く力とその方向を同様に求めよ．

第 7 章 電磁誘導とインダクタンス

□ **7.12** 図 6 に示すように断面が矩形でリング状をした透磁率 $\mu\,[\mathrm{H\cdot m^{-1}}]$ の磁性体の周りに N 巻きの環状コイルが巻かれている．以下の問に答えよ．
(1) 磁性体内でリングの中心軸から $r\,[\mathrm{m}]$ の点の磁界のエネルギー密度を求めよ．
(2) 磁性体内に蓄えられる磁界のエネルギーを求めよ．
(3) コイルの自己インダクタンスを求めよ．
(4) 磁性体の外側表面（$r=b$）の単位面積あたりに働く力の大きさを求めよ．
(5) 磁性体の内側表面（$r=a$）に働く力の大きさと方向を求めよ．

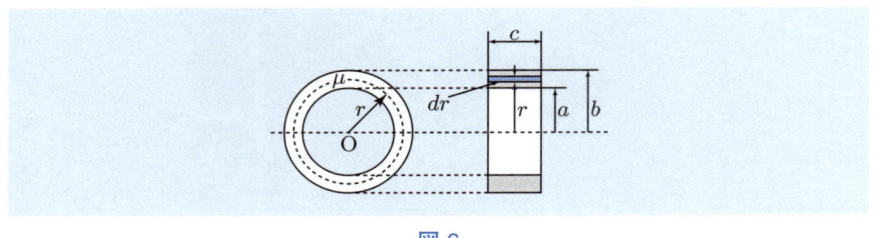

図 6

□ **7.13** 図 7 に示す磁気回路で $l_1\,[\mathrm{m}]$ の部分は $M\,[\mathrm{A\cdot m^{-1}}]$ に磁化されている永久磁石であり，$l_2\,[\mathrm{m}]$ の部分は透磁率 $\mu\,[\mathrm{H\cdot m^{-1}}]$ の磁性とする．エアギャップの部分の磁束密度を求め，永久磁石が磁性体を引き付ける力を求めよ．なお，磁性体の断面積を $S\,[\mathrm{m^2}]$ とし，エアギャップでの磁力線の乱れは無視できるものとする．

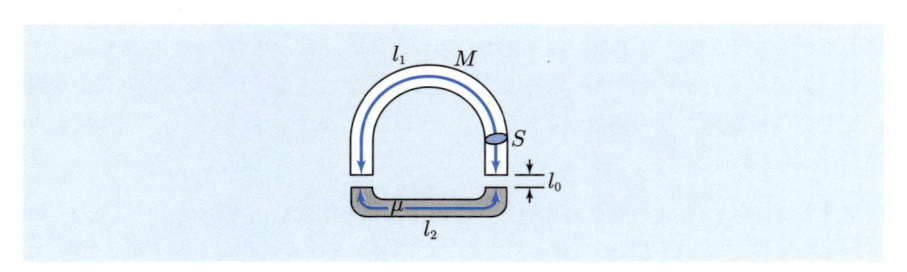

図 7

第8章
マクスウェルの方程式

　これまでに，電荷が静電界を作り，電荷が移動すると電流を生じ，電流が流れると静磁界が発生することを学んだ．静的な現象に対する論理的なとらえ方としては上記の通りである．さらに，第7章では動的な現象として電磁誘導を学んだ．その結果，静電界と誘導電界では性質に違いはあるが，磁界の変化によって電界が発生する，つまり電界と磁界は互いに従属関係にあることが明らかとなった．

　本章では，ここまでに学んだ知識を整理してマクスウェルの方程式の表現と，そこから導かれる新しい現象の解釈を学ぶ．本章は3つの節で構成されている．

8.1 変位電流

8.1.1 変位電流

第4章では複数の性質の電流が存在することとあわせて，導電電流の性質と振舞い，および扱いを学んだ．さらに第6章では磁化電流の存在も学んだ．本節では新たに，もう一種の違った電流の性質と振舞いを学ぶ．

C-R直列回路に電流を流す場合，導電電流によって電源から導体を経由してキャパシタに電荷が充電されるが，電極間は空間あるいは誘電体であるから真電流（導電電流）は流れない．しかし，キャパシタには電流が流れ，そのインピーダンスは $Z = \frac{1}{j\omega C}\,[\Omega]$ であることを回路理論で学んだはずである．したがって，キャパシタ内部には導電電流とは違った性質の電流が流れていると解釈しなければならない．

ここで，図 8.1 に示すようにキャパシタの一方の電極を囲む閉曲面を考えよう．閉曲面には導電電流が流れ込み電極に電荷が蓄積する．その結果，電極間には電束が発生し，閉曲面から流れ出す電束密度は時間とともに変化することになる．この関係を式で表現すれば (8.1) 式のようになる．

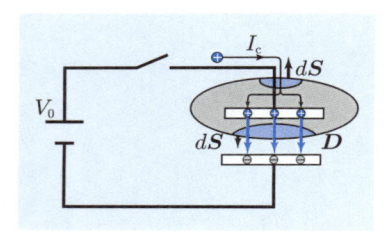

図 8.1 キャパシタと閉曲面

$$\iint \left(\boldsymbol{J} + \frac{\partial \boldsymbol{D}}{\partial t} \right) \cdot d\boldsymbol{S} = 0 \quad (8.1)$$

この式は 4.1 節で学んだ電流 $I = \iint \boldsymbol{J} \cdot d\boldsymbol{S} = -\frac{\partial}{\partial t} \iiint \rho\,dv$ と照らし合わせれば，右辺に電束密度に関するガウスの法則 $\iint \boldsymbol{D} \cdot d\boldsymbol{S} = \iiint \rho\,dv$ を当てはめれば，電束密度の時間微分が電流の性質を有することを意味する．そこで

$$\boldsymbol{J}_\mathrm{d} = \frac{\partial \boldsymbol{D}}{\partial t}\,[\mathrm{A} \cdot \mathrm{m}^{-2}] \qquad (8.2)$$

を**変位電流密度**（displacement current density）$[\mathrm{A} \cdot \mathrm{m}^{-2}]$ と定義する．変位電流は空間あるいは誘電体の内部に流れる電流と理解すればよい．したがって，先の C-R 直列回路では，導体部分には導電電流 I_c が，キャパシタの電極間には変位電流 I_d が流れる．そのため (8.1) 式は電流が連続することを意味している．

例題 8.1

図 8.2 に示すような半径 $a\,[\mathrm{m}]$ の円板状で電極間隔 $d\,[\mathrm{m}]$ のキャパシタがある.このキャパシタに $V = V_0 \sin\omega t\,[\mathrm{V}]$ の電圧を印加した場合,流れる変位電流を求めよ.なお,電極間には誘電率 $\varepsilon\,[\mathrm{F\cdot m^{-1}}]$ の物質が充てんされているものとし,電極端部での電界の乱れは無視できるものとする.

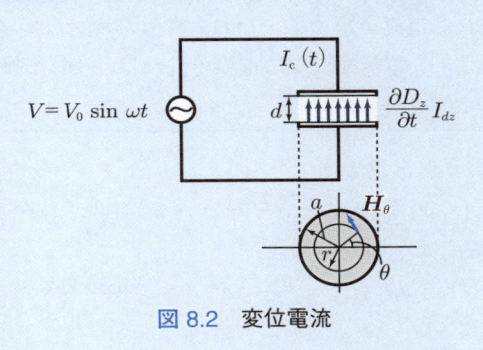

図 8.2 変位電流

【解答】 キャパシタ内部には (8.2) 式に示す変位電流が流れていると解釈でき

$$J_{\mathrm{d}z} = \frac{\partial D_z}{\partial t} = \frac{\partial \varepsilon E_z}{\partial t} = \frac{\varepsilon}{d}\frac{\partial V_0 \sin\omega t}{\partial t}$$
$$= \frac{\varepsilon\omega}{d}V_0 \cos\omega t\,[\mathrm{A\cdot m^{-2}}]$$

となるから,流れる電流は

$$I_{\mathrm{d}z} = \frac{\varepsilon\pi a^2}{d}\omega V_0 \cos\omega t\,[\mathrm{A}]$$

となる.

ところで,電流が流れると磁界が発生することを第 5 章で学んだ.そこで,アンペールの法則を例題 8.1 の変位電流にあてはめて計算を進めてみる.なお,ここでは $a > r$ だけを考えることとする.

左辺は $\quad \oint \boldsymbol{H}\cdot d\boldsymbol{l} = H_\theta(r)2\pi r$

右辺は $\quad \iint \boldsymbol{J}\cdot d\boldsymbol{S} = \int_0^r \boldsymbol{J}_\mathrm{d} 2\pi r dr = \frac{\varepsilon\omega}{d}\pi r^2 V_0 \cos\omega t$

となり,磁界の強さは

$$H_\theta(r) = \frac{\varepsilon\omega}{2d}\pi r V_0 \cos\omega t\,[\mathrm{A\cdot m^{-1}}]$$

となる.実測により電極間の磁界分布を計測すると,この式の正しいことが証明できる.つまり,変位電流も磁界を作ることが実験によって明らかになっている.

■ 例題 8.2 ■

電極間隔 $d\,[\mathrm{m}]$ で半径 $a\,[\mathrm{m}]$ の円板状の平行平板電極があり，電極間には誘電率 $\varepsilon\,[\mathrm{F\cdot m^{-1}}]$，導電率 $\sigma\,[\mathrm{S\cdot m^{-1}}]$ の物質が充てんされているものとする．電極間に $V = V_0 \sin\omega t\,[\mathrm{V}]$ の電圧を印加した場合，流れる電流を求めよ．なお，電極の間隔方向を z 軸とし，電極端部での電界の乱れは無視できるものとする．

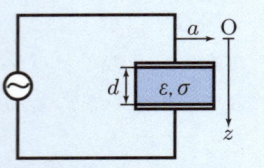

図 8.3 物質の挿入された平行平板電極

【解答】 (4.1) 式より導電電流は
$$I_{\mathrm{cz}}(t) = J_{\mathrm{cz}}\pi a^2 = \sigma E_z \pi a^2 = \sigma \frac{V_0 \sin\omega t}{d}\pi a^2\,[\mathrm{A}]$$
(8.2) 式より変位電流は
$$I_{\mathrm{dz}}(t) = J_{\mathrm{dz}}\pi a^2 = \frac{\partial D_z}{\partial t}\pi a^2 = \varepsilon\omega \frac{V_0 \cos\omega t}{d}\pi a^2\,[\mathrm{A}]$$
になる．したがって
$$I(t) = I_{\mathrm{cz}}(t) + I_{\mathrm{dz}}(t) = (\sigma\sin\omega t + \varepsilon\omega\cos\omega t)\frac{V_0 \pi a^2}{d}\,[\mathrm{A}]$$
となる．

ここで，回路理論で学んだ $\dot{V} = V_0 e^{j\omega t}$ の表現を利用すれば
$$\dot{I} = \frac{\sigma S}{d}\dot{V} + \frac{\varepsilon\omega S}{d}(j)\dot{V} = \left(\frac{1}{R} + j\omega C\right)\dot{V}$$
となり，インピーダンスと同一の表現になる．

8.1.2 修正されたアンペールの法則

前項で変位電流も磁界を発生させることが示された．したがって，アンペールの法則を再度 (8.3) 式に修正する必要がある．

$$\oint \boldsymbol{H}\cdot d\boldsymbol{l} = \iint (\boldsymbol{J}_{\mathrm{c}} + \boldsymbol{J}_{\mathrm{d}})\cdot d\boldsymbol{S} = \iint \left(\sigma\boldsymbol{E} + \frac{\partial \boldsymbol{D}}{\partial t}\right)\cdot d\boldsymbol{S} \qquad (8.3)$$

ところで，5.3 節では積分形で表現したアンペールの法則を微分形に変形する考え方を学んだ．ここでも，同様に式の表現形式の変更を行うと

$$\mathrm{rot}\,\boldsymbol{H} = \nabla\times\boldsymbol{H} = \boldsymbol{J}_{\mathrm{c}} + \boldsymbol{J}_{\mathrm{d}} = \sigma\boldsymbol{E} + \frac{\partial \boldsymbol{D}}{\partial t} \qquad (8.4)$$

となる．

■ 例題 8.3 ■

図 8.4 に示すような半径 $a\,[\mathrm{m}]$ の円板状で電極間隔 $d\,[\mathrm{m}]$ のキャパシタがある．電極間に $V_0\,[\mathrm{V}]$ の電圧を印加し，電極間隔を $d = d_0 + d_1 \sin\omega t\,[\mathrm{m}]$ ($d_1 \ll d_0$) で変化させた場合，電極間に流れる変位電流の大きさを求めよ．あわせて，電極間の磁界分布を求めよ．

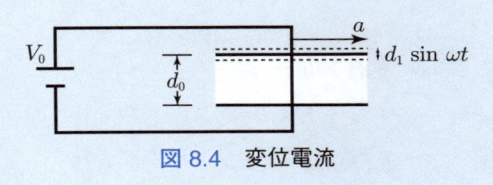

図 8.4 変位電流

【解答】 電極間の電束密度は

$$D = \varepsilon_0 E = \varepsilon_0 \frac{V}{d}$$
$$= \frac{\varepsilon_0 V_0}{d_0 + d_1 \sin\omega t}\,[\mathrm{C}\cdot\mathrm{m}^{-2}]$$

であるから変位電流密度は (8.2) 式より

$$J_\mathrm{d} = \frac{\partial D}{\partial t} = \frac{\partial}{\partial t}\left(\frac{\varepsilon_0 V_0}{d_0 + d_1 \sin\omega t}\right)\,[\mathrm{A}\cdot\mathrm{m}^{-2}]$$

ここで，$d_0 \gg d_1$ であるから，テイラー展開をすると

$$\frac{\partial}{\partial t}\left(\frac{\varepsilon_0 V_0}{d_0 + d_1 \sin\omega t}\right) = \frac{\partial}{\partial t}\left\{\frac{\varepsilon_0 V_0}{d_0\left(1 + \frac{d_1}{d_0}\sin\omega t\right)}\right\}$$
$$\simeq \frac{\varepsilon_0 V_0}{d_0}\frac{\partial}{\partial t}\left(1 - \frac{d_1}{d_0}\sin\omega t\right) = -\frac{\varepsilon_0 \omega V_0 d_1 \cos\omega t}{d_0^2}$$

変位電流は

$$I_\mathrm{d} = \int J_\mathrm{d}\,dS = -\frac{\pi a^2 \varepsilon_0 \omega V_0 d_1 \cos\omega t}{d_0^2}\,[\mathrm{A}]$$

磁界分布は，(8.3) 式のアンペールの法則を用いると

左辺は $\oint \boldsymbol{H}\cdot d\boldsymbol{l} = H_\theta(r)2\pi r$

右辺は $\iint \boldsymbol{J}\cdot d\boldsymbol{S} = \int_0^r J_\mathrm{d} 2\pi r\,dr = -\frac{\pi r^2 \varepsilon_0 \omega d_1}{d_0^2}V_0\cos\omega t$

となり，磁界の強さは次式で表される．

$$H_\theta(r) = -\frac{\varepsilon_0 \omega d_1}{2d_0^2}V_0 r\cos\omega t\,[\mathrm{A}\cdot\mathrm{m}^{-1}]$$

8.2 マクスウェルの方程式と電磁波

8.2.1 マクスウェルの方程式

これまでに学んできた電気磁気学に関わる式は，現象と数式との対応が容易な積分形で主に表現してきた．その中で，特に重要な位置付けとなる式を挙げると

アンペールの法則	$\oint \boldsymbol{H} \cdot d\boldsymbol{l} = \iint \left(\boldsymbol{J} + \frac{\partial \boldsymbol{D}}{\partial t} \right) \cdot d\boldsymbol{S}$	$\cdots$ (8.3)
電磁誘導の法則	$U = \oint \boldsymbol{E} \cdot d\boldsymbol{l} = -\frac{\partial}{\partial t} \int \boldsymbol{B} \cdot d\boldsymbol{S}\,[\mathrm{V}]$	$\cdots$ (7.5)
ガウスの法則	$\int \boldsymbol{D} \cdot d\boldsymbol{S} = \int \rho dv$	$\cdots$ (3.10)
磁束の保存則	$\oint_S \boldsymbol{B} \cdot d\boldsymbol{S} = 0$	

になる．これらの式を活用して3次元の場の解析に用いるためには，微分形での表現が有効である．そこで，上の4式を微分形で表現すると

$$\mathrm{rot}\,\boldsymbol{H} = \nabla \times \boldsymbol{H} = \frac{\partial \boldsymbol{D}}{\partial t} + \boldsymbol{J} \qquad (8.5)$$

$$\mathrm{rot}\,\boldsymbol{E} = \nabla \times \boldsymbol{E} = -\frac{\partial \boldsymbol{B}}{\partial t} \qquad (8.6)$$

$$\mathrm{div}\,\boldsymbol{D} = \nabla \cdot \boldsymbol{D} = \rho \qquad (8.7)$$

$$\mathrm{div}\,\boldsymbol{B} = \nabla \cdot \boldsymbol{B} = 0 \qquad (8.8)$$

となる．また，各物理量を結びつける補助的な関係として

$$\boldsymbol{D} = \varepsilon \boldsymbol{E} \quad (\varepsilon：誘電率) \qquad (8.9)$$

$$\boldsymbol{B} = \mu \boldsymbol{H} \quad (\mu：透磁率) \qquad (8.10)$$

$$\boldsymbol{J} = \sigma \boldsymbol{E} \quad (\sigma：導電率) \qquad (8.11)$$

をまとめて**マクスウェルの方程式**（Maxwell's equations）と呼ぶ．現代社会において，数値解析を行う上でコンピュータの役割がきわめて大きい．特に3次元の場の解析を行うためには，コンピュータを用いた微分方程式の解法がきわめて有効である．

例題 8.4

マクスウェルの方程式における 2 つの発散の式
$$\nabla \cdot \boldsymbol{D} = \rho, \quad \nabla \cdot \boldsymbol{B} = 0$$
は，他の 2 式と電荷の保存則
$$\nabla \cdot \boldsymbol{J} + \frac{\partial \rho}{\partial t} = 0$$
を使って導かれることを確かめよ．

【解答】 (8.5) 式の両辺の発散をとれば
$$\nabla \cdot (\nabla \times \boldsymbol{H}) = \nabla \cdot \left(\frac{\partial \boldsymbol{D}}{\partial t} + \boldsymbol{J} \right)$$
となる．ここで，磁界の場は回転の性質があるから左辺はゼロになる．また，時間と位置は独立変数であるから
$$\frac{\partial}{\partial t} \nabla \cdot \boldsymbol{D} + \nabla \cdot \boldsymbol{J} = 0$$
である．電荷の保存則と比較すれば $\nabla \cdot \boldsymbol{D} = \rho$ が導ける．

同様に，(8.6) 式の両辺の発散をとれば
$$\nabla \cdot (\nabla \times \boldsymbol{E}) = -\frac{\partial}{\partial t} \nabla \cdot \boldsymbol{B}$$
となり，左辺がゼロになるから $\nabla \cdot \boldsymbol{B} = 0$ となる． ∎

8.2.2 電 磁 波

マクスウェルの方程式において，例題 8.4 から (8.7), (8.8) 式は電界の場と磁界の場の性質を表現した式であり，(8.5), (8.6) 式が電気磁気学の現象を表現する基本式となることがわかる．そこで，(8.5), (8.6) 式の 2 式を用いて電界と磁界の振舞いをさらに解析する．なお，(8.3) 式のアンペールの法則の右辺は第 1 項が空間ないしは誘電体内部を主に流れる電流を，第 2 項は導体内部を流れる電流であることを 8.1 節で学んだ．そこで，単純化させて現象を把握するために，本項では第 1 項のみに着目し $\nabla \times \boldsymbol{H} = \frac{\partial \boldsymbol{D}}{\partial t}$ の両辺の回転を計算すると次式になる．
$$\nabla \times (\nabla \times \boldsymbol{H}) = \nabla \times \frac{\partial \boldsymbol{D}}{\partial t} = \frac{\partial}{\partial t} \nabla \times \boldsymbol{D} = \frac{\partial}{\partial t} \varepsilon \nabla \times \boldsymbol{E}$$
解析学によれば $\nabla \times (\nabla \times \boldsymbol{H}) = \nabla (\nabla \cdot \mathrm{H}) - \nabla^2 \boldsymbol{H}$ であり，右辺の第 1 項の磁界の発散はゼロになるから，(8.6) 式を代入しまとめると次式になる．

$$\nabla^2 \boldsymbol{H} = \varepsilon \mu \frac{\partial^2 \boldsymbol{H}}{\partial t^2} \tag{8.12}$$

このような，時間と場所に対する2階の偏微分方程式を**波動方程式**（wave equation）と呼び，磁界の空間における振舞いは波の性質を有することを予測させる．ここで，(8.2) 式の解を誘導するにあたり時間に対しては単調な三角関数で示される交流波形を想定し，回路理論で学んだ $\dot{V} = V_0 e^{j\omega t}$ の表現を利用すれば次式のようになり

$$\frac{\partial V}{\partial t} = j\omega V_0 e^{j\omega t} = j\omega V, \quad \frac{\partial^2 V}{\partial^2 t} = \frac{\partial}{\partial t} j\omega V = -\omega^2 V$$

式の上で時間項を消した扱いができる．つまり

$$\nabla^2 \boldsymbol{H} = -\varepsilon\mu\omega^2 \boldsymbol{H} \tag{8.13}$$

となり，2階の微分方程式として表現できる．

この方程式の一般解を導くにあたり，式は磁界だけで表現されているが，磁界と電界とは従属な関係になることを本章の冒頭で述べた．そこで，復習として (5.6) 式のビオ–サバールの法則を1個の電荷が移動したことにより発生する磁界として表現するとともに，クーロンの法則を利用すると

$$\boldsymbol{H} = \frac{1}{4\pi}\frac{q\boldsymbol{v}\times\boldsymbol{r}}{r^3} = \frac{1}{4\pi}\frac{\boldsymbol{v}\times q\boldsymbol{r}}{r^3} = \boldsymbol{v}\times\boldsymbol{D}$$

となる．一方，ホール効果は $\boldsymbol{E} = -\boldsymbol{v}\times\boldsymbol{B}$ であった．この2つの式を満足する電界と磁界，さらに電荷の移動方向は限定される．例えば電界が x 方向とすれば，磁界は y 方向になり，移動方向は z 方向に限定される．そこで，(8.13) 式の一般解において，磁界を y 方向とすれば移動は z 方向になるから

$$H_y(z) = H_{y0} \exp(\pm j\omega\sqrt{\varepsilon\mu}\,z)$$

となる．ここで，時間に対する表現も加えてまとめれば

$$H_y(z,t) = H_{y0} \exp\{j(\omega t \pm \omega\sqrt{\varepsilon\mu}\,z)\}\,[\mathrm{A\cdot m^{-1}}] \tag{8.14}$$

となり，同様に電界は x 方向になり (8.15) 式で表現できる．

$$E_x(z,t) = E_{x0} \exp\{j(\omega t \pm \omega\sqrt{\varepsilon\mu}\,z)\}\,[\mathrm{V\cdot m^{-1}}] \tag{8.15}$$

図 8.5 に示すように，(8.14), (8.15) 式は電界と磁界は場所と時間に対して単調に振動をして空間を伝わることを示している．このような波の性質を**平面波**（plane wave）と呼び，水面に発生する波と同一の性質がある．振幅に関しては次節で検討することとし，ここでは指数項の中に着目してみる．$\omega t \pm \omega\sqrt{\varepsilon\mu}\,z = \mathrm{const.}$ は振動の同一振幅の点を意味するから，位置と時間の関係は (8.16) 式となり

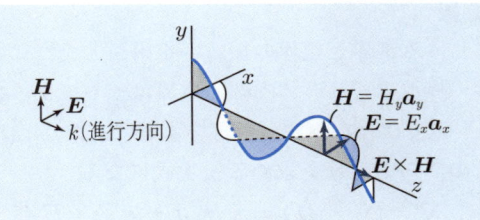

図 8.5　平面電磁波

$$\frac{\partial z}{\partial t} = v = \pm \frac{1}{\sqrt{\varepsilon\mu}} \,[\text{m}\cdot\text{s}^{-1}] \tag{8.16}$$

波の振動が伝わる速度を意味し，これを**位相速度**（phase velocity）と呼ぶ．符号は波が前方にも後方にも伝わることを意味する．真空中を伝わる速度は

$$\frac{1}{\sqrt{\varepsilon_0\mu_0}} = c = 2.998 \times 10^8 \simeq 3.0 \times 10^8 \,[\text{m}\cdot\text{s}^{-1}] \tag{8.17}$$

となり，光速の定義である．このような波を**電磁波**（electromagnetic wave）と呼び，電磁波は空間を光の速度で伝わる．また，$k = \omega\sqrt{\varepsilon\mu}\,[\text{m}^{-1}]$ を電磁波の**伝搬定数**（propagation constant）と定義する．波の波長は $\lambda = \frac{2\pi}{k}\,[\text{m}]$，周波数は $f = \frac{\omega}{2\pi}\,[\text{Hz}]$ となる．

ところで，電気磁気学の最初に出てきたクーロンの法則において，真空の誘電率を用いて式が表現された．その物理的な解釈はガウスの法則において説明したが，その値は，光速 c と真空の透磁率 $\mu_0 = 4\pi \times 10^{-7}\,[\text{H}\cdot\text{m}^{-1}]$ から $\varepsilon_0 = \frac{c^2}{\mu_0} \simeq 8.85 \times 10^{-12}\,[\text{F}\cdot\text{m}^{-1}]$ と決定されている．

■ 例題 8.5 ■

周波数が $10\,\text{kHz}$, $1.0\,\text{GHz}$ の電磁波の水中における電磁波の位相速度とそれぞれの周波数における波長 λ を求めよ．ただし，水の比誘電率 ε_r は 81，比透磁率 μ_r は 1.0 とする．

【解答】 位相速度 $v = \frac{1}{\sqrt{\varepsilon\mu}} = \frac{c}{\sqrt{\varepsilon_r\mu_r}}$ であるから，数値を代入し $3.3 \times 10^7\,[\text{m}\cdot\text{s}^{-1}]$，$\lambda = \frac{2\pi}{\omega\sqrt{\varepsilon\mu}} = \frac{v}{f}$ であるから，数値を代入すれば

$$10\,\text{kHz のとき } 3.3 \times 10^3\,\text{m}$$
$$1.0\,\text{GHz のとき } 3.3 \times 10^{-2}\,\text{m}$$

8.2.3 表皮効果

前項では空間における電界と磁界の振舞いを解析した．ここでは，導体中での振舞いを考える．静電界では導体内部の電界はゼロであったが，時間変動が伴うと導体内部にも電界は存在する．解析をするにあたり，(8.5) 式の第 2 項を用い $\nabla \times \boldsymbol{H} = \boldsymbol{J}$ の両辺の回転を求めると次式になる．

$$\nabla \times (\nabla \times \boldsymbol{H}) = \nabla \times \boldsymbol{J} = \sigma \nabla \times \boldsymbol{E}$$
$$= -\sigma\mu \frac{\partial \boldsymbol{H}}{\partial t}$$

解析学によれば

$$\nabla \times (\nabla \times \boldsymbol{H}) = \nabla(\nabla \cdot \boldsymbol{H}) - \nabla^2 \boldsymbol{H}$$

となり，右辺の第 1 項はゼロになるから，(8.6) 式を代入してまとめると (8.18) 式になる．

$$\nabla^2 \boldsymbol{H} = \sigma\mu \frac{\partial \boldsymbol{H}}{\partial t} \tag{8.18}$$

このような，時間に対する 1 階，場所に対する 2 階の微分方程式を**拡散方程式** (diffusion equation) と呼ぶ．前項と同様に，解を誘導するにあたり時間に対しては三角関数を想定し，回路理論で学んだ

$$\dot{V} = V_0 e^{j\omega t}$$

の表現を利用すれば (8.19) 式となり，2 階の微分方程式として表現できる．

$$\nabla^2 \boldsymbol{H} = j\sigma\mu\omega \boldsymbol{H} \tag{8.19}$$

この方程式の一般解を表現する上で，前項と同様に磁界が y 成分で z 方向に電磁波が進行する状態を想定すれば

$$H_y(z,t) = H_{y1} \exp(\sqrt{j\omega\sigma\mu}\, z) + H_{y2} \exp(-\sqrt{j\omega\sigma\mu}\, z) \, [\text{A} \cdot \text{m}^{-1}] \tag{8.20}$$

となる．ここで，第 1 項は z が大きくなると振幅は発散することになり，物理現象の解としては不合理である．したがって，$H_{y1} = 0$ となるべきである．また，回路理論で学んだオイラーの関係を用いれば $\sqrt{j} = \frac{1+j}{\sqrt{2}}$ であるから，時間項を加えてまとめると (8.21) 式になる．

$$H_y(z,t) = H_{y2} \exp\left(-\sqrt{\tfrac{\omega\sigma\mu}{2}}\, z\right) \exp\left\{j\left(\omega t - \sqrt{\tfrac{\omega\sigma\mu}{2}}\, z\right)\right\} [\text{A} \cdot \text{m}^{-1}] \tag{8.21}$$

8.2 マクスウェルの方程式と電磁波

指数の第 2 項は時間と場所に対して単調な振動をし，第 1 項は振幅が指数関数で減衰することを示している．したがって，図 8.6 に示すように電磁波は導体に入ると振動をしながら，その振幅が指数関数で減衰することを示している．このように導体内部で振幅が減衰する現象を**表皮効果**（skin effect）と呼ぶ．また，減衰する距離を示す指標として，時定数と同様の考え方から

$$\delta = \sqrt{\frac{2}{\omega\sigma\mu}}\, [\mathrm{m}] \tag{8.22}$$

を**表皮深さ**（skin depth）と定義する．

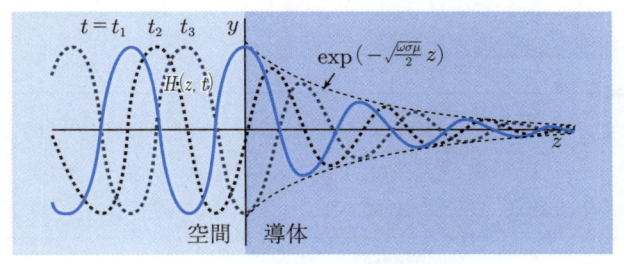

図 8.6 導体内の電磁波

振幅が減衰するのは，電磁誘導が原因している．つまり，(8.6) 式に (8.21) 式を代入すると $\nabla \times \boldsymbol{E} = -\frac{\partial \boldsymbol{B}}{\partial t}$ の演算は

$$\begin{vmatrix} \boldsymbol{a}_x & \boldsymbol{a}_y & \boldsymbol{a}_z \\ \frac{\partial}{\partial x} & \frac{\partial}{\partial y} & \frac{\partial}{\partial z} \\ E_x & E_y & E_z \end{vmatrix} = -\mu \frac{\partial H_y}{\partial t} \boldsymbol{a}_y$$

より

$$\frac{\partial E_x}{\partial z} = -\mu \frac{\partial H_y}{\partial t}$$
$$= -j\omega\mu H_y$$

となり

$$E_x(z, t) = \sqrt{\frac{\omega\mu}{\sigma}} H_{y2} \exp\left(-\sqrt{\frac{\omega\sigma\mu}{2}}\, z\right)$$
$$\cdot \exp\left\{j\left(\omega t - \sqrt{\frac{\omega\sigma\mu}{2}}\, z\right) + \frac{\pi}{4}\right\}\, [\mathrm{V}\cdot\mathrm{m}^{-1}]$$

の電界が導体内に発生することがわかる．したがって，この電界によって導体内に電流が流れ，外部から侵入する磁界を打ち消し，磁界の振幅が減衰すると

理解できる．この電流を**渦電流**（eddy current）とよぶ．

超電導材料の場合 $\sigma\,[\mathrm{S\cdot m^{-1}}]$ は無限大であるから表皮深さはゼロになる．このような現象を**マイスナー効果**（Meissner effect）と呼び，超電導体内部には電磁波は入り込まないことを意味し，電磁波のノイズのシールドに有効であることがわかる．

電線材料として広く用いられている銅の導電率は $5.9\times 10^7\,\mathrm{S\cdot m^{-1}}$ 程度であるから，商用周波数の $50\,\mathrm{Hz}$ では $\delta\simeq 9.3\,[\mathrm{mm}]$ になり，導体の表面付近だけにしか電流は流れないことを意味する．したがって，大電流を流すためには電線の断面積を大きくするだけではなく，断面の形状を矩形にする，あるいは細い電線を束ねるなどの工夫が必要になる．

■ 例題 8.6 ■

周波数 $f=50\,[\mathrm{Hz}],\,5.0\,[\mathrm{GHz}]$ の場合，銅 ($\rho=1.7\times 10^{-8}\,[\Omega\cdot\mathrm{m}]$)，アルミニウム ($\rho=2.6\times 10^{-8}\,[\Omega\cdot\mathrm{m}]$)，鉄 ($\mu_\mathrm{r}=1000,\,\rho=1.0\times 10^{-7}\,[\Omega\cdot\mathrm{m}]$) の表皮深さを求めよ．なお，銅とアルミニウムは非磁性体 ($\mu_\mathrm{r}=1$) である．

【解答】 (8.22) 式より表皮深さは
$$\delta=\sqrt{\frac{2}{\omega\sigma\mu}}$$
であるから数値を代入すると次のようになる．ここで導電率と抵抗率には $\rho=\frac{1}{\sigma}$ の関係がある．

	50 Hz	5.0 GHz
銅	9.3 mm	0.93 μm
アルミニウム	11.5 mm	1.15 μm
鉄	0.7 mm	0.07 μm

8.3 電磁波の伝搬と電力の伝搬

8.3.1 特性インピーダンス

前節で電磁波は電界と磁界とが直交して位相速度で伝搬し，空間では光速で伝わることを学んだ．その際，電界と磁界の従属関係に関しては方向成分だけの議論で終えた．本項では，振幅の従属関係を確認する．そこで，電磁誘導を微分形で表した (8.6) 式に (8.14)，(8.15) 式を代入すると

$$\frac{\partial E_x(z,t)}{\partial z} = -\mu \frac{\partial H_y(z,t)}{\partial t}$$

になるから

$$\omega\sqrt{\varepsilon\mu}\, E_x = \omega\mu H_y(z,t)$$

となる．ここで，電界と磁界の振幅の比を (8.23) 式のように表すと単位はオームになる．

$$\frac{E_x}{H_y} = \sqrt{\frac{\mu}{\varepsilon}}\,[\Omega] \tag{8.23}$$

そこで，(8.23) 式で表される電界と磁界の振幅の比を **特性インピーダンス**（characteristic impedance）と定義する．空間では光速で電磁波が伝搬するが，そのときの振幅の比は $\sqrt{\frac{\mu_0}{\varepsilon_0}} \simeq 377\,[\Omega]$ となる．

■ 例題 8.7 ■

図 8.7 に示すような内導体の外半径 $a\,[\mathrm{m}]$，外導体の内半径 $b\,[\mathrm{m}]$ $(a < b)$ の同軸ケーブルの導体間には誘電率 $\varepsilon\,[\mathrm{F \cdot m^{-1}}]$，透磁率 $\mu_0\,[\mathrm{H \cdot m^{-1}}]$ の物質が詰められているものとする．電流は導体表面に集中するものとして同軸ケーブルの中心導体には z 軸の正方向に，円筒導体には負方向に $I\,[\mathrm{A}]$ の電流が流れている．また，内外導体間の電位差を $V\,[\mathrm{V}]$ とした場合，$\frac{V}{I} = \sqrt{\frac{L}{C}}$ であることを導け．

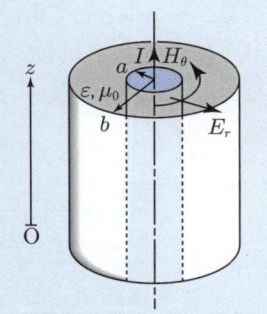

図 8.7 同軸ケーブル内の電界と磁界

第 8 章 マクスウェルの方程式

【解答】 同軸円筒電極間の電界分布は

$$E_r = \frac{V}{r \ln \frac{b}{a}} \ [\text{V} \cdot \text{m}^{-1}]$$

$$C = \frac{2\pi\varepsilon}{\ln \frac{b}{a}} \ [\text{F} \cdot \text{m}^{-1}]$$

磁界分布は

$$H_\theta = \frac{I}{2\pi r} \ [\text{A} \cdot \text{m}^{-1}]$$

$$L = \frac{\mu_0}{2\pi} \ln \frac{b}{a} \ [\text{H} \cdot \text{m}^{-1}]$$

であった．したがって

$$\frac{V}{I} = \frac{E_r r \ln \frac{b}{a}}{H_\theta 2\pi r} = \frac{E_r \ln \frac{b}{a}}{H_\theta 2\pi}$$

である．また

$$\frac{C}{L} = \frac{2\pi\varepsilon}{\ln \frac{b}{a}} \frac{2\pi}{\mu_0 \ln \frac{b}{a}} = \frac{\varepsilon}{\mu_0} \left(\frac{2\pi}{\ln \frac{b}{a}}\right)^2$$

となり，$\frac{E_r}{H_\theta} = \sqrt{\frac{\mu_0}{\varepsilon}}$ であるから両式を比較すれば

$$\frac{V}{I} = \sqrt{\frac{L}{C}}$$

であることが確認できる． ■

このようにケーブルの電流と電圧の比を**ケーブルの特性インピーダンス**と呼び

$$\frac{V}{I} = \sqrt{\frac{\varepsilon}{\mu}} \frac{\ln \frac{b}{a}}{2\pi} \ [\Omega] \tag{8.24}$$

となる．

信号ケーブルとして用いられる同軸ケーブルの特性インピーダンスは $50\,\Omega$ で設計されている．このような特性インピーダンスを問題としなければならないのは，図 8.8 に示すように伝搬する信号の波長がケーブルの長さよりも短くなる場合である．

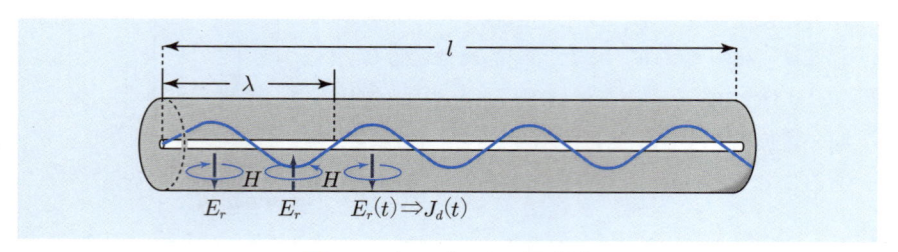

図 8.8 ケーブル内の電磁波

例題 8.8

図 8.9 に示すような厚さ $d\,[\mathrm{m}]$, 誘電率 $\varepsilon\,[\mathrm{F\cdot m^{-1}}]$, 透磁率 $\mu_0\,[\mathrm{H\cdot m^{-1}}]$ のガラスエポキシ基板の両面に薄い導体が張り付けてある。導体の長さは $l\,[\mathrm{m}]$, 幅は $w\,[\mathrm{m}]$ で, この一端に電圧 $V\,[\mathrm{V}]$ の直流電源を, 他端に抵抗をそれぞれ接続したとき, 回路に $I\,[\mathrm{A}]$ の電流が流れるものとする。この伝送線路の特性インピーダンス $Z_0\,[\Omega]$ を求めよ。なお, $w \gg d$ とする。

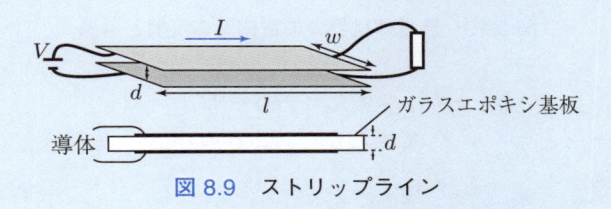

図 8.9 ストリップライン

【解答】 平行平板電極であるから電界は $E_z = \dfrac{V}{d}\,[\mathrm{V\cdot m^{-1}}]$, $C = \dfrac{\varepsilon l w}{d}\,[\mathrm{F}]$

磁界分布は $H_\theta = \dfrac{I}{w}\,[\mathrm{A\cdot m^{-1}}]$, $L = \dfrac{\mu_0 l d}{w}\,[\mathrm{H}]$ であった。

したがって, $Z_0 = \dfrac{V}{I} = \sqrt{\dfrac{L}{C}} = \sqrt{\dfrac{\mu_0}{\varepsilon}}\dfrac{d}{w}\,[\Omega]$ である。

この例題では直流電源として解いたが, 上記のように電磁波の波長が導体 (ストリップライン) の長さ l に比べ短くなると特性インピーダンスの値を問題にする必要が生じ, 高い周波数を扱う集積回路やプリント基板で重要な物理量である。

8.3.2 平面電磁波の反射と透過

図 8.10 に示すように平面電磁波が空間 1 から境界面を境に空間 2 の方向に伝わっていく状態を考える。先の解析と同様に電界は x 成分, 磁界は y 成分とし z 方向に伝わるものとする。空間 1 から到達した電磁波は境界面において, 反射波と透過波が生じる。入射波を $E_{1\mathrm{i}}, H_{1\mathrm{i}}$, 反射波を $E_{1\mathrm{r}}, H_{1\mathrm{r}}$, 透過波を $E_{2\mathrm{t}}, H_{2\mathrm{t}}$ とする。空間 1 の特性インピーダンスを $Z_1\,[\Omega]$, 空間 2 の特性インピーダンスを $Z_2\,[\Omega]$ とすれば, 反射波は波の進行方向が逆になるから 3 成分の従属関係を考え, 電界を基準にとれば磁界の成分は $-y$ 方向になり, 境界条件として次式が成立する。

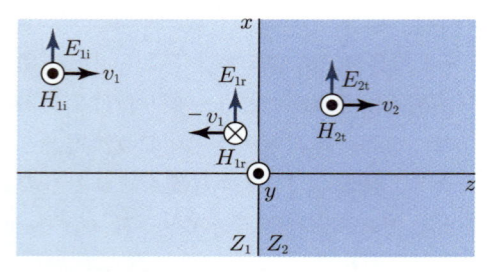

図 8.10 誘電体境界での電磁波の反射と透過

$$E_{1i} + E_{1r} = E_{2t}, \quad H_{1i} - H_{1r} = H_{2t}$$

また，$\frac{E_{1r}}{H_{1r}} = Z_1$，$\frac{E_{2t}}{H_{2t}} = Z_2$ であるから，まとめると

反射係数 $\quad R = \frac{E_{1r}}{E_{1i}} = \frac{Z_2 - Z_1}{Z_2 + Z_1} = \frac{H_{1r}}{H_{1i}}$ (8.25)

透過係数 $\quad T_E = \frac{E_{2t}}{E_{1i}} = \frac{2Z_2}{Z_2 + Z_1}, \quad T_H = \frac{H_{2t}}{H_{1i}} = \frac{2Z_1}{Z_2 + Z_1}$ (8.26)

となる．(8.25), (8.26) 式より $R^2 + T_E T_H = 1$ になることがわかる．

■ **例題 8.9** ■

特性インピーダンスが $50\,\Omega$ と $75\,\Omega$ のケーブルを接続した場合，$50\,\Omega$ のケーブルから送られた信号の反射係数を求めよ．

【解答】 反射係数は (8.25) 式で与えられるから

$$\text{反射係数} \quad R = \frac{Z_2 - Z_1}{Z_2 + Z_1} = \frac{25}{125} = 0.2$$

となる． ■

反射をゼロにするためには $Z_2 = Z_1$ にしなければならない．このような電気信号を反射させないことを**インピーダンスマッチング**と呼び信号の伝達や計測の分野で重要な概念である．

8.3.3 ポインティングベクトル

電磁波は電界と磁界が直交して位相速度で伝搬し，(8.23) 式で表される電界と磁界の振幅の比を特性インピーダンスと定義することを学んだ．電界と磁界の商が抵抗の単位であるから，積は電力の単位になる．そこで，電界と磁界の

8.3 電磁波の伝搬と電力の伝搬

積の物理的な意味を考える．その際，互いに直交の関係にあるので外積を用い (8.27) 式で表現し

$$\boldsymbol{E} \times \boldsymbol{H} = \boldsymbol{S}\, [(\mathrm{V}\cdot\mathrm{m}^{-1})(\mathrm{A}\cdot\mathrm{m}^{-1})]\ (= [\mathrm{W}\cdot\mathrm{m}^{-2}]) \quad (8.27)$$

$\boldsymbol{S}$ をポインティングベクトル（Poynting vector）と定義する．この式は，電磁波が波の進行方向に電力を伝搬することを意味している．ポインティングベクトルの性質を理解するための解析を進める上で，マクスウェルの方程式を活用するために $\boldsymbol{S}$ の発散を計算すると

$$\nabla \cdot \boldsymbol{S} = \nabla \cdot (\boldsymbol{E} \times \boldsymbol{H}) = \boldsymbol{H} \cdot (\nabla \times \boldsymbol{E}) - \boldsymbol{E} \cdot (\nabla \times \boldsymbol{H})$$
$$= \boldsymbol{H} \cdot \left(-\frac{\partial \boldsymbol{B}}{\partial t}\right) - \boldsymbol{E} \cdot \left(\boldsymbol{J} + \frac{\partial \boldsymbol{D}}{\partial t}\right)$$
$$= -\left(\boldsymbol{H} \cdot \frac{\partial \boldsymbol{B}}{\partial t} + \boldsymbol{E} \cdot \frac{\partial \boldsymbol{D}}{\partial t} + \boldsymbol{E} \cdot \boldsymbol{J}\right)$$

となる．物理現象をイメージするには積分形で表現するのが適している．発散はガウスの法則の微分形に対応する表現であるから積分形は (8.28) 式になる．

$$-\int (\boldsymbol{E} \times \boldsymbol{H}) \cdot d\boldsymbol{S} = \int \left(\boldsymbol{H} \cdot \frac{\partial \boldsymbol{B}}{\partial t} + \boldsymbol{E} \cdot \frac{\partial \boldsymbol{D}}{\partial t} + \boldsymbol{E} \cdot \boldsymbol{J}\right) dv \quad (8.28)$$

符号は意図的に移動させたが，左辺は閉曲面に流れ込む電力を意味し，右辺の第 1 項は 6.2 節で学んだ磁界に蓄えられるエネルギー密度の時間変化であり，第 2 項は 3.3 節で学んだ電界に蓄えられるエネルギー密度の時間変化，また第 3 項は 4.1 節で学んだジュール熱を意味する．

つまり，空間から電磁波として送り込まれた電力は，図 8.11 に示すように閉曲面内部の空間あるいは物質内で電界と磁界のエネルギーとして蓄えるとともに，ジュール熱として消費すると解釈できる．

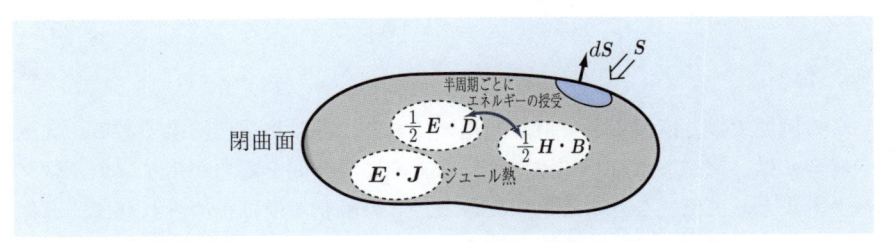

図 8.11　ポインティングベクトルと電力の蓄積と消費

■ 例題 8.10 ■

図 8.12 に示すような中心導体の外半径 a [m], 外側導体の内半径 b [m] で長さ L [m] の同軸ケーブルの一端に V_0 [V] の電圧が印加され I [A] の電流が流れている．導体間には誘電率 ε [F·m^{-1}], 透磁率 μ_0 [H·m^{-1}] の物質が挿入されている場合，導体間を伝送されるポインティングベクトルを求め，ケーブルで送られる電力を求めよ．

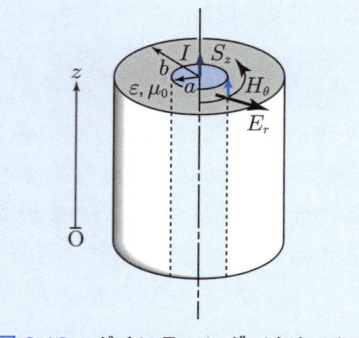

図 8.12 ポインティングベクトルによるケーブル内の電力伝送

【解答】 同軸円筒電極間の

電界分布は $E_r = \dfrac{V}{r \ln \frac{b}{a}}$ [V·m^{-1}]

磁界分布は $H_\theta = \dfrac{I}{2\pi r}$ [A·m^{-1}]

であった．したがって

$$\boldsymbol{S} = \boldsymbol{E} \times \boldsymbol{H} = E_r \boldsymbol{a}_r \times H_\theta \boldsymbol{a}_\theta$$
$$= \dfrac{IV}{2\pi r^2 \ln \frac{b}{a}} \boldsymbol{a}_z \ [\text{W·m}^{-2}]$$

である．ケーブルで送られる電力はポインティングベクトルを面積積分すればよく

$$P = \int \boldsymbol{S} \cdot d\boldsymbol{S} = \int_a^b \dfrac{IV}{2\pi r^2 \ln \frac{b}{a}} 2\pi r \, dr$$
$$= IV \ [\text{W}] \tag{8.29}$$

となる．

　この例題では，直流として計算を進めており，答は当然の結果である．交流の場合には，電磁波として電流が流れる方向に導体間を電力がポインティングベクトルとして伝送されると解釈できる．この解釈が受け止められれば，導体が存在しない光ファイバーによって電気信号が伝送されることを理解できるはずである．

例題 8.11

図 8.13 に示すような半径 $a\,[\mathrm{m}]$, 間隔 $d\,[\mathrm{m}]$ の円板状平行平板キャパシタがある. 電極間には, 半径 $a\,[\mathrm{m}]$, 長さ $d\,[\mathrm{m}]$ の円柱状で誘電率 $\varepsilon\,[\mathrm{F}\cdot\mathrm{m}^{-1}]$, 透磁率 $\mu_0\,[\mathrm{H}\cdot\mathrm{m}^{-1}]$ の物質が詰まっている. この平行平板電極に $V = V_0 \sin\omega t\,[\mathrm{V}]$ の電圧を印加した場合, 円柱の表面を通過するポインティングベクトルを求め, 物質に流入する電力と 1 周期の間に送り込まれるエネルギーを求めよ.

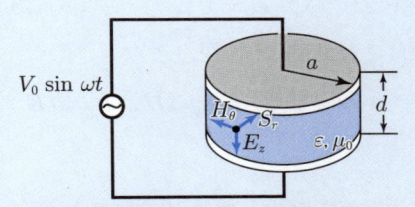

図 8.13 平行平板電極に流れ込むポインティングベクトル

【解答】 平行平板電極であるから電界は $E_z = \frac{V}{d}\,[\mathrm{V}\cdot\mathrm{m}^{-1}]$

磁界は変位電流が流れることによって発生するから $\int \boldsymbol{H}\cdot d\boldsymbol{l} = \int \frac{\partial \boldsymbol{D}}{\partial t}\cdot d\boldsymbol{S}$ より, $H_\theta = \frac{V_0 \varepsilon a \omega \cos\omega t}{2d}\,[\mathrm{A}\cdot\mathrm{m}^{-1}]$ になる.

したがって

$$\boldsymbol{S} = \boldsymbol{E}\times\boldsymbol{H} = E_z\boldsymbol{a}_z \times H_\theta \boldsymbol{a}_\theta$$
$$= \frac{V_0^2 \varepsilon a \omega \sin\omega t \cos\omega t}{2d^2}(-\boldsymbol{a}_r)\,[\mathrm{W}\cdot\mathrm{m}^{-2}]$$
$$P = \int \boldsymbol{S}\cdot d\boldsymbol{S} = \int_0^d \frac{V_0^2}{2d^2}\omega a \varepsilon \sin\omega t \cos\omega t\, 2\pi a\, dz$$
$$= \frac{V_0^2 \varepsilon \pi a^2}{d^2}\omega \sin\omega t \cos\omega t\,[\mathrm{W}]$$

が求まる. ポインティングベクトルの向きが $-r$ 方向であるから, 物質の周辺部から電力が物質内部に流れ込む, つまりキャパシタに電力が供給されると理解できる. 1 周期に注入されるエネルギーは次式となる.

$$W = \int_0^T P\, dt = \int_0^{\frac{2\pi}{\omega}} \frac{V_0^2 \varepsilon \pi a^2}{d^2}\omega \sin\omega t \cos\omega t\, dt$$
$$= \int_0^{\frac{2\pi}{\omega}} \frac{V_0^2 \varepsilon \pi a^2 \omega}{d^2} \frac{\sin 2\omega t}{2}\, dt = 0\,[\mathrm{J}]$$

キャパシタは電力を消費しないので, 1 周期ではエネルギーの蓄積と放出を繰り返しゼロになる.

第8章のまとめ

◎微分形で表現したマクスウェルの方程式

$$\mathrm{rot}\,\boldsymbol{H} = \nabla \times \boldsymbol{H} = \frac{\partial \boldsymbol{D}}{\partial t} + \boldsymbol{J} \quad \cdots (8.5)$$

$$\mathrm{rot}\,\boldsymbol{E} = \nabla \times \boldsymbol{E} = -\frac{\partial \boldsymbol{B}}{\partial t} \quad \cdots (8.6)$$

$$\mathrm{div}\,\boldsymbol{D} = \nabla \cdot \boldsymbol{D} = \rho \quad \cdots (8.7)$$

$$\mathrm{div}\,\boldsymbol{B} = \nabla \cdot \boldsymbol{B} = 0 \quad \cdots (8.8)$$

- 各物理量を結びつける補助的な関係として

$$\boldsymbol{D} = \varepsilon \boldsymbol{E},\; \boldsymbol{B} = \mu \boldsymbol{H},\; \boldsymbol{J} = \sigma \boldsymbol{E}$$

◎電磁波（平面波）：

- 空間あるいは誘電体内部を電界と磁界が直交する波として伝搬する

$$H_y(z,t) = H_{y0} \exp\{j(\omega t \pm \omega \sqrt{\varepsilon \mu}\, z)\}\,[\mathrm{A \cdot m^{-1}}] \quad \cdots (8.14)$$

$$E_x(z,t) = E_{x0} \exp\{j(\omega t \pm \omega \sqrt{\varepsilon \mu}\, z)\}\,[\mathrm{V \cdot m^{-1}}] \quad \cdots (8.15)$$

位相速度：$\frac{\partial z}{\partial t} = v = \frac{1}{\sqrt{\varepsilon \mu}}\,[\mathrm{m \cdot s^{-1}}]$

真空中 $c = \frac{1}{\sqrt{\varepsilon_0 \mu_0}} = 3.0 \times 10^8\,[\mathrm{m \cdot s^{-1}}]$

伝搬定数：$k = \omega \sqrt{\varepsilon \mu}\,[\mathrm{m^{-1}}]$，周波数：$f = \frac{\omega}{2\pi}\,[\mathrm{Hz}]$

電界と磁界の振幅の比：特性インピーダンス：$\frac{E_x}{H_y} = \sqrt{\frac{\mu}{\varepsilon}}\,[\Omega] \quad \cdots (8.23)$

- 導体内では電磁波は減衰して伝搬する

導体の表皮深さ：$\delta = \sqrt{\frac{2}{\omega \sigma \mu}}\,[\mathrm{m}] \quad \cdots (8.22)$

$$H_y(z,t) = H_{y2} \exp\left(-\sqrt{\tfrac{\omega \sigma \mu}{2}}\, z\right) \exp\left\{j\left(\omega t - \sqrt{\tfrac{\omega \sigma \mu}{2}}\, z\right)\right\}\,[\mathrm{A \cdot m^{-1}}]$$
$$\cdots (8.21)$$

$$E_x(z,t) = \sqrt{\tfrac{\omega \mu}{\sigma}}\, H_{y2} \exp\left(-\sqrt{\tfrac{\omega \sigma \mu}{2}}\, z\right) \exp\left\{j\left(\omega t - \sqrt{\tfrac{\omega \sigma \mu}{2}}\, z\right) + \tfrac{\pi}{4}\right\}$$
$$[\mathrm{V \cdot m^{-1}}]$$

◎ポインティングベクトル：$\boldsymbol{S} = \boldsymbol{E} \times \boldsymbol{H}\,[\mathrm{W \cdot m^{-2}}] \quad \cdots (8.27)$

電磁波として電力が送られ，伝送される電力は

$$P = \int \boldsymbol{S} \cdot d\boldsymbol{S}\,[\mathrm{W}] \quad \cdots (8.29)$$

第8章の問題

8.1 内側導体の外半径 a [m], 外側導体の内半径 b [m], 長さ l [m] の同軸電極がある. 導体間に比誘電率 ε_r, 透磁率 μ_0 [H·m^{-1}] の物質が詰められている. 両電極間に $V = V_0 \cos\omega t$ [V] を印加した場合, 電極間に流れる変位電流を求めよ.

8.2 面積が $S = a^2$ [m^2], 電極間隔 d [m] の矩形の平行平板電極が置かれ, 電極間は空間とする. 一方の電極は接地し, 他方に $V = V_0$ [V] を印加する. 電極端部での電界の乱れは無視できるものとして, 以下の問に答えよ.
(1) 電極間距離を $d = d_0 + d_1 \sin\omega t$ [m] で変化させた場合の変位電流を求めよ.
(2) 接地電極の表面近傍に金属の接地されたシャッターが置かれており, 接地電極の露出面積 S [m^2] が時間とともに次のように変化するものとする. なお v [m·s^{-1}] はシャッターの移動速度である.
  (i) $0 < t < \frac{a}{v}$ では $S = avt$ [m^2]
  (ii) $\frac{a}{v} < t < \frac{2a}{v}$ では $S = 2a^2 - avt$ [m^2]
で変化させた場合, それぞれの時間領域における変位電流の大きさを求めよ.

8.3 銅の導電率は 5.8×10^7 S·m^{-1} である. 真空中での波長がそれぞれ 100 m, 1.0 m, 10 mm の電磁波に対する表皮深さを求めよ. なお, 銅は非磁性体である.

8.4 外半径 a [m] の球導体と同心状に, 内半径 b [m] の球殻導体がある. この導体間に誘電率が ε [F·m^{-1}], 導電率 σ [S·m^{-1}] で透磁率 μ [H·m^{-1}] の物質が挿入されている. この導体間に, $V_0 \sin 2\pi f t$ [V] の電圧が印加されている場合, 次の問に答えよ.
(1) 導体間を流れる変位電流密度を求めよ.
(2) 導体間を流れる導電電流密度を求めよ.
(3) 導体間を流れる全電流を求めよ.
(4) 物質内部に蓄えられる電界のエネルギーの大きさを求めよ.
(5) 物質内部で消費する全電力を求めよ.
(6) $f = 50$ [Hz] の場合, 物質内部で1秒間に消費する全エネルギーを求めよ.

8.5 太陽からの放射エネルギーは, 年間平均して日本では, 1.0 kW·m^{-2} 程度である. 地表で, 太陽から放射される電磁波の電界 E [V·m^{-1}] および磁界 H [A·m^{-1}] を求めよ.

□ **8.6** 図 1 に示すように外半径 $a\,[\mathrm{m}]$ の非磁性体でできた十分に長い円柱導体と同軸状に内半径 $b\,[\mathrm{m}]$ で円筒状の長さ $l\,[\mathrm{m}]$ の導体がある．導体間には誘電率 $\varepsilon\,[\mathrm{F\cdot m^{-1}}]$，透磁率 $\mu_0\,[\mathrm{H\cdot m^{-1}}]$ の物質が詰まっている．導体の一方の端部には $V_0\,[\mathrm{V}]$ の電源が接続され，他方の端部には内導体と外導体の間を厚さ $c\,[\mathrm{m}]$ の円板状の抵抗体が挿入されている．なお，外導体は接地されているものとして，次の問に答えよ．

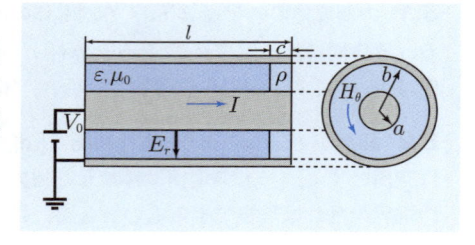

(1) $I\,[\mathrm{A}]$ の電流が導体の長さ方向に一様に流れているものとし，導体間を伝わるポインティングベクトル $\boldsymbol{S}$ を求めよ．

(2) 抵抗体の抵抗率を $\rho\,[\Omega\cdot\mathrm{m}]$ とした場合，送られた電力が抵抗体の挿入されている端部で，反射しないようにするための ρ の条件を示せ．

図 1

□ **8.7** 半径 $a\,[\mathrm{m}]$ の円板状の平行平板電極が $d\,[\mathrm{m}]$ の間隔で配置され，電極間には電極と同一半径の円柱状で誘電率 $\varepsilon\,[\mathrm{F\cdot m^{-1}}]$，透磁率 $\mu\,[\mathrm{H\cdot m^{-1}}]$ の物質が挿入されている．電極には電圧源が接続されており，図 2 に示すような電圧を印加した．電極端部での電界の乱れは無視できるものとする．

(1) それぞれの時間帯における変位電流の大きさを求めよ．

(2) $0<t<t_1$ の時間帯において点 P におけるポインティングベクトルの大きさと方向を求めよ．

(3) $t=t_1$ の時刻までにポインティングベクトルによって，この平行平板電極間に送り込まれる総エネルギーの値を求めよ．

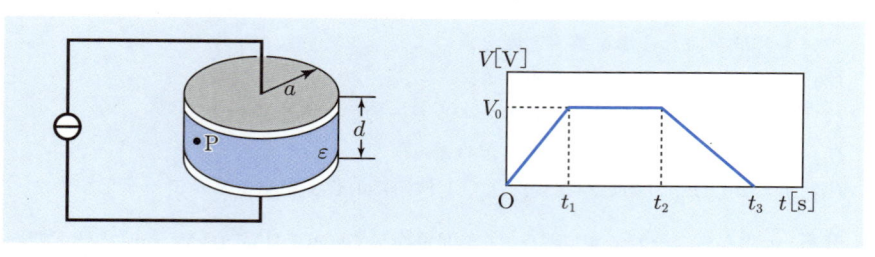

図 2

付　録

A.1　座　標　系

1.1 節で解説したように，電気磁気学の分野では解析する対象の形状に応じて適切な座標系を用いる必要がある．電気磁気学で一般に用いられる座標系（coordinate system）における変数の取り方と，あわせて微分の演算式をまとめる．

■ **直角座標系**（cartesian）　(x, y, z)

線素ベクトル	$d\bm{s} = dx\bm{a}_x + dy\bm{a}_y + dz\bm{a}_z$
面積素ベクトル	$d\bm{S} = dydz\bm{a}_x, \quad d\bm{S} = dzdx\bm{a}_y, \quad d\bm{S} = dxdy\bm{a}_z$
体積素	$dv = dxdydz$

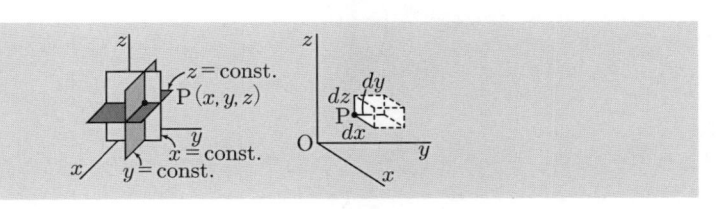

勾配（gradient）	$\operatorname{grad} V = \nabla V = \frac{\partial V}{\partial x}\bm{a}_x + \frac{\partial V}{\partial y}\bm{a}_y + \frac{\partial V}{\partial z}\bm{a}_z$
発散（divergence）	$\operatorname{div} \bm{D} = \nabla \cdot \bm{D} = \frac{\partial D_x}{\partial x} + \frac{\partial D_y}{\partial y} + \frac{\partial D_z}{\partial z}$
ラプラシアン（Laplacian）	$\nabla^2 V = \Delta V = \frac{\partial^2 V}{\partial x^2} + \frac{\partial^2 V}{\partial y^2} + \frac{\partial^2 V}{\partial z^2}$
回転（rotation）	$\operatorname{rot} \bm{H} = \nabla \times \bm{H}$
	$= \left(\frac{\partial H_z}{\partial y} - \frac{\partial H_y}{\partial z}\right)\bm{a}_x + \left(\frac{\partial H_x}{\partial z} - \frac{\partial H_z}{\partial x}\right)\bm{a}_y + \left(\frac{\partial H_y}{\partial x} - \frac{\partial H_x}{\partial y}\right)\bm{a}_z$

■ **円柱座標系**（cylindrical）　(r, θ, z)

線素ベクトル	$d\bm{s} = dr\bm{a}_r + rd\theta\bm{a}_\theta + dz\bm{a}_z$
面積素ベクトル	$d\bm{S} = rd\theta dz\bm{a}_r, \quad d\bm{S} = dzdr\bm{a}_\theta, \quad d\bm{S} = dr\,rd\theta\bm{a}_z$
体積素	$dv = dr\,rd\theta dz$
勾配	$\operatorname{grad} V = \nabla V = \frac{\partial V}{\partial r}\bm{a}_r + \frac{1}{r}\frac{\partial V}{\partial \theta}\bm{a}_\theta + \frac{\partial V}{\partial z}\bm{a}_z$
発散	$\operatorname{div} \bm{D} = \nabla \cdot \bm{D} = \frac{1}{r}\frac{\partial}{\partial r}(rD_r) + \frac{1}{r}\frac{\partial D_\theta}{\partial \theta} + \frac{\partial D_z}{\partial z}$
ラプラシアン	$\nabla^2 V = \frac{1}{r}\frac{\partial}{\partial r}\left(r\frac{\partial V}{\partial r}\right) + \frac{1}{r^2}\frac{\partial^2 V}{\partial \theta^2} + \frac{\partial^2 V}{\partial z^2}$
回転	$\operatorname{rot} \bm{H} = \nabla \times \bm{H} = \left(\frac{1}{r}\frac{\partial H_z}{\partial \theta} - \frac{\partial H_\theta}{\partial z}\right)\bm{a}_r + \left(\frac{\partial H_r}{\partial z} - \frac{\partial H_z}{\partial r}\right)\bm{a}_\theta$
	$\quad + \left\{\frac{1}{r}\frac{\partial (rH_\theta)}{\partial y} - \frac{1}{r}\frac{\partial H_r}{\partial \theta}\right\}\bm{a}_z$

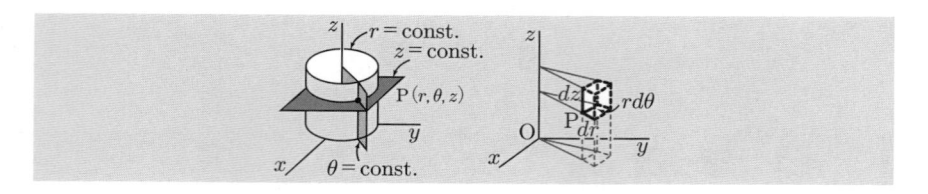

■ 球座標系 (spherical) (r, θ, φ)

線素ベクトル $d\boldsymbol{s} = dr\boldsymbol{a}_r + rd\theta\boldsymbol{a}_\theta + r\sin\theta d\varphi\boldsymbol{a}_\varphi$

面積素ベクトル $d\boldsymbol{S} = rd\theta r\sin\theta\,d\varphi\boldsymbol{a}_r$, $\quad d\boldsymbol{S} = r\sin\theta d\varphi dr\boldsymbol{a}_\theta$, $\quad d\boldsymbol{S} = dr\,rd\theta\boldsymbol{a}_\varphi$

体積素 $dv = dr\,r\sin\theta d\varphi\,rd\theta$

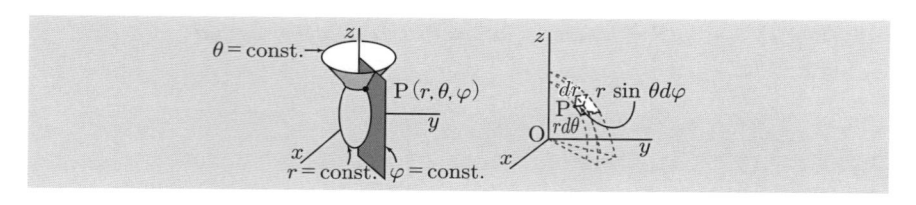

勾配 $\operatorname{grad} V = \nabla V = \dfrac{\partial V}{\partial r}\boldsymbol{a}_r + \dfrac{1}{r}\dfrac{\partial V}{\partial \theta}\boldsymbol{a}_\theta + \dfrac{1}{r\sin\theta}\dfrac{\partial V}{\partial \varphi}\boldsymbol{a}_\varphi$

発散 $\operatorname{div}\boldsymbol{D} = \nabla\cdot\boldsymbol{D} = \dfrac{1}{r^2}\dfrac{\partial}{\partial r}(r^2 D_r) + \dfrac{1}{r\sin\theta}\dfrac{\partial}{\partial \theta}(\sin\theta\,D_\theta) + \dfrac{1}{r\sin\theta}\dfrac{\partial D_\varphi}{\partial \varphi}$

ラプラシアン $\nabla^2 V = \dfrac{1}{r^2}\dfrac{\partial}{\partial r}\left(r^2\dfrac{\partial V}{\partial r}\right) + \dfrac{1}{r^2\sin\theta}\dfrac{\partial}{\partial \theta}\left(\sin\theta\dfrac{\partial V}{\partial \theta}\right) + \dfrac{1}{r^2\sin^2\theta}\dfrac{\partial^2 V}{\partial \varphi^2}$

回転 $\operatorname{rot}\boldsymbol{H} = \nabla\times\boldsymbol{H} = \dfrac{1}{r\sin\theta}\left\{\dfrac{\partial}{\partial \theta}(H_\varphi\sin\theta) - \dfrac{\partial H_\theta}{\partial \varphi}\right\}\boldsymbol{a}_r$
$\qquad + \dfrac{1}{r}\left\{\dfrac{1}{\sin\theta}\dfrac{\partial H_r}{\partial \varphi} - \dfrac{\partial}{\partial r}(rH_\varphi)\right\}\boldsymbol{a}_\theta + \dfrac{1}{r}\left\{\dfrac{\partial}{\partial r}(rH_\theta) - \dfrac{\partial H_r}{\partial \theta}\right\}\boldsymbol{a}_\varphi$

A.2 物理記号と単位およびその読み方

現在,物理量の記号と単位は国際的に SI (le System International d'unités) で統一されている.電気磁気学の分野で用いられる物理記号ならびに広く慣用的に用いられている記号と単位の記号と,あわせて基本量の読み方をまとめる.

■ 1章 空間における静電界

力	F [N]	ニュートン
電荷量	Q [C]	クーロン

(線電荷密度 λ [C·m^{-1}], 面電荷密度 σ [C·m^{-2}], 体積電荷密度 ρ [C·m^{-3}])

真空の誘電率 $\qquad\qquad\varepsilon_0$ [F·m^{-1}] $\quad$ ファラッド毎メートル

付　　録

| 電界 | $E\,[\mathrm{V\cdot m^{-1}}]$ | ボルト毎メートル |
| 電位 | $V\,[\mathrm{V}]$ | ボルト |

■2章　導体のある場の静電界

| 静電容量 | $C\,[\mathrm{F}]$ | ファラッド |
| エネルギー | $W\,[\mathrm{J}]$ | ジュール |

■3章　誘電体と静電界

双極子モーメント	$p\,[\mathrm{C\cdot m}]$	クーロンメートル
分極	$P\,[\mathrm{C\cdot m^{-2}}]$	クーロン毎平方メートル
電束密度	$D\,[\mathrm{C\cdot m^{-2}}]$	クーロン毎平方メートル
誘電率	$\varepsilon\,[\mathrm{F\cdot m^{-1}}]$	ファラッド毎メートル
電界のエネルギー密度	$w\,[\mathrm{J\cdot m^{-3}}]$	ジュール毎立方メートル

■4章　定常電流

電流	$I\,[\mathrm{A}]$	アンペア（電流密度 $J\,[\mathrm{A\cdot m^{-2}}]$）
抵抗	$R\,[\Omega]$	オーム
抵抗率	$\rho\,[\Omega\cdot\mathrm{m}]$	オームメートル
導電率	$\sigma\,[\mathrm{S\cdot m^{-1}}]$	ジーメンス毎メートル
電力	$P\,[\mathrm{W}]$	ワット

■5章　電流と静磁界

磁束密度	$B\,[\mathrm{T}]$	テスラ
真空の透磁率	$\mu_0\,[\mathrm{H\cdot m^{-1}}]$	ヘンリー毎メートル
ベクトルポテンシャル	$A\,[\mathrm{Wb\cdot m^{-1}}]$	ウェーバ毎メートル

■6章　磁性体と静磁界

磁気モーメント	$m\,[\mathrm{A\cdot m^2}]$	アンペア平方メートル
磁化	$M\,[\mathrm{A\cdot m^{-1}}]$	アンペア毎メートル
磁界の強さ	$H\,[\mathrm{A\cdot m^{-1}}]$	アンペア毎メートル
透磁率	$\mu\,[\mathrm{H\cdot m^{-1}}]$	ヘンリー毎メートル
磁束	$\varphi\,[\mathrm{Wb}]$	ウェーバ

■7章　電磁誘導とインダクタンス

| インダクタンス | $L, M\,[\mathrm{H}]$ | ヘンリー |

　　自己インダクタンス L，相互インダクタンス M

| 磁界のエネルギー密度 | $w\,[\mathrm{J\cdot m^{-3}}]$ | ジュール毎立方メートル |

■8章 マクスウェルの方程式

変位電流密度　　　　　$J_d\,[\mathrm{A \cdot m^{-2}}]$　　アンペア毎平方メートル
特性インピーダンス　　$Z_0\,[\Omega]$　　　　　　オーム
ポインティングベクトル　$S\,[\mathrm{W \cdot m^{-2}}]$　　ワット毎平方メートル

単位と関連し，工学の分野で広く用いられている SI で定められている接頭語を示す．

記号	フェムト f	ピコ p	ナノ n	マイクロ μ	ミリ m	キロ k	メガ M	ギガ G	テラ T
桁	10^{-15}	10^{-12}	10^{-9}	10^{-6}	10^{-3}	10^{3}	10^{6}	10^{9}	10^{12}

A.3　電気用図記号について

本書の回路図は，JIS C 0617 の電気用図記号の表記（表中列）にしたがって作成したが，実際に作業現場や論文などでは従来の表記（表右列）を用いる場合も多い．参考までによく使用される記号に対応を以下の表に表す．

	新 JIS 記号（C 0617）	旧 JIS 記号（C 0301）
電気抵抗，抵抗器	─▭─	─/\/\/\─
スイッチ	─/ ─　(─✓─)	─/o─
半導体（ダイオード）	─▷⊢─	─▶⊢─
接地（アース）	─⏚	─⏚
インダクタンス，コイル	─◡◡◡─	─◠◠◠─
電源	─┤├─	─┤├─

問 題 解 答

問題の解答（単位は省略する．また，答は式を整理した形にはせず，式の変形が想像できる形で示すようにしている）

1章

■ **1.1** (1) $\overrightarrow{\mathrm{OP}_1} = x_1\boldsymbol{a}_x + y_1\boldsymbol{a}_y + z_1\boldsymbol{a}_z$
  (2) $\overrightarrow{\mathrm{P}_1\mathrm{P}_2} = (x_2 - x_1)\boldsymbol{a}_x + (y_2 - y_1)\boldsymbol{a}_y + (z_2 - z_1)\boldsymbol{a}_z$
  (3) $\overrightarrow{\mathrm{OP}} = r\boldsymbol{a}_r + z_1\boldsymbol{a}_z$
  (4) $\overrightarrow{\mathrm{OP}} = r\boldsymbol{a}_r$

■ **1.2** (1) $E_x dy dz$ (2) $E_x dx$

■ **1.3** (1) $E_r r d\theta dz$ (2) $E_r dr$
  (3) $B_\theta dr dz$ (4) $B_\theta r d\theta$

■ **1.4** (1) $E_r r \sin\theta d\varphi r d\theta$ (2) $E_r dr$

■ **1.5** (1) $r = 5\,[\mathrm{m}] : 0.18\,\mathrm{V} \cdot \mathrm{m}^{-1}, \quad 15\,[\mathrm{m}] : 0.02\,\mathrm{V} \cdot \mathrm{m}^{-1}$

■ **1.6** $\boldsymbol{E}(x,y) = \frac{Q}{4\pi\varepsilon_0}\left\{\frac{(x-a)\boldsymbol{a}_x + y\boldsymbol{a}_y}{\{(x-a)^2+y^2\}^{3/2}} - \frac{(x+a)\boldsymbol{a}_x + y\boldsymbol{a}_y}{\{(x+a)^2+y^2\}^{3/2}}\right\}$

■ **1.7** $\boldsymbol{E} = \iint \frac{\sigma}{4\pi\varepsilon_0} \frac{r d\theta dr(-a\boldsymbol{a}_r + z\boldsymbol{a}_z)}{(a^2+z^2)^{3/2}}$ で θ は $0\sim 2\pi$，r は $0\sim a$ まで計算する．なお，r 方向は打ち消され $E_z(z) = \frac{\sigma}{2\varepsilon_0}\left(1 - \frac{z}{\sqrt{a^2+z^2}}\right)$

■ **1.8** $\boldsymbol{E} = \iint \frac{\sigma}{4\pi\varepsilon_0} \frac{r\sin\theta d\varphi dr\{(r-a\cos\theta)\boldsymbol{a} + r\sin\theta \boldsymbol{a}_r\}}{\{(r-a\cos\theta)^2 + r^2\sin^2\theta\}^{3/2}}$
θ は $0\sim\pi$，φ は $0\sim 2\pi$ まで計算する．なお $\boldsymbol{a}$ は OP 軸方向であり，φ の計算において打ち消され

$$r < a \quad E_r(r) = 0, \quad a < r \quad E_r(r) = \frac{\sigma a^2}{\varepsilon_0 r^2}$$

■ **1.9** $0.6\,\mathrm{V}$

■ **1.10** $V(z) = \frac{\sigma}{2\varepsilon_0}(\sqrt{a^2+z^2} - z)$
$E_z(z) = -\operatorname{grad} V(z) = \frac{\sigma}{2\varepsilon_0}\left(1 - \frac{z}{\sqrt{a^2+z^2}}\right)$

■ **1.11**

	$0 < r \leq a$	$a < r$
$E_r(r)$	0	$\frac{\sigma a^2}{\varepsilon_0 r^2}$

■ **1.12**

	$0<r<a$	$a<r<b$	$b<r$
右辺	0	$\frac{1}{\varepsilon_0}\int_a^r \rho 4\pi r^2 dr$	$\frac{1}{\varepsilon_0}\int_a^b \rho 4\pi r^2 dr$
$E_r(r)$	0	$\frac{\rho(r^3-a^3)}{3\varepsilon_0 r^2}$	$\frac{\rho(b^3-a^3)}{3\varepsilon_0 r^2}$
$V(r)$	$\frac{\rho(b^2-a^2)}{6\varepsilon_0}$ $-\frac{\rho a^3}{3\varepsilon_0}\left(\frac{1}{a}-\frac{1}{b}\right)$ $+\frac{\rho(b^3-a^3)}{3\varepsilon_0 b}$	$\frac{\rho(b^2-r^2)}{6\varepsilon_0}$ $-\frac{\rho a^3}{3\varepsilon_0}\left(\frac{1}{r}-\frac{1}{b}\right)$ $+\frac{\rho(b^3-a^3)}{3\varepsilon_0 b}$	$\frac{\rho(b^3-a^3)}{3\varepsilon_0 r}$

■ **1.13**

	$0<r<a$	$a<r$
右辺	$\frac{1}{\varepsilon_0}\int_0^r \rho 2\pi rh dr$	$\frac{1}{\varepsilon_0}\int_0^a \rho 2\pi rh dr$
E_r	$\frac{\rho r}{2\varepsilon_0}$	$\frac{\rho a^2}{2\varepsilon_0 r}$
$V(r)$	$\frac{\rho(a^2-r^2)}{4\varepsilon_0}+\frac{\rho a^2}{2\varepsilon_0}\ln\frac{r_0}{a}$	$\frac{\rho a^2}{2\varepsilon_0}\ln\frac{r_0}{r}$

■ **1.14** (1) において $E_{x1}=\frac{\sigma}{2\varepsilon_0}$, (1′) において $E_{x1'}=-\frac{\sigma}{2\varepsilon_0}$
(2) において AB 間の電界は一様
(3) において AB 間の外側の電界は一様
(4) において AB 間の外側の電界はゼロ

総合すると AB 間の電界は $E_x=\frac{\sigma}{\varepsilon_0}$

■ **1.15** ① (1), (2)

	$0<r<a$	$a<r$
$E_r(r)$	$\frac{\rho r}{3\varepsilon_0}$	$\frac{\rho a^3}{3\varepsilon_0 r^2}$
$V(r)$	$\frac{\rho(3a^2-r^2)}{6\varepsilon_0}$	$\frac{\rho a^3}{3\varepsilon_0 r}$
div $\boldsymbol{E}$	ρ	0

② (1), (2)

	$0<r<a$	$a<r$
$E_r(r)$	0	$\frac{\sigma a^2}{\varepsilon_0 r^2}$
$V(r)$	$\frac{\sigma a}{\varepsilon_0}$	$\frac{\sigma a^2}{\varepsilon_0 r}$
div $\boldsymbol{E}$	0	0

問 題 解 答

1.16

	$0 < r < a$	$a < r$
右辺	$\frac{1}{\varepsilon_0}\int_0^r \rho\frac{r}{a}4\pi r^2 dr$	$\frac{1}{\varepsilon_0}\int_0^a \rho\frac{r}{a}4\pi r^2 dr$
$E_r(r)$	$\frac{\rho_0 r^2}{4\varepsilon_0 a}$	$\frac{\rho_0 a^3}{4\varepsilon_0 r^2}$
$V(r)$	$\frac{\rho_0 a^2}{4\varepsilon_0} - \frac{\rho_0(r^3-a^3)}{12\varepsilon_0 a}$	$\frac{\rho_0 a^3}{4\varepsilon_0 r}$
div $\boldsymbol{E}$	$\rho_0 \frac{r}{a}$	0

2章

2.1 (1)

	$0 < r < a$	$a < r < b$	$b < r$
$E_r(r)$	0	$\frac{\rho(r^3-a^3)}{3\varepsilon_0 r^2}$	$\frac{\rho(b^3-a^3)}{3\varepsilon_0 r^2}$
$V(r)$	$\frac{\rho(b^2-a^2)}{6\varepsilon_0} + \frac{\rho a^3}{3\varepsilon_0}\left(\frac{1}{b}-\frac{1}{a}\right) + \frac{\rho(b^3-a^3)}{3\varepsilon_0 b}$	$\frac{\rho(b^2-r^2)}{6\varepsilon_0} + \frac{\rho a^3}{3\varepsilon_0}\left(\frac{1}{b}-\frac{1}{r}\right) + \frac{\rho(b^3-a^3)}{3\varepsilon_0 b}$	$\frac{\rho(b^3-a^3)}{3\varepsilon_0 r}$

(2)

	$0 < r < a$	$a < r < b$	$b < r$
E_r	0	$\frac{\rho(r^3-a^3)}{3\varepsilon_0 r^2}$	0
$V(r)$	$\frac{\rho(b^2-a^2)}{6\varepsilon_0} + \frac{\rho a^3}{3\varepsilon_0}\left(\frac{1}{b}-\frac{1}{a}\right)$	$\frac{\rho(b^2-r^2)}{6\varepsilon_0} + \frac{\rho a^3}{3\varepsilon_0}\left(\frac{1}{b}-\frac{1}{r}\right)$	0

2.2

	$0 < r < a$	$a < r$
$E_r(r)$	$\frac{\rho r}{2\varepsilon_0}$	0
$V(r)$	$\frac{\rho}{4\varepsilon_0}(a^2-r^2)$	0

2.3

	$0 < r < a$	$a < r < b$	$b < r$
$E_r(r)$	0	$\frac{ab}{b-a}\frac{V_0}{r^2}$	0
$V(r)$	V_0	$\frac{ab}{b-a}V_0\left(\frac{1}{r}-\frac{1}{b}\right)$	0

2.4
$E_1(x) = -\frac{V_\mathrm{B}}{a}$, $\quad E_2(x) = \frac{V_\mathrm{C}-V_\mathrm{B}}{b}$, $\quad E_3(x) = \frac{V_\mathrm{C}}{c}$

$V(x) = \frac{V_\mathrm{B}}{a}x$, $\quad V(x) = \frac{V_\mathrm{B}-V_\mathrm{C}}{b}x + V_\mathrm{B}$, $\quad V(x) = \frac{V_\mathrm{C}}{c}(c-x)$

2.5
(1) $E_r(r) = \frac{V_0}{r\ln\frac{b}{a}}$, $\quad V(r) = \frac{V_0}{\ln\frac{b}{a}}\ln\frac{b}{r}$ (2) $C = \frac{2\pi\varepsilon_0}{\ln\frac{b}{a}}\,[\mathrm{F}\cdot\mathrm{m}^{-1}]$

2.6
$C = 8.85\,[\mathrm{pF}]$

2.7
$C = 4\pi\varepsilon_0\frac{ab}{b-a}$, $\quad C = 4\pi\varepsilon_0 a$, $\quad 0.71\,\mathrm{mF}$

2.8
直列に4個, 並列に40個, 合計160個

2.9
(1) $W = \frac{C_1 V_1^2}{2} + \frac{C_2 V_2^2}{2}$ (2) $V_0 = \frac{C_1 V_1 + C_2 V_2}{C_1 + C_2}$

(3) $\Delta W = \frac{1}{2}\frac{C_1 C_2 (V_1-V_2)^2}{C_1+C_2}$ (4) ジュール熱として消費する

■ **2.10** (1) (1-1)

	$0 < r < a$	$a < r < b$	$b < r < c$	$c < r$
$E_r(r)$	0	0	0	$\frac{cV_0}{r^2}$
V_r	V_0	V_0	V_0	$\frac{c}{r}V_0$

(1-2) $w = \frac{\varepsilon_0}{2}E_r^2(r) = \frac{\varepsilon_0(cV_0)^2}{2r^4}$ (1-3) $C = 4\pi\varepsilon_0 c$

(1-4) $f_c = \frac{\varepsilon_0}{2}E_r^2(c) = \frac{\varepsilon_0(cV_0)^2}{2c^4} = \frac{\varepsilon_0 V_0^2}{2c^2}$

(1-5) $F_c = \frac{\partial W}{\partial c} = 2\pi\varepsilon_0 V_0^2$　正になるから半径が大きくなる方向の力

(2) (2-1)

	$0 < r < a$	$a < r < b$	$b < r < c$	$c < r$
$E_r(r)$	0	$-\frac{ab}{b-a}\frac{V_0}{r^2}$	0	$\frac{cV_0}{r^2}$
$V(r)$	0	$\frac{ab}{b-a}\left(\frac{1}{a}-\frac{1}{r}\right)V_0$	V_0	$\frac{c}{r}V_0$

(2-2) $W = \frac{2\pi\varepsilon_0 ab V_0^2}{b-a} + 2\pi c V_0^2$ (2-3) $C = \frac{4\pi\varepsilon_0 ab}{b-a} + 4\pi c$

(2-4) $F_c = \frac{\partial W}{\partial c} = 2\pi\varepsilon_0 V_0^2$　正になるから半径が大きくなる方向の力

(2-5) $f_b = \frac{\varepsilon_0}{2}E_r^2(b) = \frac{\varepsilon_0(abV_0)^2}{2(b-a)^2 b^4}$　縮む方向

(2-6) $f_a = \frac{\varepsilon_0}{2}E_r^2(a) = \frac{\varepsilon_0(abV_0)^2}{2(b-a)^2 a^4}$　膨らむ方向

■ **2.11** $\sigma = \varepsilon_0 E = 2.66 \times 10^{-5} \,[\text{C} \cdot \text{m}^{-2}]$

$f = \frac{\varepsilon_0 E^2}{2} = 39.8 \,[\text{N} \cdot \text{m}^{-2}] \,(= [\text{Pa}])$

3章

■ **3.1** (1) $E_d = 0, \quad D = P$

(2) $E_0 = \frac{P}{\varepsilon_0}\frac{d}{l}, \quad E_{d'} = -\frac{P}{\varepsilon_0}\frac{l-d}{l}, \quad D = P\frac{d}{l}$

■ **3.2** $\varepsilon_r = 5.6$

■ **3.3**

	$0 < r < a$	$a < r < a+b$	$a+b < r$
$D_r(r)$	0	$\frac{Q}{4\pi r^2}$	$\frac{Q}{4\pi r^2}$
$E_r(r)$	0	$\frac{Q}{4\pi r^2 \varepsilon}$	$\frac{Q}{4\pi r^2 \varepsilon_0}$

$\sigma_P(a) = \boldsymbol{P} \cdot \boldsymbol{n} = -P_r(a) = -(D_r(a) - \varepsilon_0 E_r(a)) = \frac{-Q}{4\pi a^2}\left(1 - \frac{\varepsilon_0}{\varepsilon}\right)$

■ **3.4**

	$a < r < b$	$b < r < c$
$D_r(r)$	$\frac{V_0}{r^2\left\{\frac{1}{\varepsilon_1}\left(\frac{1}{a}-\frac{1}{b}\right)+\frac{1}{\varepsilon_2}\left(\frac{1}{b}-\frac{1}{c}\right)\right\}}$	（いずれの誘電体内部も同一）
$E_r(r)$	$\frac{V_0}{\varepsilon_1 r^2\left\{\frac{1}{\varepsilon_1}\left(\frac{1}{a}-\frac{1}{b}\right)+\frac{1}{\varepsilon_2}\left(\frac{1}{b}-\frac{1}{c}\right)\right\}}$	$\frac{V_0}{\varepsilon_2 r^2\left\{\frac{1}{\varepsilon_1}\left(\frac{1}{a}-\frac{1}{b}\right)+\frac{1}{\varepsilon_2}\left(\frac{1}{b}-\frac{1}{c}\right)\right\}}$

■ **3.5** $E_r(r) = \frac{\lambda}{\varepsilon_0 \varepsilon_r(r) 2\pi r} = const.$

したがって $\varepsilon_r(r) = \varepsilon_{ra}\frac{a}{r}, \quad E_r(r) = \frac{\lambda}{2\pi\varepsilon_0 \varepsilon_{ra} a}$

■ **3.6** $C = 0.27\,[\mu\text{F}], \quad Q = 27\,[\mu\text{C}], \quad W = 1.3\,[\text{mJ}]$

■ **3.7** ① (1)

	誘電体内部	空間
E	$\frac{Q_0}{\varepsilon ab+\varepsilon_0 a(a-b)}$ （電界は等しい）	
D	$\frac{\varepsilon Q_0}{\varepsilon ab+\varepsilon_0 a(a-b)}$	$\frac{\varepsilon_0 Q_0}{\varepsilon ab+\varepsilon_0 a(a-b)}$

(2) $W = \frac{dQ_0^2}{2}\frac{1}{\varepsilon ab+\varepsilon_0 a(a-b)}$

(3) $F = -\frac{\partial W}{\partial b} = \frac{adQ_0^2}{2}\frac{\varepsilon-\varepsilon_0}{\{\varepsilon ab+\varepsilon_0 a(a-b)\}^2}$　正になるから誘電体が引き込まれる方向の力になる

② (1)

	誘電体内部	空間
E	$\frac{V_0}{d}$ （電界は等しい）	
D	$\frac{\varepsilon V_0}{d}$	$\frac{\varepsilon_0 V_0}{d}$

(2) $W = \frac{V_0^2}{2d^2}\{\varepsilon abd + \varepsilon_0 a(a-b)d\}$

(3) $F = \frac{\partial W}{\partial b} = \frac{adV_0^2}{2d^2}(\varepsilon-\varepsilon_0)$　正になるから誘電体が引き込まれる方向の力になる

■ **3.8** (1), (2)

	ε_1 の誘電体内	ε_2 の誘電体内
D	$\frac{Q_0}{S}$ （電束密度は等しい）	
E	$\frac{Q_0}{\varepsilon_1 S}$	$\frac{Q_0}{\varepsilon_2 S}$

(3) $V = \frac{Q_0}{\varepsilon_1 S}\frac{d}{2} + \frac{Q_0}{\varepsilon_2 S}\frac{d}{2}$

(4) $W = \frac{Q_0^2}{2\varepsilon_1 S}\frac{d}{2} + \frac{Q_0^2}{2\varepsilon_2 S}\frac{d}{2}$

(5) 力が働くと，一方の誘電体が膨らみ他方は押し付けられるので，(4) の答を $W = \frac{Q_0^2}{2\varepsilon_1 S}x + \frac{Q_0^2}{2\varepsilon_2 S}(d-x)$ として x で偏微分すると

$F = -\frac{\partial W}{\partial x} = -\frac{Q_0^2}{2\varepsilon_1 S} + \frac{Q_0^2}{2\varepsilon_2 S}$　誘電率の大きい誘電体が引き込まれる力

■ **3.9** (1), (2)

	油	空間
E	$\frac{V_0}{r\ln\frac{b}{a}}$ （電界は等しい）	
w	$\frac{\varepsilon}{2}\left(\frac{V_0}{r\ln\frac{b}{a}}\right)^2$	$\frac{\varepsilon_0}{2}\left(\frac{V_0}{r\ln\frac{b}{a}}\right)^2$

(3) $C = \frac{\pi\varepsilon}{\ln\frac{b}{a}} + \frac{\pi\varepsilon_0}{\ln\frac{b}{a}}\ [\mathrm{F\cdot m^{-1}}]$

(4) $f = \frac{1}{2}\left(\frac{V_0}{r\ln\frac{b}{a}}\right)^2(\varepsilon-\varepsilon_0)\ [\mathrm{N\cdot m^{-2}}]$ の力が油を吸い上げる方向に働く

■ **3.10** $\nabla^2 V = \frac{1}{r}\frac{\partial}{\partial r}\left(r\frac{\partial V}{\partial r}\right) = 0$ を解き，$r=a$ で $V=V_0$，$r=b$ で $V=0$ の境界条件を用いると $V(r) = \frac{V_0}{\ln\frac{b}{a}}\ln\frac{b}{r}$，　$E_r(r) = \frac{V_0}{r\ln\frac{b}{a}}$

■ **3.11** $\frac{1}{r^2}\frac{\partial}{\partial r}\left(r^2\frac{\partial U}{\partial r}\right) = -\frac{\rho}{\varepsilon_0}$ を解き，$r=0$ で $E=0$, $r=a$ で $V=0$ の境界条件を用いると

$$V(r) = \frac{\rho}{6\varepsilon_0}(a^2 - r^2), \quad E_r(r) = \frac{\rho}{3\varepsilon_0}r, \quad \sigma_a = \boldsymbol{D}(a)\cdot\boldsymbol{n} = -\frac{\rho}{3\varepsilon_0}a$$

■ **3.12** x が負の領域と正の領域でそれぞれ解き，$x=0$ で $V_+ = V_- = 0$, $E_+(a) = E_-(-a) = 0$

$$\frac{\partial^2 V_-}{\partial x^2} = -\frac{-\rho}{\varepsilon_0}, \quad \frac{\partial^2 V_+}{\partial x^2} = -\frac{\rho}{\varepsilon_0}$$

を用いて，4つの積分定数を決定すると

$$V_+(x) = -\frac{\rho}{2\varepsilon_0}x^2 + \frac{\rho}{\varepsilon_0}ax, \quad V_-(x) = \frac{\rho}{2\varepsilon_0}x^2 + \frac{\rho}{\varepsilon_0}ax$$

$$E_+(x) = \frac{\rho}{\varepsilon_0}(x-a), \quad E_-(x) = -\frac{\rho}{\varepsilon_0}(x+a)$$

■ **3.13** 点 $(a,-b)$ と点 $(-a,b)$ に $-Q$ [C]，点 $(-a,-b)$ に Q を置けばよい．

$$\boldsymbol{E}(x,y) = \frac{Q}{4\pi\varepsilon_0}\left[\frac{(x-a)\boldsymbol{a}_x + (y-b)\boldsymbol{a}_y}{\{(x-a)^2+(y-b)^2\}^{3/2}} - \frac{(x+a)\boldsymbol{a}_x + (y-b)\boldsymbol{a}_y}{\{(x+a)^2+(y-b)^2\}^{3/2}}\right.$$

$$\left. - \frac{(x-a)\boldsymbol{a}_x + (y+b)\boldsymbol{a}_y}{\{(x-a)^2+(y+b)^2\}^{3/2}} + \frac{(x+a)\boldsymbol{a}_x + (y+b)\boldsymbol{a}_y}{\{(x+a)^2+(y+b)^2\}^{3/2}}\right]$$

■ **3.14** 影像電荷を球の中心から電荷のある方向に $\frac{a^2}{h}$ の位置に $-\frac{a}{h}Q$ を置き，球の中心に $\frac{a}{h}Q$ を置けばよいから $V = \frac{Q}{4\pi\varepsilon_0 h}, \quad V(t) = \frac{Q}{4\pi\varepsilon_0(h-vt)}$

■ **3.15** O から電荷のある方向に $\frac{a^2}{d}$ の位置に $-\frac{a}{d}q$ [C] を，O から電荷のある方向と反対方向 $-\frac{a^2}{d}$ の位置に $\frac{a}{d}q$，さらに $-d$ の位置に $-q$ をおけばよいから

$$F = \frac{q}{4\pi\varepsilon_0}\left\{\frac{-\frac{a}{d}q}{\left(d-\frac{a^2}{d}\right)^2} + \frac{\frac{a}{d}q}{\left(d+\frac{a^2}{d}\right)^2} - \frac{q}{4d^2}\right\}$$

4 章

■ **4.1** $R = 54.6\,[\Omega], \quad r = 1200\,[\Omega]$

■ **4.2** $R = 0.09\,[\Omega], \quad P = 110\,[\text{kW}]$

■ **4.3** 直径 $34\,\text{mm}$ の電線，電力損失 $5\,\text{kW}$

$6.6\,\text{kV}$ にすると直径 $0.56\,\text{mm}$ の導体でよい．

■ **4.4** $CR = \varepsilon\rho$ あるいは $R = \int \frac{\rho}{S}dr$ を用いると $R = \frac{\rho}{2\pi}\ln\frac{b}{a}$

■ **4.5** $R = \frac{1}{4\pi a\sigma}\,[\Omega]$ したがって数値を代入すれば $4\,\text{kV}$

■ **4.6** (1) $R = \frac{\rho}{2\pi}\ln\frac{b}{a}$ であるから，$I = \frac{2\pi V_0}{\rho\ln\frac{b}{a}}$

(2) 電流は連続するから，電流の値はどの点においても同一．

(3) $J = \frac{V_0}{r\rho\ln\frac{b}{a}}$ (4) $p = \frac{V_0^2}{r^2\rho\left(\ln\frac{b}{a}\right)^2}$ (5) $P = \int p\,dv = \frac{2\pi V_0^2}{\rho\ln\frac{b}{a}}$

5 章

■ **5.1** $T = \int (\boldsymbol{I}dx \times \boldsymbol{B}) \times d\boldsymbol{x} = \mu_0\frac{I^2 l}{\pi\sin\theta}$

■ **5.2** $a = \frac{mv}{qB}$ より $m = \frac{qa^2 B^2}{2V}$

■ **5.3** $r = \frac{1}{B_z}\sqrt{\frac{2mV_0}{q}}, \quad T = \frac{2\pi r}{v} = \frac{2\pi m}{qB_z}, \quad E_y = \sqrt{\frac{2qV_0}{m}}B_z$

問 題 解 答　　　　　　　　191

■ 5.4 合成すると z 方向成分だけになるから $B_z(z) = \dfrac{8\mu_0 I a l}{2\pi(a^2+z^2)\sqrt{a^2+z^2+l^2}}$

■ 5.5 直線部分は距離ベクトルと電流との外積がゼロになり $B_z = \dfrac{\mu_0 I}{2\pi a}(\pi-\theta)$

■ 5.6 $B_x(x) = \dfrac{\mu_0 I a^2}{2\left\{a^2+\left(x-\frac{a}{2}\right)^2\right\}^{3/2}} + \dfrac{\mu_0 I a^2}{2\left\{a^2+\left(x+\frac{a}{2}\right)^2\right\}^{3/2}}$

■ 5.7 $B_z(z) = \dfrac{\mu_0}{2}\dfrac{NI}{z_2-z_1}\left\{\dfrac{z-z_2}{\sqrt{a^2+(z-z_2)^2}} + \dfrac{z-z_1}{\sqrt{a^2+(z-z_1)^2}}\right\}$

■ 5.8

	$0 < r < a$	$a < r$
右辺	$\mu_0 \int_0^r J 2\pi r dr = \mu_0 \int_0^r \frac{I}{\pi a^2} 2\pi r dr$	$\mu_0 \int_0^a \frac{I}{\pi a^2} 2\pi r dr$
$B_\theta(r)$	$\frac{\mu_0 I}{2\pi a^2} r$	$\frac{\mu_0 I}{2\pi r}$

■ 5.9

	$0 < r < a$	$a < r < b$	$b < r$
右辺	0	$\mu_0 \int_a^r \frac{I}{\pi(b^2-a^2)} 2\pi r dr$	$\mu_0 \int_a^b \frac{I}{\pi(b^2-a^2)} 2\pi r dr$
$B_\theta(r)$	0	$\dfrac{\mu_0 I \frac{r^2-a^2}{b^2-a^2}}{2\pi r}$	$\frac{\mu_0 I}{2\pi r}$

■ 5.10

	$0 < r < a$	$a < r$
右辺	$\mu_0 \int_0^r kr 2\pi r dr$	$\mu_0 \int_0^a kr 2\pi r dr$
$B_\theta(r)$	$\frac{\mu_0 k}{3} r^2$	$\frac{\mu_0 k a^3}{3r}$

■ 5.11 $B_\theta(r) = \dfrac{\mu_0 NI}{2\pi(R + r\cos\theta)}$

■ 5.12

	$0 < x < w$	$w < x$
$B_y(x)$	$\mu_0 J x$	$\mu_0 J w$

■ 5.13

	$0 < r < a$	$a < r < b$	$b < r$
$B_\theta(r)$	0	$\frac{\mu_0 I}{2\pi r}$	0
$J_z(r)$	0	$\frac{I}{\pi r^2}$	0

6章

■ 6.1 $I_M = \int \boldsymbol{M} \cdot d\boldsymbol{l} = 200$

■ 6.2

	$0 < r < a$	$a < r < b$	$b < r$
$H_\theta(r)$	$\frac{I}{2\pi r}$	磁界の強さは連続するからどの位置においても同様	
$B_\theta(r)$	$\frac{\mu_0 I}{2\pi r}$	$\frac{\mu_0 \mu_r I}{2\pi r}$	$\frac{\mu_0 I}{2\pi r}$
$M_\theta(r)$	0	$\frac{I}{2\pi r}(\mu_r - 1)$	0

■ 6.3

	$0 < r < a$	$a < r < b$	$b < r$
$H_\theta(r)$	$\frac{Ir}{2\pi a^2}$	$\frac{I}{2\pi r}$	$\frac{I}{2\pi r}$
$B_\theta(r)$	$\frac{\mu_0 Ir}{2\pi a^2}$	$\frac{\mu I}{2\pi r}$	$\frac{\mu_0 I}{2\pi r}$
$M_\theta(r)$	0	$\frac{I}{2\pi r}\left(\frac{\mu}{\mu_0} - 1\right)$	0

■ 6.4　$H_\theta(r) = \frac{NI}{2\pi r}$,　$B_\theta(r) = \frac{\mu NI}{2\pi r}$,　$\varphi = \int \boldsymbol{B} \cdot d\boldsymbol{S} = \frac{\mu cNI}{2\pi} \ln \frac{b}{a}$

■ 6.5　$H_\mathrm{m} l + H_\mathrm{g} l_0 = NI$ と磁束密度の連続から

$$B = \frac{NI}{\frac{l}{\mu} + \frac{l_0}{\mu_0}}, \quad H_\mathrm{m} = \frac{\mu_0 NI}{\mu_0 l + \mu l_0}, \quad H_\mathrm{g} = \frac{\mu NI}{\mu_0 l + \mu l_0}, \quad M = \frac{NI(\mu - \mu_0)}{\mu_0 l + \mu l_0}$$

■ 6.6　アンペールの法則を用いる場合は，問題 6.5 と同様に式を展開すればよいので詳細は省略する．磁気回路の考え方を用いた解法を簡単に示す．

$$\varphi = \frac{NI}{R_\mathrm{m1} + R_\mathrm{m2} + 2R_\mathrm{g}} \text{ より } B = \frac{NI}{\frac{l_1}{\mu_1} + \frac{l_2}{\mu_2} + 2\frac{l_0}{\mu_0}}$$

磁束密度は連続するからどの位置も等しい．

$$H_1 = \frac{1}{\mu_1} \frac{NI}{\frac{l_1}{\mu_1} + \frac{l_2}{\mu_2} + 2\frac{l_0}{\mu_0}}, \quad H_2 = \frac{1}{\mu_2} \frac{NI}{\frac{l_1}{\mu_1} + \frac{l_2}{\mu_2} + 2\frac{l_0}{\mu_0}}, \quad H_\mathrm{g} = \frac{1}{\mu_0} \frac{NI}{\frac{l_1}{\mu_1} + \frac{l_2}{\mu_2} + 2\frac{l_0}{\mu_0}}$$

■ 6.7　(1), (2), (3)

1 のエアギャップ	2 のエアギャップ
$\varphi_{11} = \frac{N_1 I_1}{\frac{g_1}{\mu_0 S_1}}$ より	$\varphi_{21} = \frac{N_1 I_1}{\frac{g_2}{\mu_0 S_2}}$ より
$B_{11} = \frac{N_1 I_1}{\frac{g_1}{\mu_0}}$	$B_{21} = \frac{N_1 I_1}{\frac{g_2}{\mu_0}}$
$B_{12} = 0$	$B_{22} = \frac{N_2 I_2}{\frac{g_2}{\mu_0}}$
$B_1 = \frac{N_1 I_1}{g_1} \mu_0$	$B_2 = \frac{N_1 I_1}{g_2} \mu_0 + \frac{N_2 I_2}{g_2} \mu_0$

■ 6.8　グラフより 1.5 T のときには $H_\mathrm{m} = 1.0 \times 10^4\,[\mathrm{A \cdot m^{-1}}]$ になるから $H_\mathrm{m} l + H_\mathrm{g} l_0 = NI$ に数値を代入すると 21.9 A

■ 6.9　前問と同様に数値を代入すると $B = 1.0 - 1.25 \times 10^{-4} H$ が導けるから，グラフにこの式で示される直線を書き込むと，直線と B-H 特性との交点は $B = 0.8\,[\mathrm{T}]$ となる．

■ 6.10　$B_\mathrm{r} = 0.6\,[\mathrm{T}]$

■ 6.11　永久磁石の問題であるから，問題 6.8 の B-H 特性の第二象限を利用し，1.3 T にするためには $H = -0.5 \times 10^4\,[\mathrm{A \cdot m^{-1}}]$ になるから $H_\mathrm{m} l + H_\mathrm{g} l_0 = 0$ を用い数値を代入すると $l_0 = 4.8\,[\mathrm{mm}]$

■ 6.12　(1)　$H_\mathrm{m} l + H_\mathrm{g} l_0 = 0$ より，磁束密度と磁界の強さとの関係は

$$B_\mathrm{m} = -\mu_0 \frac{l}{l_0} H_\mathrm{m}$$

(2)　数値を代入してグラフにこの直線を記入すると交点は $B_\mathrm{m} = 0.58\,[\mathrm{T}]$

(3)　$M = \frac{B_\mathrm{m}}{\mu_0} - H_\mathrm{m} = 4.7 \times 10^5$　　(4)　$N = -\frac{H_\mathrm{m}}{M} = 1.6 \times 10^{-2}$

問 題 解 答　　　　　　　　　　　　　　　193

■ **6.13** (1) $H_\mathrm{m}l + H_\mathrm{g}l_0 = 0$ と $B = \mu_0(H_\mathrm{m} + M)$ より $B_\mathrm{m} = B_\mathrm{g} = \mu_0 \frac{l}{l+l_0}M$

$$H_\mathrm{g} = \frac{l}{l+l_0}M, \quad H_\mathrm{m} = -\frac{l_0}{l+l_0}M$$

(2) $N = -\frac{H_\mathrm{m}}{M} = \frac{l_0}{l+l_0}$

(3) (2) より l_0 をゼロにする

7章

■ **7.1** (1) $\varphi = \int \boldsymbol{B} \cdot d\boldsymbol{S} = BS\sin\omega t$ より $U = -\frac{\partial \varphi}{\partial t} = -BS\omega\cos\omega t$

(2) $U = -\frac{\partial \varphi}{\partial t} = -B_0 S\omega\cos\omega t$

(3) $U = -\frac{\partial \varphi}{\partial t} = -\frac{1}{2}B_0 S\omega\cos\omega t$

■ **7.2** $\varphi = \mu_0 HSN\cos\omega t$ より $U = -\frac{\partial \varphi}{\partial t} = \mu_0 HSN\omega\sin\omega t$

■ **7.3**

	$0 < t < 1$	$1 < t < 2$	$2 < t < 4$
$\frac{\partial I}{\partial t}$ [A·s^{-1}]	20	0	-20
$U_1 = -L_1\frac{\partial I}{\partial t}$	-1.0	0	1.0
$U_2 = -M\frac{\partial I}{\partial t}$	-1.5	0	1.5

■ **7.4** (1) $L_1 = \mu\frac{N_1^2}{l}S, \quad L_2 = \mu\frac{N_2^2}{l}S, \quad M = \mu\frac{N_1 N_2}{l}S$

(2) $V_0\sin\omega t = -L_1\frac{\partial I}{\partial t}$ より，両辺を積分すれば $I = \frac{-lV_0}{\mu N_1^2 S\omega}\cos\omega t$

$U_2 = -M\frac{\partial I}{\partial t}$ より $U_2 = \frac{N_2}{N_1}\sin\omega t$

(3) 83.3

■ **7.5** (1) $L_1 = \mu_0\mu_\mathrm{r}\frac{N_1^2}{l}S, \quad L_2 = \mu_0\mu_\mathrm{r}\frac{N_2^2}{l}S, \quad M = \mu_0\mu_\mathrm{r}\frac{N_1 N_2}{l}S$

(2) $L_1 = 10\,[\mathrm{mH}], \quad L_2 = 40\,[\mathrm{mH}], \quad M = 20\,[\mathrm{mH}]$

(3) $L_+ = 90\,[\mathrm{mH}], \quad L_- = 10\,[\mathrm{mH}]$

■ **7.6** $U = -\mu_0\frac{NSI_0}{2\pi a}\omega\cos\omega t$

$$-\mu_0\frac{NSI_0}{2\pi a}\omega\cos\omega t = Ri + L\frac{di}{dt} \quad \text{なお,}\ L = \frac{\mu_0 N^2 S}{2\pi a}$$

の微分方程式を解き i を誘導すると

$$i = \frac{-I_0}{N}\frac{1}{(\frac{R}{\omega L})^2 + 1}\left(\frac{R}{\omega L}\cos\omega t + \sin\omega t\right)$$

となるので, $\omega L \gg R$ であれば $i = \frac{-I_0}{N}\omega\sin\omega t$

■ **7.7** 第6章の章末問題6.7を参考にすれば

$$L_1 = \frac{\mu_0 S_1 N_1^2}{g_1} + \frac{\mu_0 S_2 N_2^2}{g_2}, \quad L_2 = \frac{\mu_0 S_2 N_2^2}{g_2}, \quad M = \frac{\mu_0 S_2 N_1 N_2}{g_2}$$

■ **7.8** 1-3間の巻き数を n' とすれば, $\varphi = \frac{NI}{R_\mathrm{m}}$ であるから

$$L_{1\text{-}3} = \frac{n'^2}{R_\mathrm{m}}, \quad L_{2\text{-}3} = \frac{(n-n')^2}{R_\mathrm{m}}, \quad M = \frac{(n-n')n'}{R_\mathrm{m}}$$

最大値は $\frac{\partial M}{\partial n'} = 0$ より $n' = \frac{n}{2}$

■ **7.9** 導体間の空間は $H_\theta = \frac{I}{2\pi r}$ より
$$W = \int w dv = \int_a^b \frac{\mu_0}{2}\left(\frac{I}{2\pi r}\right)^2 2\pi r l dr = \frac{\mu_0 I^2 l}{4\pi}\ln\frac{b}{a}$$
同様に，円柱導体内では $H_\theta = \frac{Ir}{2\pi a^2}$ より
$$W = \int w dv = \int_a^b \frac{\mu_0}{2}\left(\frac{Ir}{2\pi a^2}\right)^2 2\pi r l dr = \frac{\mu_0 I^2 l}{4\pi a^4}\int_0^a r^3 dr = \frac{\mu_0 I^2 l}{16\pi}$$
したがって，単位長さあたりのインダクタンスは $l=1$ として
$$L = \frac{\mu_0}{2\pi}\ln\frac{b}{a} + \frac{\mu_0}{8\pi}$$

■ **7.10**　$H = nI$ であるから $f = \frac{\mu_0}{2}(nI)^2$
磁力線方向には縮まる力，半径方向には膨らむ力が働く．仮想変位法を用いると
$$F_a = \frac{\partial W}{\partial a} = \frac{\mu_0}{2}(nI)^2 2\pi a l$$
半径方向はコイルの長さが変化すると，単位長さあたりの巻き数が変化するから $nl = N$
（総巻き数）は不変として $n\partial l + l\partial n = 0$
$$F_a = \frac{\partial W}{\partial l} = \frac{\mu_0}{2}I^2\pi a^2\frac{\partial}{\partial l}(n^2 l) = \frac{\mu_0}{2}I^2\pi a^2\left(2n\frac{\partial n}{\partial l}l + n^2\right) = -\frac{\mu_0}{2}(nI)^2\pi a^2$$
半径方向には正になるから膨らむ力
長さ方向には負になっているから縮む力になる．

■ **7.11**　導体間の空間は $H_\theta = \frac{I}{2\pi r}$ より
$$W = \int w dv = \int_a^b \frac{\mu_0}{2}\left(\frac{I}{2\pi r}\right)^2 2\pi r l dr = \frac{\mu_0 I^2 l}{4\pi}\ln\frac{b}{a}$$
(1) 単位長さあたりでは $W = \frac{\mu_0 I^2}{4\pi}\ln\frac{b}{a}$

(2) (2-1) $F_b = \frac{\partial W}{\partial b} = \frac{\mu_0 I^2}{4\pi b}$, $\quad F_a = \frac{\partial W}{\partial a} = -\frac{\mu_0 I^2}{4\pi a}$
外側導体は膨らむ力，円柱導体には圧縮する力になる．

(2-2) $f_b = \frac{\mu_0}{2}H_\theta^2 = \frac{\mu_0 I^2}{8(\pi b)^2}$, $\quad f_a = \frac{\mu_0}{2}H_\theta^2 = \frac{\mu_0 I^2}{8(\pi a)^2}$

■ **7.12**　(1) $w = \frac{\mu}{2}\left(\frac{NI}{2\pi r}\right)^2$

(2) $W = \int w dv = \int_a^b \frac{\mu}{2}\left(\frac{NI}{2\pi r}\right)^2 2\pi r h dr = \frac{\mu h(NI)^2}{4\pi}\ln\frac{b}{a}$

(3) $L = \frac{\mu h N^2}{2\pi}\ln\frac{b}{a}$　(4) $f = \frac{\mu}{2}\left(\frac{NI}{2\pi b}\right)^2$　(5) $F = \frac{\partial W}{\partial a} = -\frac{\mu h(NI)^2}{4\pi}\frac{1}{a}$

■ **7.13**　$H_m l_1 + H_g 2l_0 + H_2 l_2 = 0$ より $\left(\frac{B}{\mu_0} - M\right)l_1 + \frac{B}{\mu_0}2l_0 + \frac{B}{\mu}l_2 = 0$
したがって $B = \frac{M l_1}{\mu(l_1 + 2l_0) + \mu_0 l_2}$, $\quad F = 2S\frac{B^2}{2\mu_0}$

8章

■ **8.1**　$E_r(r) = \frac{V_0 \sin\omega t}{r\ln\frac{b}{a}}$ であるから $D_r(r) = \frac{\varepsilon_0 \varepsilon_r V_0 \sin\omega t}{r\ln\frac{b}{a}}$

変位電流密度は $J_{dr}(r) = \frac{\partial D_r(r)}{\partial t} = \frac{\varepsilon_0 \varepsilon_r V_0 \omega \cos\omega t}{r\ln\frac{b}{a}}$

変位電流は $I_d = \int J_{dr} dS = \int_0^l \frac{\varepsilon_0 \varepsilon_r V_0 \omega \cos\omega t}{r\ln\frac{b}{a}} 2\pi r dz = \frac{2\pi l \varepsilon_0 \varepsilon_r V_0 \omega \cos\omega t}{\ln\frac{b}{a}}$

■ **8.2**　(1) $J_{dz} = \frac{\partial D_z}{\partial t} = \frac{\partial}{\partial t}\frac{\varepsilon_0 V_0}{d_0 + d_1 \sin\omega t} = \frac{-\varepsilon_0 V_0 d_1 \omega \cos\omega t}{(d_0 + d_1 \sin\omega t)^2} \simeq \frac{-\varepsilon_0 V_0 d_1 \omega \cos\omega t}{d_0^2}$

(2) (i) $I = \frac{\partial D_z S}{\partial t} = \frac{\varepsilon_0 V_0 a v}{d}$

(ii) $I = \frac{\partial D_z S}{\partial t} = \frac{-\varepsilon_0 V_0 a v}{d}b$

問 題 解 答　　　　　　　　　**195**

■ **8.3**　$f = \frac{c}{\lambda}$ を表皮深さの式に代入すれば $\delta = \sqrt{\frac{2}{\omega\sigma\mu}} = \sqrt{\frac{1}{\pi f \sigma\mu}}$

波長 λ [m]	表皮深さ δ [m]
100	3.2×10^{-5}
1	3.2×10^{-6}
10^{-2}	3.2×10^{-7}

■ **8.4**　ガウスの法則を利用すれば $E_r(r) = \frac{abV_0 \sin 2\pi ft}{r^2(b-a)}$ であるから
(1) $J_d = \frac{\partial D_r}{\partial t} = 2\pi f \frac{ab\varepsilon V_0 \cos 2\pi ft}{r^2(b-a)}$
(2) $J_c = \sigma E_r = \sigma \frac{abV_0 \sin 2\pi ft}{r^2(b-a)}$
(3) $I = \int (J_d + J_c) dS = \frac{4\pi abV_0}{b-a}(2\pi f\varepsilon \cos 2\pi ft + \sigma \sin 2\pi ft)$
(4) $W = \int_a^b \frac{\varepsilon E_r(r)^2}{2} 4\pi r^2 dr = \frac{4\pi\varepsilon abV_0^2}{2(b-a)} \sin^2 2\pi ft$
(5) $P = \int_a^b \sigma E_r(r)^2 4\pi r^2 dr = \frac{4\pi\sigma abV_0^2}{b-a} \sin^2 2\pi ft$
(6) $W = \int P dt = \frac{4\pi\sigma abV_0^2}{b-a} \int_0^{(1/f)} \sin^2 2\pi ft\, dt = \frac{2\pi\sigma abV_0^2}{b-a}$

■ **8.5**　$E \times H = 10^3$ と $\frac{E}{H} = 377$ より $E = 614\,[\mathrm{V \cdot m^{-1}}]$,　$H = 1.63\,[\mathrm{A \cdot m^{-1}}]$

■ **8.6**　(1) $E_r(r) = \frac{V_0}{r \ln \frac{b}{a}}$,　$H_\theta(r) = \frac{I}{2\pi r}$ より $\boldsymbol{S} = \boldsymbol{E} \times \boldsymbol{H} = \frac{V_0 I}{2\pi r^2 \ln \frac{b}{a}} \boldsymbol{a}_z$
(2) $Z_0 = \frac{V_0}{I} = \sqrt{\frac{\mu_0}{\varepsilon}} \frac{1}{2\pi} \ln \frac{b}{a} = R$,　$R = \int \rho \frac{dr}{2\pi rc} = \frac{\rho}{2\pi c} \ln \frac{b}{a}$
したがって $\rho = c\sqrt{\frac{\mu_0}{\varepsilon}}$

■ **8.7**　(1) $I_d = \frac{\partial D_z S}{\partial t} = \frac{\varepsilon \pi a^2}{d} \frac{\partial V}{\partial t}$ であるから

	$0 < t < t_1$	$t_1 < t < t_2$	$t_2 < t < t_3$
I_d	$\frac{\varepsilon \pi a^2}{d} \frac{V_0}{t_1}$	0	$-\frac{\varepsilon \pi a^2}{d} \frac{V_0}{t_3 - t_2}$

(2) $E_z(a) = \frac{V_0}{d} \frac{t}{t_1}$,　$H_\theta(a) = \frac{\varepsilon a}{2d} \frac{V_0}{t_1}$
したがって $\boldsymbol{S} = \boldsymbol{E} \times \boldsymbol{H} = \frac{\varepsilon a}{2d^2} \left(\frac{V_0}{t_1}\right)^2 t(-\boldsymbol{a}_r)$
(3) $W = \int P dt = \int (\int \boldsymbol{S} \cdot d\boldsymbol{S}) dt = \int \frac{\varepsilon a}{2d^2} \left(\frac{V_0}{t_1}\right)^2 t\, 2\pi a d\, dt$
$\quad = \frac{\varepsilon \pi a^2}{d} \left(\frac{V_0}{t_1}\right)^2 \frac{t_1^2}{2} = \frac{\varepsilon \pi a^2}{d} \frac{V_0^2}{2}$

索　引

あ　行

アンペールの周回積分の法則（Ampere's circuital law）　102
アンペールの法則（Ampere's law）　102
　　磁界に関する——　119

位相速度（phase velocity）　167
移動度　82
インピーダンスマッチング　174

渦電流（eddy current）　170

永久磁石（permanent magnet）　125
影像点　72
影像電荷　72
影像法（image method）　73
円柱座標系　2
円筒座標系（cylindrical coordinates）　2

オームの法則（Ohm's law）　83
温度係数　85

か　行

ガウスの発散の定理　23
ガウスの法則（Gauss' law）　18
　　電束密度に関する——　54
　　——の微分形　23

拡散電流（diffusion current）　81
拡散方程式（diffusion equation）　168
重ね合わせの原理　7
仮想変位法（virtual displacement method）　43, 45, 65, 151
過渡現象（transient phenomena）　28
過渡電流（transient current）　88
緩和現象（relaxation phenomena）　88

起電力（electromotive force）　86
逆起電力　141
逆電界　28
キャパシタ（capacitor）　39
キャリア（carrier）　82
球座標系（spherical coordinates）　2
境界条件　59
鏡像法　73
極座標系　2
極性分子（polar molecule）　50
距離ベクトル　3
キルヒホフの第1法則　84
キルヒホフの第2法則　86

クーロンの法則（Coulomb's law）　4

結合係数（coupling coefficient）　144
減磁界（demagnetizing field）　126
減磁率（demagnetizing factor）　126

勾配（gradient）　14

交流　82

さ 行

サイクロトロン運動（cyclotron motion）　96
サイクロトロン周波数（cyclotron frequency）　96
鎖交（interlink）　102
残留磁気（residual magnetization）　124
磁化（magnetization）　117
磁界　94
磁界のエネルギー密度（magnetic energy density）　147
磁界の強さ（intensity of magnetic field）　119
磁界の場（magnetic field）　94
磁化電流（magnetization current）　117
磁化の強さ（magnetization）　117
磁化率（magnetic susceptibility）　119
磁気回路（magnetic circuit）　123
磁気抵抗（magnetic reluctance）　123
磁気モーメント（magnetic moment）　116
自己インダクタンス（self-inductance）　139
磁性体（magnetic material）　116
磁束　108
磁束の保存性　108
磁束の連続性　108
磁束密度（magnetic flux density）　94, 98
時定数（time constant）　88, 146
自由電荷（free charge）　54

自由電子　28
自由電流（free current）　119
ジュール熱（Joule heat）　85
磁力線　94
真空の透磁率（permeability of free space）　98
真空の誘電率（permittivity of free space）　4
真電荷（true charge）　54
真電流（true current）　119
ストークスの定理（Stokes' theorem）　107
静電界（electrostatic field）　6
静電界の保存性　12
静電シールド（electrostatic shielding）　33
静電誘導（electrostatic induction）　28
静電容量（capacitance）　37
絶縁体（insulator）　50
絶縁体（insulator）　49
接地（earth）　31
接地抵抗（earth resistance）　90
線積分　12
線素ベクトル　3
線電荷密度　8

双極子（dipole）　16, 51
双極子モーメント（dipole moment）　51
相互インダクタンス（mutual inductance）　141
速度起電力（motional electromotive force）　135

た 行

体積素　4
体積電荷密度　8
対流電流（convection current）　81
単位ベクトル（unit vector）　3
単極誘導（unipolar induction）　135
直流　82
直角座標系（cartesian coordinates）　2
抵抗率（resistivity）　83
定常状態（steady state）　28
定電圧電源　86
定電流電源　86
電位（electric potential）　11
電位係数（coefficient of potential）　41
電位差（potential difference）　11
電界　6
電界のエネルギー密度（electrostatic energy density）　64
電界の場（electric field）　6
電荷担体　82
電荷の保存則（conservation of charge）　84
電気感受率（electric susceptibility）　52
電気力線（electric lines of force）　17, 54
電磁波（electromagnetic wave）　167
電磁誘導（electromagnetic induction）　135
電束（electric flux）　54
電場　6
伝搬定数（propagation constant）　167
電流（electric current）　81, 82
電流密度（current density）　82
透過係数　174
透磁率（permeability）　120
導体　28
導体系　40
等電位面（equipotential surface）　14
導電電流（conduction current）　81
導電率（conductivity）　83
特性インピーダンス（characteristic impedance）　171
　　ケーブルの――　172
ドリフト速度（drift velocity）　82
トルク（torque）　95

な 行

内部インダクタンス（internal inductance）　149

は 行

発散（divergence）　22
波動方程式（wave equation）　166
反射係数　174
ビオ-サバールの法則（Biot-Savart's law）　98
ヒステリシス損失（hysteresis loss）　147
ヒステリシス特性（hysteresis）　124
比透磁率（relative permeability）　120
微分透磁率　124
比誘電率（relative permittivity）　54
表皮効果（skin effect）　169
表皮深さ（skin depth）　169
表面分極電荷密度　52
ファラデーの法則（Faraday's law）　136

索引

フレミング（Fleming）の左手の法則　94
分極（polarization）　50, 51
分極率（polarizability）　51

平衡状態　28
平面波（plane wave）　166
ベクトルポテンシャル（vector potential）　109
変圧器　143
変圧器起電力（transformer electromotive force）　137
変位電流密度（displacement current density）　160
ポアソンの方程式（Poisson's equation）　69
ポインティングベクトル（Poynting vector）　175
ホール効果（Hall effect）　97
ホール定数（Hall constant）　97
保磁力（coercive force）　124

ま 行

マイスナー効果（Meissner effect）　170
マクスウェルのひずみ力（Maxwell's stress）　44, 68, 152
マクスウェルの方程式（Maxwell's equations）　164
右ねじの法則　94

面積積分　18
面積素ベクトル　4

面電荷密度　8

や 行

誘電現象　50
誘電体（dielectric）　50
誘電率（permittivity）　54
誘導起電力（induced electromotive force）　135
誘導係数（coefficient of induction）　41
誘導電荷（induced charge）　28
誘導電界（induced electric field）　137
容量係数（coefficient of capacity）　41

ら 行

ラーマ半径（Larmor radius）　96
ラプラシアン（Laplacian）　69
ラプラスの方程式（Laplace's equation）　69
類似性（analogy）　89
レンツの法則（Lenz's law）　136
ローレンツ磁気力　96
ローレンツ力（Lorentz's force）　96

英 数

AC（Alternating Current）　82
DC（Direct Current）　82

著者略歴

湯　本　雅　恵
（ゆ　もと　もと　しげ）

1978 年　武蔵工業大学大学院工学研究科
　　　　　博士課程修了　工学博士
1978 年　武蔵工業大学工学部助手
1995 年　武蔵工業大学工学部教授
2009 年　校名変更により東京都市大学工学部教授
　　　　　電気学会，IEEE，放電学会など会員

主要著書

電磁気学の講義と演習（共著，日新出版）2000 年
放電ハンドブック（分担執筆，電気学会）1998 年
静電気ハンドブック（分担執筆，静電気学会）1998 年

電気・電子工学ライブラリ = UKE–A2

電気磁気学の基礎

2012 年 7 月 25 日 Ⓒ　　　　　初　版　発　行

著　者　湯本雅恵　　　　発行者　矢沢和俊
　　　　　　　　　　　　印刷者　山岡景仁
　　　　　　　　　　　　製本者　関川安博

【発行】　　　　　株式会社　数理工学社
〒151–0051　東京都渋谷区千駄ヶ谷 1 丁目 3 番 25 号
　編集 ☎ (03)5474–8661(代)　　サイエンスビル

【発売】　　　　　株式会社　サイエンス社
〒151–0051　東京都渋谷区千駄ヶ谷 1 丁目 3 番 25 号
　営業 ☎ (03)5474–8500(代)　　振替 00170–7–2387
　FAX ☎ (03)5474–8900

印刷　三美印刷　　　　　　製本　関川製本所
《検印省略》

本書の内容を無断で複写複製することは，著作者および
出版者の権利を侵害することがありますので，その場合
にはあらかじめ小社あて許諾をお求め下さい．

ISBN978-4-901683-92-0

PRINTED IN JAPAN

サイエンス社・数理工学社の
ホームページのご案内
http://www.saiensu.co.jp
ご意見・ご要望は
suuri@saiensu.co.jp まで．